职业教育新形态教材

水污染自动监测系统运行管理

蔡宗平　林书乐　主编
钟流举　主审

化学工业出版社
·北京·

内 容 简 介

本书分为四个模块。模块一主要介绍水污染自动监测系统的组成和运行管理要求。模块二是水污染化学指标自动监测系统运行管理工作手册，内容包括 pH、DO、COD_{Cr}、OC、NH_3-N、TN、磷酸盐、总磷、铬、镉、汞、铅、砷、铜、锌、矿物油、氰化物、硫化物、TOC、挥发性有机物等污染源水质指标的手工监测方案和在线监测仪器运行指南。模块三是水污染物理指标自动监测系统运行管理工作手册，内容包括温度、浊度、色度、电导率等污染源水质指标的手工监测方案和在线监测仪器运行指南。模块四是水污染自动监测系统运行维护，内容包括运行维护机构的管理、设备安装与调试、系统运行管理、数据有效性审核等。

本书为高职高专、职教本科的环境保护类、水利大类、化工技术类及相关专业的水污染源自动监测系统运行管理教学用书，也适用于中等职业教育或作为岗位培训教材，还可供从事水污染源自动监测系统相关工作或从事智慧水务、智慧水利等研究工作的人员参考。

图书在版编目（CIP）数据

水污染自动监测系统运行管理/蔡宗平，林书乐主编. —北京：化学工业出版社，2022.8
职业教育新形态教材
ISBN 978-7-122-41818-0

Ⅰ.①水… Ⅱ.①蔡… ②林… Ⅲ.①水污染源-污染源监测-自动化监测系统-运行-职业教育-教材②水污染源-污染源监测-自动化监测系统-系统管理-职业教育-教材 Ⅳ.①X52

中国版本图书馆 CIP 数据核字（2022）第 119226 号

责任编辑：王文峡　　　　　　　　　装帧设计：王晓宇
责任校对：田睿涵

出版发行：化学工业出版社（北京市东城区青年湖南街 13 号　邮政编码 100011）
印　　装：中煤（北京）印务有限公司
787mm×1092mm　1/16　印张 17½　字数 423 千字　2022 年 11 月北京第 1 版第 1 次印刷

购书咨询：010-64518888　　　　　　售后服务：010-64518899
网　　址：http://www.cip.com.cn

凡购买本书，如有缺损质量问题，本社销售中心负责调换。

定　　价：69.00 元

编 审 人 员

主　　编：蔡宗平　林书乐

主　　审：钟流举

副 主 编：陈熠熠　周　俊　叶秀雅　谢浪辉

参与编写：钱　伟　王巧云　陈婷婷

　　　　　　王　虎　苏少林

　　水污染自动监测系统运行管理，是"十四五"期间持续改善环境质量的关键环节，是一项保护水生态环境和保障水安全的基础性工作。因此，水污染自动监测系统运行管理课程是一门把立德树人作为出发点和落脚点，以培养能严格按照国家相关制度运行管理水污染自动监测系统为教学目标，强调理论知识与技能训练并重的课程。

　　本教材根据课程特点基于"立德树人、德技并修""岗-课-赛-证"四位一体等育人理念，结合水污染自动监测系统运行管理岗位工作任务、水处理技术和智慧水务等相关技能竞赛、水环境监测与治理等1＋X职业技能等级证书，在校企融合围绕水污染自动监测系统运行管理真实生产项目、典型工作任务共创教学内容的基础上，按照活页式教材模式编写而成。

　　本教材共分为四个模块。模块一主要介绍水污染自动监测系统的组成和运行管理要求。模块二是水污染化学指标自动监测系统运行管理工作手册，内容包括 pH、DO、COD_{Cr}、OC、NH_3-N、TN、磷酸盐、总磷、铬、镉、汞、铅、砷、铜、锌、矿物油、氰化物、硫化物、TOC、挥发性有机物等水质指标的手工监测方案和在线监测仪器运行指南。模块三是水污染物理指标自动监测系统运行管理工作手册，内容包括温度、浊度、色度、电导率等污染源水质指标的手工监测方案和在线监测仪器运行指南。模块四是水污染源自动监测系统运行维护工作管理手册，内容包括运行维护机构的管理、设备安装与调试、系统运行管理、数据有效性审核等。每一模块均由【项目导读】【项目学习目标】【项目实施】以及相应的工作任务组成，每一个工作任务均设有【任务导入】【知识链接】【任务实施】【课后作业】以及相关知识的二维码链接，便于教师和学生开展混合式教学。本书最后附有附录，在水污染自动监测系统运行管理工作中有较高的使用频率。

　　本书为高职高专、职教本科的环境保护类、水利大类、化工技术类及相关专业的水污染源自动监测系统运行管理教学用书，也适用于中等职业教育或作为岗位培训教材，还可供从事水污染源自动监测系统相关工作或从事智慧水务、智慧水利等研究工作的人员参考。

　　本书由广东环境保护工程职业学院蔡宗平、林书乐担任主编，周俊负责全书的统稿。具体编写分工如下：广东柯内特环境科技有限公司谢浪辉、林书乐编写模块一和模块四；广东轻工职业技术学院叶秀雅、蔡宗平编写模块二项目一、二、四、五、六；蔡宗平编写模块二项目三；广东环境保护工程职业学院陈熠熠编写模块二项目七至项目十一；林书乐编写模块二项目十二至项目二十；林书乐和叶秀雅编写模块三项目一至项目四。广东省佛山生态环境监测站陈婷婷、广东环境保护工程职业学院钱伟、广东轻工职业技术学院王巧云、杨凌职业技术学院王虎和苏少林对书稿进行了审核。

　　本书编写时参考了大量的相关专著和文献资料，在此向作者一并表示衷心感谢。

　　鉴于编者对高等职业教育的理解及学术水平有限，加之编写时间仓促，书中的不妥之处在所难免，恳请读者批评指正。

编者

2022 年 6 月

目录
CONTENTS

模块三　水污染物理指标自动监测系统

模块四　水污染自动监测系统运行维护

附录

模块一

水污染自动监测系统运行管理简介

项目 一

水污染自动监测系统的组成

项目导读

水污染自动监测系统由水污染排放口、流量监测单元、监测站房、水质自动采样单元及数据控制单元组成。常见的水污染在线监测仪器主要有流量计、水质自动采样器、化学需氧量（COD_{Cr}）水质自动分析仪、总有机碳（TOC）水质自动分析仪、氨氮（NH_3-N）水质自动分析仪、总磷（TP）水质自动分析仪、总氮（TN）水质自动分析仪、温度计、pH水质自动分析仪等。

项目学习目标

知识目标 掌握水污染自动监测系统的含义与组成。掌握水污染自动监测系统仪器的结构、新设备、新方法。

能力目标 学会区分水污染自动监测系统的各个组成部分。能描述水污染在线监测仪器在系统中的功能。

素质目标 培养爱岗敬业、诚实守信的水污染自动监测运营职业道德；培养科学严谨、精益求精的生态环保工匠精神；培养团结协作、顾全大局的团队精神。

项目实施

该项目共有两个任务。通过该项目的学习，达到熟悉水污染自动监测系统的目的。

任务一 认识水污染自动监测系统

任务导入

小李刚到污水在线监测运行维护岗位，看到一套水污染自动监测系统，你能给他介绍一下吗？

知识链接

以城镇污水处理厂（图 1-1 为其工艺流程）为例，污水处理的方法有三类：**物理法**去除水中不溶解的悬浮物质；**化学法**通过向废水中投加化学物质，利用化学反应净化废水；**生物法**采取人工措施，创造微生物生长、繁殖的环境，使微生物大量繁殖，提高微生物氧化、分解有机污染物的能力，主要去除废水中呈溶解态和胶态的有机物，主要的处理工艺有 AB 法、氧化沟法、A/O 工艺、A^2/O 工艺、SBR 法以及改良 A^2/O 工艺。具体治理工艺为：A^2/O 工艺是生物脱氮除磷工艺、传统活性污泥工艺、生物硝化和反硝化工艺、生物除磷工艺的综合。

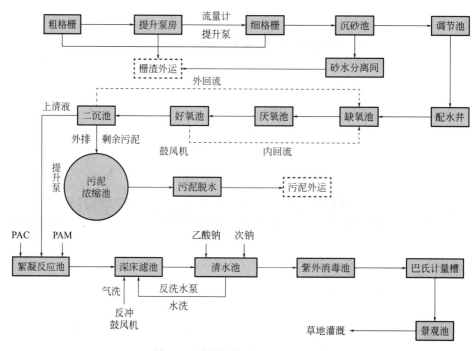

图 1-1 城镇污水处理厂工艺流程

污水通过粗格栅后进入集水井，原污水经过污水提升泵提升后再通过细格栅或者筛滤器，进入沉沙池，以上为一级处理（物理处理）；初沉池的出水进入厌氧段，再进入缺氧池，最后再进入好氧池。厌氧池的首要功能是释放磷，同时对部分有机物进行氧化。缺氧池的首要功能是脱氮。好氧池去除有机物，进行硝化和吸收磷等。混合液中含有有机物、NO_3-N，污泥中含有过剩的磷，而污水中 BOD（或 COD）则得到去除。

生物填料的 CNR 工艺指利用纤毛状生物膜的脱氮除磷工艺，在生物脱氮除磷工艺中采用特殊结构的纤毛状生物膜填料，给不同菌落提供各自都能适应的生长环境，从而得到效果优良的同步脱氮除磷效果。

城镇污水的特征污染物指标因城镇不同、生活污水与生产废水所占的比例不同而异。污水处理厂污水中的污染物通常为 COD、氨氮、总磷、总氮、温度和 pH。

排放依据《城镇污水处理厂污染物排放标准》（GB 18918—2002），见表 1-1。

表 1-1　城镇污水处理厂污染物排放标准

表 1　基本控制项目最高允许排放浓度（日均值）　　　　　　　单位：mg/L

序号	基本控制项目		一级标准		二级标准	三级标准
			A 标准	B 标准		
1	化学需氧量（COD）		50	60	100	120[①]
2	生化需氧量（BOD$_5$）		10	20	30	60[①]
3	悬浮物（SS）		10	20	30	50
4	动植物油		1	3	5	20
5	石油类		1	3	5	15
6	阴离子表面活性剂		0.5	1	2	5
7	总氮（以 N 计）		15	20	—	—
8	氨氮（以 N 计）[②]		5（8）	8（15）	25（30）	—
9	总磷（以 P 计）	2005 年 12 月 31 日前建设的	1	1.5	3	5
		2006 年 1 月 1 日起建设的	0.5	1	3	5
10	色度（稀释倍数）		30	30	40	50
11	pH		6～9			
12	粪大肠菌群数（个/L）		10^3	10^4	10^4	—

① 下列情况下按去除率指标执行：当进水 COD 大于 350mg/L 时，去除率应大于 60%；BOD 大于 160mg/L 时，去除率应大于 50%。

② 括号外数值为水温>12℃时的控制指标，括号内数值为水温≤12℃时的控制指标。

表 2　部分一类污染物最高允许排放浓度（日均值）　　　　　　　单位：mg/L

序号	项目	标准值	序号	项目	标准值
1	总汞	0.001	5	六价铬	0.05
2	烷基汞	不得检出	6	总砷	0.1
3	总镉	0.01	7	总铅	0.1
4	总铬	0.1			

表 3　选择控制项目最高允许排放浓度（日均值）　　　　　　　单位：mg/L

序号	选择控制项目	标准值	序号	选择控制项目	标准值
1	总镍	0.05	6	总锰	2.0
2	总铍	0.002	7	总硒	0.1
3	总银	0.1	8	苯并[a]芘	0.00003
4	总铜	0.5	9	挥发酚	0.5
5	总锌	1.0	10	总氰化物	0.5

续表

序号	选择控制项目	标准值	序号	选择控制项目	标准值
11	硫化物	1.0	28	对-二甲苯	0.4
12	甲醛	1.0	29	间-二甲苯	0.4
13	苯胺类	0.5	30	乙苯	0.4
14	总硝基化合物	2.0	31	氯苯	0.3
15	有机磷农药（以 P 计）	0.5	32	1,4-二氯苯	0.4
16	马拉硫磷	1.0	33	1,2-二氯苯	1.0
17	乐果	0.5	34	对硝基氯苯	0.5
18	对硫磷	0.05	35	2,4-二硝基氯苯	0.5
19	甲基对硫磷	0.2	36	苯酚	0.3
20	五氯酚	0.5	37	间-甲酚	0.1
21	三氯甲烷	0.3	38	2,4-二氯酚	0.6
22	四氯化碳	0.03	39	2,4,6-三氯酚	0.6
23	三氯乙烯	0.3	40	邻苯二甲酸二丁酯	0.1
24	四氯乙烯	0.1	41	邻苯二甲酸二辛酯	0.1
25	苯	0.1	42	丙烯腈	2.0
26	甲苯	0.1	43	可吸附有机卤化物 AOX（以 Cl 计）	1.0
27	邻-二甲苯	0.4			

根据以上基本参数，即可规划建设水污染自动监测系统。

水污染自动监测系统：指由实现水污染源流量监测、水污染水样采集、分析及分析数据统计与上传等功能的软硬件设施组成的系统。水污染自动监测系统主要由流量监测单元、水质自动采样单元、水污染在线监测仪器、数据控制单元以及相应的建筑设施等组成（图 1-2）。扫描二维码可查看水质自动监测系统组成。

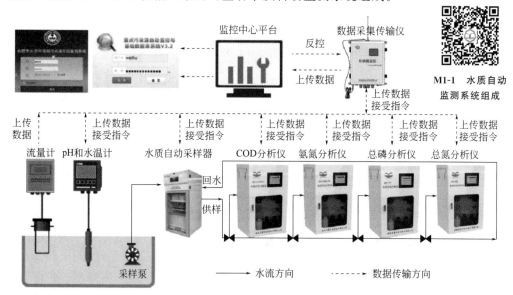

M1-1　水质自动监测系统组成

图 1-2　水污染自动监测系统的组成

注：根据污染现场排放水样的不同，COD_{Cr} 参数的测定可以选择 COD_{Cr} 水质自动分析仪或 TOC 水质自动分析仪，TOC 水质自动分析仪通过转换系数报 COD_{Cr} 的监测值，并参照 COD_{Cr} 水质自动分析仪的方法进行安装、调试、试运行、运行维护等。

任务实施

根据任务，在图 1-3 中画出水污染自动监测系统的各个组成部分。

笔记

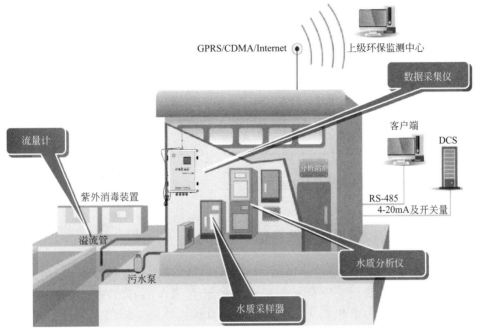

图 1-3　水污染自动监测站示意图

课后作业

1.水污染在线监测系统是一套以＿＿＿＿＿＿＿＿为核心，运用现代传感器技术、自动测量技术、自动控制技术及计算机应用技术并搭配相关专用＿＿＿＿＿＿和通信网络所组成的综合性在线自动监测系统。

2.简述水污染自动监测系统的构成。

任务二　认识水污染自动监测系统的仪器设备

任务导入

小李刚到污水在线监测运行维护岗位，在熟悉了水污染自动监测系统后，他开始了解系统内的仪器设备，你能给他介绍一下吗？

知识链接

水污染自动监测系统中所采用的仪器设备应符合国家有关标准和技术要求（表 1-2），为进一步了解水污染自动监测系统的实际应用场景，对系统中部分常见的分析仪器的结构进行剖析。

表 1-2　水污染在线监测仪器技术要求

序号	水污染在线监测仪器	技术要求
1	超声波明渠污水流量计	HJ 15《超声波明渠污水流量计技术要求及检测方法》
2	电磁流量计	HJ/T 367《环境保护产品技术要求 电磁流量计》
3	化学需氧量（COD$_{Cr}$）水质在线自动监测分析仪	HJ 377《化学需氧量（COD$_{Cr}$）水质在线自动监测分析仪技术要求及检测方法》
4	氨氮水质在线自动监测仪	HJ 101《氨氮水质在线自动监测仪技术要求及检测方法》
5	总氮水质自动分析仪	HJ/T 102《总氮水质自动分析仪技术要求》
6	总磷水质自动分析仪	HJ/T 103《总磷水质自动分析仪技术要求》
7	pH 水质自动分析仪	HJ/T 96《pH 水质自动分析仪技术要求》
8	水质自动采样器	HJ/T 372《水质自动采样器技术要求及检测方法》
9	污染源在线自动监控（监测）数据采集传输仪	HJ 477《污染源在线自动监控（监测）数据采集传输仪技术要求》

一、COD$_{Cr}$分析仪测量原理及结构

化学需氧量的测定（重铬酸钾法）：水样、重铬酸钾、硫酸银溶液（催化剂使直链芳香烃化合物氧化更充分）和浓硫酸的混合液在消解池中被加热到 175℃，在此期间铬离子作为氧化剂从Ⅵ价被还原成Ⅲ价而改变了颜色，颜色的改变程度与样品中有机化合物的含量成对应关系，仪器通过比色换算直接将样品的 COD 显示出来。

仪器的结构包括采样单元、试剂单元、定量单元、消解单元、测量比色单元、显示单元、数据传输单元（图 1-4）。

➤ 采样单元：通过外部触发/定时触发的方式，采集排放的废水样品，供样至分析仪检测室待检。

➤ 试剂单元：化学反应试剂用于与水样混合消解反应，一般化学试剂包括硫酸银、硫酸汞、重铬酸钾、标准溶液（用于校准，形成标准曲线）。

➤ 定量单元：定量试剂、水样的体积，分别送至检测单元。

➤ 消解单元：水样与试剂充分混合后，进行加热消解反应。

➤ 测量比色单元：分析仪完成消解冷却后进行光度比色，通过比色换算公式，将光度值转换成 COD$_{Cr}$ 数据。

➤ 显示单元：显示分析仪的工作步骤、参数设置内容以及测量数据情况。

➤ 数据传输单元：分析仪完成测量步骤后，通过数据传输模块，实时连续将水质监测数据上传至数采仪，再由数采仪直接上传至环保监管部门。

二、氨氮分析仪测量原理及结构

氨氮的测定（水杨酸化学分析法）：水中的氨组分与氯组合，形成单氯胺。一氯胺与水杨酸反应形成 5-氨基水杨酸，后者在硝普钠催化剂的作用下会发生氧化反应形成蓝色化合物。蓝色测得的波长为 660nm，测得的吸光度与样品中的氨浓度成比例，比色池也在 660nm 下测量吸光度，以针对浊度干扰进行校正。

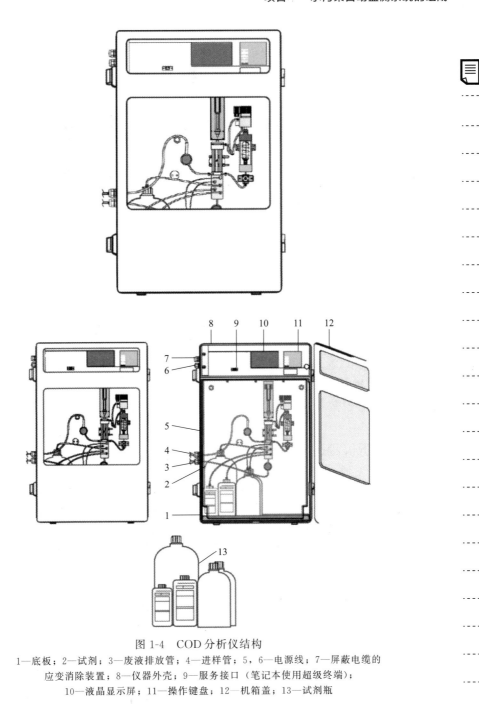

图 1-4   COD 分析仪结构

1—底板；2—试剂；3—废液排放管；4—进样管；5，6—电源线；7—屏蔽电缆的
应变消除装置；8—仪器外壳；9—服务接口（笔记本使用超级终端）；
10—液晶显示屏；11—操作键盘；12—机箱盖；13—试剂瓶

氨氮的测定（纳氏试剂法）：水样中以游离态的氨或铵离子等形式存在的氨氮与纳氏试剂反应生成一种有色络合物，此络合物在特定波长下吸光度与氨氮含量成正比。通过光电比色原理检测吸光度，通过计算得到水样中氨氮的浓度。

仪器的结构包括采样单元、试剂单元、定量单元、测量比色单元、显示单元、数据传输单元（图 1-5）。

➤ 采样单元：通过外部触发/定时触发的方式，采集排放的废水样品，供样至分析仪检测室待检。

笔记

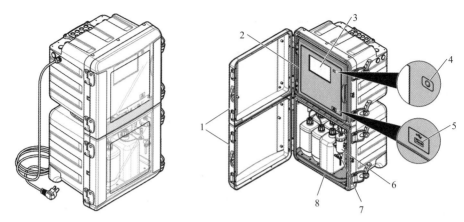

图 1-5　氨氮在线分析仪结构

1—检修门；2—内部检修门；3—仪器显示屏；4—状态指示灯；5—USB 接口；
6—样品杯和溢流杯；7—抓样阀；8—试剂托盘

➤ 试剂单元：化学反应试剂用于与水样混合消解反应。

➤ 定量单元：定量试剂、水样的体积，分别送至检测单元。

➤ 测量比色单元：光电比色原理检测吸光度，通过计算得到水样中氨氮的浓度。

➤ 显示单元：显示分析仪的工作步骤、参数设置内容以及测量数据情况。

➤ 数据传输单元：分析仪完成测量步骤后，通过数据传输模块，实时连续将水质监测数据上传至数采仪，再由数采仪直接上传至环保监管部门。

三、总磷分析仪测量原理及结构

总磷的测定（钼酸铵分光光度法）：在中性条件下用过硫酸钾使试样消解，将所含磷全部氧化成正磷酸盐，在酸性介质中，正磷酸盐与钼酸铵反应，在锑盐存在下生成磷钼杂多酸后，立即被抗坏血酸还原，生成蓝色的络合物。

仪器的结构包括采样单元、试剂单元、定量单元、测量比色单元、显示单元、数据传输单元（图 1-6）。

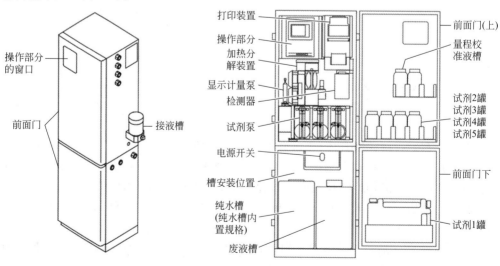

图 1-6　总磷在线分析仪结构

➤ 采样单元：通过外部触发/定时触发的方式，采集排放的废水样品，供样至分析仪检测室待检。

➤ 试剂单元：化学反应试剂用于与水样混合反应。

➤ 定量单元：定量试剂、水样的体积，分别送至检测单元。

➤ 测量比色单元：检测吸光度，通过计算得到水样中总磷的浓度。

➤ 显示单元：显示分析仪的工作步骤、参数设置内容以及测量数据情况。

➤ 数据传输单元：分析仪完成测量步骤后，通过数据传输模块，实时连续地将水质监测数据上传至数采仪，再由数采仪直接上传至环保监管部门。

四、总氮分析仪测量原理及结构

总氮的测定（碱性过硫酸钾消解紫外分光光度法）：在 120~124℃ 下，碱性过硫酸钾溶液使样品中含氮化合物的氮转化成硝酸盐，采用紫外分光光度法于波长 220nm 和 275nm 处，分别测定吸光度 A_{220} 和 A_{275} 的吸光值，并按下面公式转换成吸光度 A，按 A 的值结合校准曲线计算出总氮的含量。

$$A = A_{220} - 2A_{275}$$

仪器的结构包括采样单元、试剂单元、定量单元、测量比色单元、显示单元、数据传输单元（图 1-7）。

➤ 采样单元：通过外部触发/定时触发的方式，采集排放的废水样品，供样至分析仪检测室待检。

➤ 试剂单元：化学反应试剂用于与水样混合反应。

➤ 定量单元：定量试剂、水样的体积，分别送至检测单元。

➤ 测量比色单元：用光电比色原理检测吸光度，通过计算得到水样中总磷的浓度。

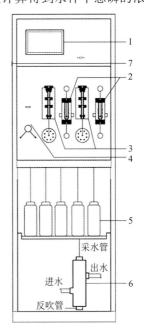

图 1-7 总氮在线分析仪结构

1—显示屏；2—通道一（左）、通道二（右）消解池；3—通道一（左）、通道二（右）计量单元；
4—注射泵；5—试剂瓶；6—采样单元；7—电源开关

➤ 显示单元：显示分析仪的工作步骤、参数设置内容以及测量数据情况。

➤ 数据传输单元：分析仪完成测量步骤后，通过数据传输模块，实时连续地将水质监测数据上传至数采仪，再由数采仪直接上传至环保监管部门。

五、pH 计测量原理及结构

pH 的测定（玻璃电极法）：pH 值通过测量电池的电动势而得，该电池由饱和甘汞电极为参比电极，玻璃电极为指示电极组成，在 25℃溶液中每变化 1 个 pH 单位，电位差改变成 59.16mV，据此在仪器上直接以 pH 的读数表示。图 1-8 为 pH 在线分析仪结构。

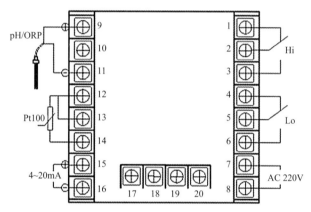

图 1-8 pH 在线分析仪结构

1—高限控制继电器常闭端；2—高限控制继电器公共端；3—高限控制继电器常开端；
4—低限控制继电器常闭端；5—低限控制继电器公共端；6—低限控制继电器常开端；
7，8—交流 220V；9—pH/ORP 测量端；10—无连接；11—pH/ORP 屏蔽端；
12—Pt 100 接线端 1；13—Pt 100 导线补偿端；14—Pt 100 接线端 2；
15— 4～20mA 正端；16—4～20mA 负端

六、流量计测量原理及结构

流量的检测（超声波测量）：指通过超声波检测流动中流体流速的信息，结合量水堰槽内流量的大小转成液位的高低，利用超声波传感器测量量水堰槽内的水位，再按相应量水堰槽的水位-流量关系反算出流量，从而换算成流量。

巴歇尔槽（量水堰槽）结构如图 1-9。扫描二维码可查看。

M1-2 巴歇尔槽

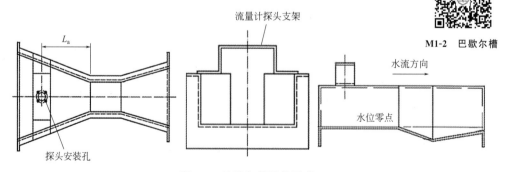

图 1-9 巴歇尔槽结构示意

七、水质自动采样器结构及功能

笔记

1. 水质自动采样器结构

水质自动采样器（图 1-10）一般由控制单元、采水单元、水样分配单元、采样瓶、恒温单元组成。

图 1-10　水质自动采样器

M1-3　水质采样器的使用

控制单元：即完成采样的单元，应具有设置、显示、控制信号输出、信号采集、数据存储功能。

采水单元：将水样采集到水质自动采样器的单元，一般由泵、管路和采样头组成。

水样分配单元：将水样导入指定采样瓶的单元，要求水样分配单元保证导入准确，不发生外溢；水样分配单元应具有掉电自锁功能，采样瓶排布应紧凑。

采样瓶：用于存放水样，由惰性材料制成，易清洗，容量应在 500mL 以上。

恒温单元：具有独立控温、低温（4±2）℃冷藏水样的单元。

2. 水质自动采样器的功能

水质自动采样器应具备通信接口，具备远程启动、远程设置等功能。

采样模式至少应具有定时、时间等比例、流量等比例、液位比例、远程控制等采样模式。

水质自动采样器的最小采样量不大于 10mL；最小采样间隔小于 30min。

控制单元应具有保存采样记录、故障信息和样品保存温度超标报警信息等功能，并能够输出存储的信息。

水质自动采样器应具备空气反吹、自动清洗功能。

水质自动采样器应具备自动终止采样功能，当样品达到预设次数时，水质自动采样器自动终止采样以避免样品溢出。

水质自动采样器宜具备自动排空功能。扫描二维码 M1-3 可查看水质采样器的使用。

任务实施

根据任务，给小李介绍图 1-11 污水在线监测系统。

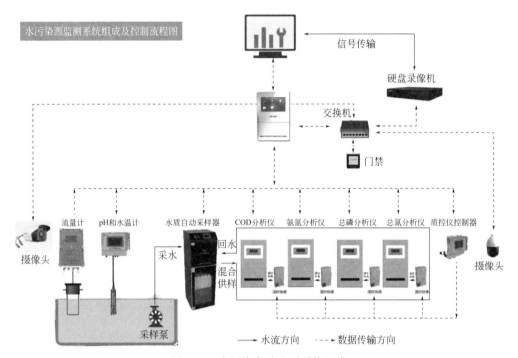

图 1-11　水污染自动监测系统组成

扫描二维码可查看水质自动监测仪资料。

M1-4　水质自动监测仪

课后作业

1. 水污染在线监测系统主要由 ＿＿＿＿＿＿＿ 、 ＿＿＿＿＿＿＿ 、水污染源在线监测仪器、＿＿＿＿＿＿＿ 以及相应的建筑设施等。

2. 请选择一种水污染在线监测仪器，说明其在水污染在线监测系统的作用。

项目 二
水污染自动监测系统的管理

项目导读

为确保水污染自动监测系统的管理工作有序开展，从事水污染自动监控系统运营服务活动的具有独立法人资格的企事业单位或个人应具备法律法规知识以及相应的工作岗位技能，以满足水污染自动监测系统的运行管理要求。

项目学习目标

知识目标 掌握水污染自动监测相关法律、法规及技术规范。掌握水污染自动监测系统运行维护职责和要求。

能力目标 能成为合格的运行维护人员。

素质目标 培养爱岗敬业、诚实守信的水污染自动监测运营职业道德；培养科学严谨、精益求精的生态环保工匠精神；培养团结协作、顾全大局的团队精神。

项目实施

该项目共有两个任务。通过该项目的学习，达到合法合规地履行岗位职责的目的。

任务一 熟悉法律法规与技术规范

任务导入

小李刚开始独立从事污水在线监测运行维护工作，排污企业要求小李把取样管放到一瓶水中，小李该怎么做？

知识链接

水污染自动监控系统运营服务活动，应当遵守行业法律、法规、技术规范以及相关的行业准则，规范运营维护市场，坚决杜绝弄虚作假、篡改在线监测数据等行为。

水污染源自动监测行业技术规范主要包括：

HJ 353《水污染源在线监测系统（COD_{Cr}、NH_3-N 等）安装技术规范》

HJ 354《水污染源在线监测系统（COD_{Cr}、NH_3-N 等）验收技术规范》

HJ 355《水污染源在线监测系统（COD_{Cr}、NH_3-N 等）运行技术规范》

HJ 356《水污染源在线监测系统（COD_{Cr}、NH_3-N 等）数据有效性判别技术规范》

T/GDAEPI 01—2019《固定污染源自动监控系统运行服务规范》

HJ/T 477《污染源在线自动监控（监测）数据采集传输仪技术要求》

T/CAEPI 2—2016《环境保护设施运营单位运营服务能力要求》

HJ 212《污染物在线监控（监测）系统数据传输标准》

《污染源自动监控管理办法》（国家环境保护总局令 第 28 号）

《污染源自动监控设施运行管理办法》（环发〔2008〕6 号）

《环境监测数据弄虚作假行为判定及处理办法》（环发〔2015〕175 号）

《污染源自动监控设施现场监督检查技术指南》（环办〔2012〕57 号）

《广东省环境保护厅关于广东省重点污染源自动监控设施社会化运营管理的指导意见》（粤环函〔2013〕118 号）

标准规范会进行修订，以最新的有效版本为准。

任务实施

请同学们查阅相关标准，帮小李出主意，并用思维导图的形式表示出来。

课后作业

1. 列举污染在线监测课程学习的主要资料。

2. 生态环境监测监控系统运维人员职业技能评价标准是何时发布的？

任务二　熟悉运行维护管理岗位职责与素质要求

任务导入

小李作为优秀运行维护员到某高校进行招聘宣传，小李需要对各位毕业生介绍运行维护人员的职责和素质。

知识链接

一、职责

根据运行维护工作内容，明确组织分工，确保各项工作有效实施，至少应设置运行维护管理、备品备件管理、信息化管理、专职质量监督和现场运行维护等岗位，岗位职责见表 1-3。

表 1-3　运行维护管理岗位职责

岗位名称	职责
运行维护管理	负责建立满足 GB/T 19001 标准要求的运行维护质量体系，确保其实施和保持
备品备件管理	负责备品备件申报购置、出入库管理、盘库等工作

续表

岗位名称	职责
信息化管理	负责信息化管理系统的日常运行和数据监控，按时完成备案信息变更、异常信息填报、工单任务处理、数据审核确认、凭证上传等工作
专职质量监督	负责执行运行维护及实验室质量控制检查活动，定期对质量管理体系文件执行情况开展监督、考核
现场运行维护	负责按照本技术规范要求开展水污染在线监测系统现场的巡检、故障维修、校准校验、记录填写等工作

📑 笔记

各岗位配备相应技术人员，具备与所从事工作相适应的专业知识和操作技能，通过相应的培训教育和能力确认、考核。现场运行维护人员数量应与所运行维护的监测点位数量相适应，每5个监测点位至少1人负责现场运行维护。实验室人员数量应满足比对试验和试剂配制等工作的需要。

运行维护人员具体工作如下：

① 运行维护人员应与运行维护单位建立相互关系，具备水污染自动监测系统的运行维护及故障处理的能力。

② 运行维护人员应服从质量负责人的管理，确保运行维护工作有序开展并持续实施和保持。

③ 负责现场端在线监控系统的运营维护，定期开展校准工作，确保在线数据准确、有效。

④ 开展运行维护管理服务工作应具备所必需的人员、营业场所和检测条件等资源和基础设施，建立并保持适宜开展运营服务的必要环境。

二、素质要求

① 运行维护人员应具备通过选聘、岗位培训、考核和评价等项目考核工作的能力。

② 运行维护人员需具经过专业的教育和培训经历、能力以及经验等应能覆盖环保设施正常稳定运行的各个方面。

③ 运行维护人员应具备正常运行、维护设施的能力，能够按照管理文件和操作规程的要求解决和处理运行过程中发生的常见问题，熟悉异常情况的处理程序和应急措施。

④ 运行维护人员应定期参加技能培训考核，以不断适应最新的运行维护能力要求。

⑤ 运行维护人员应具备与运营服务领域和活动相适应的检（监）测能力。

⑥ 运行维护人员应具备作业规定的资格和能力，持证上岗。

⑦ 运行维护人员应具备运行维护相关的法律法规、政策、标准和技术要求等文件，并严格按照相关的法律法规、技术规范执行。

任务实施

请同学们查阅相关资料，帮小李做一份PPT，介绍运行维护人员的职责和素质。

课后作业

1. 案例分析题：业主要求小明修改仪器参数，小明就设置了新参数。你认为小明的做法正确吗？为什么？

2. 生态环境监测监控系统运维人员应具有哪些职业道德？

模块一考核评价表

评价模块	评价内容		自评	组评	师评
	学习目标	评价项目			
专业能力	1.掌握水污染自动监测系统监测的背景	了解城镇污水处理厂的处理方法			
	2.城镇污水处理厂污染物排放标准	主要污染物最高允许排放浓度限值　了解城镇污水处理厂监测项目最高允许排放浓度的查找方法			
		主要污染物最高允许排放浓度限值　城镇污水厂一级A标准/一级B标准的限值			
		主要污染物最高允许排放浓度限值　掌握关键指标：化学需氧量、氨氮、总磷、总氮、pH值等参数的最高允许排放限值			
	3.掌握水污染自动监测系统的构成	明确水污染自动监控系统的各个组成部分			
	4.了解水污染在线监测仪器的技术要求	掌握化学需氧量、氨氮、总磷、总氮、pH值、流量、水质自动采样器原理及结构			
	5.熟悉法律法规与技术规范	检索相关法律法规与技术规范			
		阅读理解法律法规与技术规范			
		树立环保"红线"思维，杜绝弄虚作假、篡改数据等行为			
		熟悉水污染自动监测行业技术规范			
	6.运维管理岗位职责与素质要求	了解运维岗位的工作内容			
		清楚运维工作的管理要求			
可持续发展能力	具备自主研究能力、自我提升	具备自主分析的能力	比较困难	不具备自主分析的能力	
	发现问题、分析问题、解决问题、杜绝问题	具备处理问题的能力	比较困难	不具备相应技能	
	遇到问题，查询资料、虚心求教	主动学习请教	比较困难	不具备相应技能	
	空杯心态，持续学习	虚心求教	比较困难	不具备相应技能	
	分类、总结经验，面对问题善于自查自纠	善于总结、复盘	比较困难	不具备相应技能	
	理论知识与实际应用的创新能力	熟练应用	查阅资料	已经遗忘	

续表

评价模块	评价内容			自评	组评	师评
	学习目标	评价项目				
社会能力	爱岗敬业、诚实守信、责任感强	很好	正在培养	不能满足要求		
	主动展示、讲解技术成果，善于分享	主动性很强	比较困难	不愿意		
	具备自主分析能力	自主能力强	比较困难	不能满足要求		
	融入团队，强化合作思维	高度配合	比较困难	我行我素		
成果与收获	任务实施与完成进度	独立完成	合作完成	不能完成		
	体验与探索	收获很大	比较困难	没有收获		
	学习难点及建议					
	提升方向					

笔记

模块二

水污染化学指标自动监测系统

项目 一

pH值

📋 项目导读

重点介绍如何采用手工监测方法或利用自动监测设备测定污染源的 pH 值。

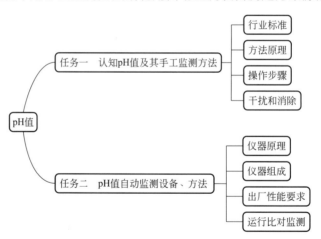

🌐 项目学习目标

知识目标 了解 pH 值测定相关的法律法规及标准；掌握手工监测方法和自动监测设备测定 pH 值的方法原理；了解 pH 值自动分析仪的组成。

能力目标 能够用电极法完成水体 pH 值的测量，掌握测定步骤；能够对 pH 值自动分析仪进行运营维护。

素质目标 培养爱岗敬业、诚实守信的水污染自动监测运营职业道德；培养科学严谨、精益求精的生态环保工匠精神。

📖 项目实施

该项目共有两个任务，通过该项目的学习，掌握 pH 值的手工监测方法和自动监测方法。

任务一 认知 pH 值及其手工监测方法

‹ 任务导入

某排污企业委托第三方检测机构测定该厂排放废水的 pH 值，你作为检测人员，应依据什么标准、采用什么方法进行测定？

‹ 知识链接 🎯

pH 值表示水溶液中氢离子的浓度，是水溶液中氢离子浓度（活度）的常用对数的负值，即$-\lg[H^+]$。pH 值是水溶液最重要的理化参数之一。凡涉及水溶液的自然现象、化学变化以及生产过程都与 pH 值有关，因此，在工业、农业、医学、环保和科研领域都需要测量 pH 值。

那么，水体 pH 值过高或过低会对水环境产生什么危害呢？

一方面，过高浓度的氢离子或氢氧根离子会直接影响水生动植物、微生物等生物体内的离子存在形式和酶的活性，从而水生生物产生直接的危害；另一方面，pH 值的变化，还会通过影响水体的氧化还原电位（ORP 值）、重金属或其他毒性物质存在的形态及毒性等，进一步对水环境及水生生物造成危害。

早期的 pH 值测定多采用玻璃电极法，以玻璃电极为指示电极，饱和甘汞电极为参比电极组成电池。在 25℃理想条件下，氢离子活度变化 10 倍，使电动势偏移 59.16mV，根据电动势的变化测量出 pH 值。许多 pH 值计上有温度补偿装置，用以校正温度对电极的影响，用于常规水样监测可准确和再现至 0.1pH 值单位。

现在的 pH 电极多为复合电极（图 2-1）。以玻璃电极为指示电极，以 Ag/AgCl 等为参比电极，组成 pH 复合电极。利用 pH 复合电极电动势随氢离子活度变化而发生的偏移来测定水样的 pH 值。复合电极 pH 值计均有温度补偿装置，用以校正温度对电极的影响，用于常规水样监测可准确至 0.1pH 值单位。较精密的仪器可准确到 0.01 单位。为了提高测定的准确度，校准仪器时选用的标准缓冲溶液的 pH 值应与水样的值接近。

参比电极由参比元件（通常为银丝镀上一层氯化银组成）、参比电解液和参比隔膜组成。如图 2-1 所示。

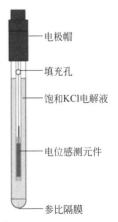

电极帽

填充孔

饱和KCl电解液

电位感测元件

参比隔膜

图 2-1 复合电极结构示意图

任务实施

一、行业标准

我国现行的监测水质 pH 值的行业标准为《水质 pH 值的测定 电极法》（HJ 1147—2020）。

该标准规定了测定水质 pH 值的电极法。适用于地表水、地下水、生活污水和工业废水 pH 值的测定。测定范围为 0～14。

二、方法原理

pH 值由测量电池的电动势而得，该电池通常由参比电极和氢离子指示电极组成。溶液每变化 1 个 pH 单位，在同一温度下电位差的改变是常数，据此在仪器上直接以 pH 的读数表示。

三、实操步骤

以《水质 pH 值的测定 电极法》（HJ 1147—2020）为例，介绍手工监测 pH 值的方法。

1. 采集样品

按照 HJ 91.1、HJ/T 91 和 HJ/T 164 的相关规定采集样品，现场进行测定。或采集样品于采样瓶中，样品充满容器立即密封，2h 内完成测定。

2. 测定前准备

按照使用说明书对电极进行活化和维护，确认仪器正常工作。现场测定应了解现场环境条件以及样品的来源和性质，初步判断是否存在强酸、强碱、高电解质、低电解质、高氟化物等的干扰，并进行相应的准备。

3. 仪器校准

（1）校准溶液

使用 pH 广泛试纸粗测样品的 pH 值，根据样品的 pH 值大小选择两种合适的校准用标准缓冲溶液。两种标准缓冲溶液 pH 值相差约 3 个 pH 单位。样品 pH 值尽量在两种标准缓冲溶液 pH 值范围之间，若超出范围，样品 pH 值至少与其中一个标准缓冲溶液 pH 值之差不超过 2 个 pH 单位。

（2）温度补偿

手动温度补偿的仪器，将标准缓冲溶液的温度调节至与样品的实际温度相一致，用温度计测量并记录温度。校准时，将酸度计的温度补偿旋钮调至该温度上。带有自动温度补偿功能的仪器，无须将标准缓冲溶液与样品保持同一温度，按照仪器说明书进行操作。现场测定时必须使用带有自动温度补偿功能的仪器。

（3）校准方法

采用两点校准法，按照仪器说明书选择校准模式，先用中性（或弱酸、弱碱）标准缓冲溶液，再用酸性或碱性标准缓冲溶液校准。操作方法如下。

① 将电极浸入第一个标准缓冲溶液，缓慢水平搅拌，避免产生气泡，待读数稳

定后，调节仪器示值与标准缓冲溶液的 pH 值一致。

②用蒸馏水冲洗电极并用滤纸边缘吸去电极表面水分，将电极浸入第二个标准缓冲溶液中，缓慢水平搅拌，避免产生气泡，待读数稳定后，调节仪器示值与标准缓冲溶液的 pH 值一致。

③重复步骤①的操作，待读数稳定后，仪器的示值与标准缓冲溶液的 pH 值之差应≤0.05 个 pH 单位，否则重复步骤①和②，直至合格。

【注意】亦可采用多点校准法，按照仪器说明书操作，在测定实际样品时，需采用 pH 值相近（不得大于 3 个 pH 单位）的有证标准样品或标准物质核查。酸度计 1min 内读数变化小于 0.05 个 pH 单位即可视为读数稳定。

4. 样品测定

用蒸馏水冲洗电极并用滤纸边缘吸去电极表面水分，现场测定时根据使用的仪器取适量样品或直接测定；实验室测定时将样品沿杯壁倒入烧杯中，立即将电极浸入样品中，缓慢水平搅拌，避免产生气泡。待读数稳定后记下 pH 值。具有自动读数功能的仪器可直接读取数据。每个样品测定后用蒸馏水冲洗电极。

5. 结果表示

测定结果保留小数点后 1 位，并注明样品测定时的温度。当测量结果超出测量范围（0～14）时，以"强酸，超出测量范围"或"强碱，超出测量范围"报出。

四、干扰和消除

①水的颜色、浊度、胶体物质、氧化剂及还原剂均不干扰测定。

②在 pH 值小于 1 的强酸性溶液中，会产生酸误差；在 pH 值大于 10 的强碱性溶液中，会产生碱误差。可采用耐酸碱 pH 电极测定，也可以选择与被测溶液的 pH 值相近的标准缓冲溶液对仪器进行校准以抵消干扰。

③测定电解质低的样品时，应采用适用于低离子强度的 pH 电极测定；测定电解质高（盐度大于 0.5%）的样品时，应采用适用于高离子强度的 pH 电极测定。

④测定含高浓度氟的酸性样品时，应采用耐氢氟酸 pH 电极测定。

⑤温度影响电极的电位和水的电离平衡，仪器应具备温度补偿功能，温度补偿范围依据仪器说明书。

课后作业

1. pH 值为 5 的溶液稀释 100 倍，可得 pH 值为 7 的溶液。（　　　）
2. pH 值是水中氢离子活度的＿＿＿＿＿＿＿，用于测定水溶液的酸碱度。
3.《城镇污水处理厂污染物排放标准》（GB 18918—2002）规定：pH 值的标准限值为＿＿＿＿＿＿。

任务二　pH 自动监测设备的原理及其操作

任务导入

根据某市生态环境主管部门最新公布的《××××年××市重点排污单位名录》，

某啤酒厂为重点排污单位，根据《**排污单位自行监测技术指南　酒、饮料制造**》（HJ 1085—2020），需对其废水总排放口排放废水的流量、pH 值、化学需氧量及氨氮进行自动监测。pH 值自动监测应如何进行？

任务实施

根据《**pH 水质自动分析仪技术要求**》（HJ/T 96—2003），介绍 pH 水质自动监测仪（图 2-2）的仪器原理、组成及出厂性能指标等。

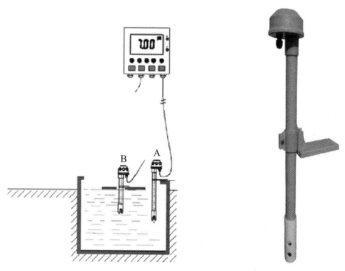

图 2-2　pH 水质自动监测仪示意
A—沉入式；B—浮动式

一、仪器原理

采用**玻璃电极法**进行监测。以 pH 玻璃电极为指示电极（－），以饱和甘汞电极为参比电极（＋）组成电池，形成 pH 复合电极。在 25℃理想条件下，溶液中 H^+ 活度的变化引起复合玻璃电极电势的变化，H^+ 活度变化 10 倍，使电动势偏移 59.16mV，可通过电压表测得；根据电极内部的中性（pH＝7）KCl 溶液与被测溶液的电势差（电压值），换算出待测溶液的 pH 值。pH 计上有温度补偿装置，用以校准温度对电极的影响。

二、仪器组成

1. 一般构造
各部分必须满足以下各项要求：
① 结构合理，产品组装坚固、零部件紧固无松动。
② 在正常的运行状态下，可平稳工作，无安全隐患。
③ 各部件不易产生机械、电路故障，构造无安全隐患。
④ 具有不因水的浸湿、结露等状况而影响自动分析仪运行的性能。

⑤ 便于维护、检查作业，无安全隐患。

⑥ 显示器无污点、损伤。显示部分的字符笔画亮度均匀、清晰；无暗角、黑斑、彩虹、气泡、暗显示、隐划、不显示、闪烁等现象。

⑦ 说明功能的文字、符号、标志应符合以下规定：必须在仪器醒目处端正地表示以下有关事项，并符合国家的有关规定。包括名称及型号、测定对象、测定范围、使用温度范围、电源类别及容量、制造商名称、生产日期和生产批号、信号输出种类（必要时）。

2. 组成部分

pH 水质自动分析仪由检测单元、信号转换器、显示记录、数据处理、信号传输单元等构成。图 2-3 为 pH 连续自动测定示意。

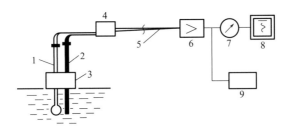

图 2-3　pH 连续自动测定示意

1—复合式 pH 电极；2—温度自动补偿电极；3—电极夹；4—电线连接箱；5—电缆；
6—阻抗转换及放大器；7—指示表；8—记录仪；9—小型计算机

（1）采样部分

应有完整密闭的采样系统。

（2）测量单元

将 pH 电极（图 2-4 为其构造示意）浸入试样，产生的信号稳定地传输至显示记录单元。由玻璃电极、参比电极、温度补偿传感器及电极支持部分等构成。

图 2-4　pH 电极的构造示意

1—保护罩；2—温度探头；3—电极（选配，不在货品清单内）；4—电极夹座；5—电极杆

温度补偿传感器指铂镍热电耦等温度传感器。电极支持部分指固定电极的电极套管，由不锈钢、硬质聚氯乙烯、聚丙烯等不受试样侵蚀的材质构成。

信号转换器及显示器具有防水滴构造，电极与转换器的距离应尽可能短。

（3）显示记录单元

具有将 pH 值以等分刻度、数字形式显示记录、打印下来的功能。

（4）数据传输装置

有完整的数据采集、传输系统。

（5）附属装置

根据需要，自动分析仪可配置以下附属装置。

① 电极清洗装置：指采用水等流体清洗电极的清洗装置等。

② 自动采水装置：指自动采集试样并将其以一定流速输送至测量系统的装置。

3. 仪器所需试剂

实际操作中，对 pH 值、温度、溶解氧、电导率和浊度五个指标的自动监测由五参数分析仪完成。常见的五参数分析仪的品牌可通过网络查询。各品牌所需的试剂基本相同，主要用于校准，在使用前进行配制。

试剂和蒸馏水应使用分析纯或优级纯试剂，也可购买经中国计量科学研究院检定合格的袋装 pH 标准物质。

配制标准溶液所用的蒸馏水应符合下列要求：煮沸并冷却、电导率小于 $2 \times 10S/cm$ 的蒸馏水，pH 在 6.7～7.3 之间为宜。

标准缓冲溶液包括 pH 为 4.008、6.865、9.180 的标准溶液。

4. 日常保养

（1）每周例行保养

把探头从测试桶槽中取出来，放在一个装有清水的塑料桶中。用布擦洗电极顶部。

（2）每月例行保养

校正 pH 电极。如果校正失败，应查明原因后再进行校正，直至校正通过为止。

（3）系统长期不工作时的处理规程

当系统长期不工作时，如断水断电，河水断流时，建议切断仪表电源。对于 pH 电极，建议把玻璃电极旋下来，泡在装有饱和 KCl 溶液的塑胶套中。同时做好防尘防潮工作，只需在探头上套上相应的防尘帽即可。

三、出厂性能要求

根据《**pH 水质自动分析仪技术要求**》（HJ/T 96—2003），pH 水质自动分析仪出厂性能（表 2-1）应满足以下要求。

表 2-1　**pH 水质自动分析仪的性能指标及性能试验方法**

项目	性能	性能试验方法
重复性	±0.1pH 以内	将电极浸入 pH＝4.008 的标准液，连续测定 6 次。求出各次测定值与平均值之差，最大差值即为重复性
漂移（pH＝9.180）	±0.1pH 以内	将电极浸入 pH＝9.180 的标准液中，读取 5min 后的测量值为初始值，连续测定 24h。与初始值比较，计算该段时间内的最大变化幅度
漂移（pH＝6.865）	±0.1pH 以内	将电极浸入 pH＝6.865 的标准液中，读取 5min 后的测量值为初始值，连续测定 24h。与初始值比较，计算该段时间内的最大变化幅度
漂移（pH＝4.008）	±0.1pH 以内	将电极浸入 pH＝4.008 的标准液中，读取 5min 后的测量值为初始值，连续测定 24h。与初始值比较，计算该段时间内的最大变化幅度
响应时间	0.5min 以内	将电极从 pH＝6.865 的标准液移入 pH＝4.008 的标准液中，记录测定显示值达到 pH＝4.008 时所需要的时间

续表

项目	性能	性能试验方法
温度补偿精度	±0.1pH 以内	将带有温度补偿传感器的玻璃电极浸入 pH＝4.008 的标准液中，在 10～30℃之间以 5℃的变化方式改变液温，并测定 pH 值。根据测定结果求出各测量值与该温度下 pH＝4.008 标准液标准 pH 值之差
MTBF	≥720h/次	采用实际水样，连续运行 2 个月，记录总运行时间（h）和故障次数（次），计算平均无故障连续运行时间（MTBF）≥720h/次（此项指标可在现场进行考核）
实际水样比对试验	±0.1pH 以内	选择 10 种或 10 种以上分布在高、中、低 3 个 pH 水平的实际水样，分别以自动分析仪与国标方法（GB 6920—86）对水样进行比对实验，每种水样的比对实验次数应分别不少于 15 次，计算测量结果的最大误差
电压稳定性	指示值的变动在 ±0.1pH 以内	将电极浸入 pH＝4.008（25℃）的标准液中，在显示值稳定后，加上高于或低于规定电压 10％的电源电压，读取显示值，计算其与规定电压下的 pH 值的最大误差
绝缘阻抗	5MΩ 以上	在正常环境下，在关闭自动分析仪电路状态时，采用国家规定的阻抗计（直流 500V 绝缘阻抗计）测量电源相与机壳（接地端）之间的绝缘阻抗

笔记

系统具有设定、校对、断电保护、来电恢复、故障报警功能，以及时间、参数显示功能，包括年、月、日和时、分以及测量值等。

四、运行比对监测

根据《水污染源在线监测系统（COD$_{Cr}$、NH$_3$-N 等）运行技术规范》（HJ 355—2019）标准要求，pH 水质自动分析仪运行时，每月至少进行 1 次实际水样比对试验，如果比对结果不符合表 2-2 的要求，应对 pH 水质自动分析仪进行校准，校准完成后需再次进行比对，直至合格。

实际水样比对时，手工监测应采取的国家环境监测分析方法标准为《水质　pH 值的测定　电极法》（HJ 1147—2020）。

表 2-2　pH 水质自动分析仪运行技术指标

技术指标要求	试验指标限值	样品数量要求
实际水样比对	±0.5	1

课后作业 💡

1.pH 传感器校准时，常用的缓冲液 pH 为＿＿＿＿＿＿、＿＿＿＿＿＿、＿＿＿＿＿＿。

2.长期不使用 pH 传感器时，应该将电极保存在＿＿＿＿＿＿的环境中。

3.每月实际水样比对时，pH 值的偏差要求在＿＿＿＿＿＿以内。

项目二
溶解氧（DO）

📖 项目导读

本项目重点介绍如何采用手工监测方法和自动监测设备测定水质的溶解氧。

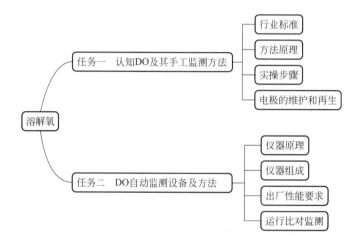

🌐 项目学习目标

知识目标 掌握便携式溶解氧仪、五参数分析仪（DO电极）的测定原理。

能力目标 掌握便携式溶解氧仪、五参数分析仪（DO电极）的操作步骤，能够对五参数分析仪（DO电极）进行运营维护。

素质目标 培养爱岗敬业、诚实守信的水污染自动监测运营职业道德；培养科学严谨、精益求精的生态环保工匠精神。

📚 项目实施

该项目共有两个任务，通过该项目的学习，达到掌握溶解氧手工监测方法和自动监测方法的目的。

任务一　认知 DO 及其手工监测方法

任务导入

　　某排污企业委托第三方检测机构测定该厂排放废水的溶解氧，你作为检测人员，应依据什么标准、采用什么方法进行测定？

知识链接

　　溶解在水中的分子态氧称为**溶解氧**，通常记作 **DO**，用每升水里氧气的毫克数表示。

　　水中溶解氧的多少是衡量水体自净能力的一个指标。水中溶解氧的含量与空气中氧的分压、水的温度都有密切关系。在自然状况下，空气中的含氧量变动不大，故水温是主要的因素，水温愈低，水中溶解氧的含量愈高。

　　据测试，水中的氧气含量大大低于空气中的氧气含量。空气中的含氧量为 18%，水中氧气含量为 6/1000000，可见水的溶氧量是相当低的。

　　水中氧气来自两个方面：一是水中植物。这些水中植物由于阳光照射而形成的光合作用，使植物吸收二氧化碳，释放出氧气。水中氧气的 60% 来自于水生植物。二是由大气补充。在大气压的作用下，空气中的氧向水中渗透。当水中氧气的浓度达到饱和状态后水也会向空气中释出多余的氧气。

　　光照的强弱、气压的大小、气温的高低都会影响水的溶氧量。水温越高，氧气的溶解度越低。因此，水中的溶氧量是在不断变化的，溶氧量的变化会影响水中鱼的生活状态。

　　气温与溶氧量也有密切关系。水中的氧属于溶于水中的气体。其溶解度的高低与气温的高低成反比。即：气温越高，氧气的溶解度越低；气温越低，氧气的溶解度越高。如在 20℃ 的水温中，100 个体积的水中能溶解 3 个体积的氧，相当于每升水含氧 21.4 毫克；而在 0℃ 时，100 个体积的水中能溶解 5 个体积的氧，相当于每升水含氧 35.7 毫克。

任务实施

一、行业标准

　　《**地表水环境质量标准**》（GB 3838—2002）将我国地表水分为五类，各类地表水溶解氧限值如表 2-3。

表 2-3　地表水溶解氧限值　　　　　　单位：mg/L

类别	Ⅰ类	Ⅱ类	Ⅲ类	Ⅳ类	Ⅴ类
DO	7.7	6	5	3	2

　　我国现行的测定水体中溶解氧的标准见表 2-4。

表 2-4　水体中溶解氧测定标准

序号	标准代号	标准名称
1	GB 7489—87	水质　溶解氧的测定　碘量法
2	HJ 506—2009	水质　溶解氧的测定　电化学探头法

　　溶解氧的测定，常用方法为碘量法和电化学探头法，因碘量法步骤烦琐，目前常用方法为**电化学探头法**，以下以《**水质　溶解氧的测定　电化学探头法**》（HJ 506—2009）为例，介绍手工监测 DO 的方法原理和操作步骤。

二、方法原理

　　测定溶解氧的电化学探头是一个用选择性薄膜封闭的小室，室内有两个金属电极并充有电解质。氧和一定数量的其他气体及亲液物质可透过这层薄膜，但水和可溶性物质的离子几乎不能透过这层膜。将探头浸入水中进行溶解氧的测定时，由于电池作用或外加电压在两个电极间产生电位差，使金属离子在阳极进入溶液，同时氧气通过薄膜扩散在阴极获得电子被还原，产生的电流与穿过薄膜和电解质层的氧的传递速度成正比，即在一定的温度下该电流与水中氧的分压（或浓度）成正比。

　　薄膜对气体的渗透性受温度变化的影响较大，要采用数学方法对温度进行校正，也可在电路中安装热敏元件对温度变化进行自动补偿。

　　若测定海水、港湾水等含盐量高的水，应根据含盐量对测量值进行修正。

三、操作步骤

　　使用测量仪器时，应严格遵照仪器说明书的规定进行操作。

　　1. 校准

　　（1）零点检查和调整

　　当测量的溶解氧质量浓度水平低于 1mg/L（或 10％饱和度）时，或者当更换溶解氧膜罩或内部的填充电解液时，需要进行零点检查和调整。若仪器具有零点补偿功能，则不必调整零点。

　　① 零点调整：将探头浸入零点检查溶液中，待反应稳定后读数，调整仪器到零点。

　　② 零点检查溶液：称取 0.25g 亚硫酸钠和约 0.25mg 钴（Ⅱ）盐，溶解于 250mL 蒸馏水中。临用时现配。

　　（2）接近饱和值的校准

　　在一定温度下，向蒸馏水中曝气，使水中氧的含量达到饱和或接近饱和。在这个温度下保持 15min，采用 GB 7489 规定的方法测定溶解氧的质量浓度。

　　将探头浸没在瓶内，瓶中完全充满按上述步骤制备并测定的样品，让探头在搅拌的溶液中稳定 2～3min 以后，调节仪器读数至样品已知的溶解氧质量浓度。

　　当仪器不能再校准，或仪器响应变得不稳定或较低时，及时更换电解质或膜。

　　2. 测定

　　将探头浸入样品，不能有空气泡截留在膜上，停留足够的时间，待探头温度与水温达到平衡，且数字显示稳定时读数。必要时，根据所用仪器的型号及对测量结果的要求，检验水温、气压或含盐量，并对测量结果进行校正。

探头的膜接触样品时，样品要保持一定的流速，防止与膜接触的瞬间将该部位样品中的溶解氧耗尽，使读数发生波动。

对于流动样品（例如河水）：应检查水样是否有足够的流速（不得小于0.3m/s），若水流速低于0.3m/s需在水样中往复移动探头，或者取分散样品进行测定。

对于分散样品：容器能密封以隔绝空气并带有搅拌器。将样品充满容器至溢出，密闭后进行测量。调整搅拌速度，使读数达到平衡后保持稳定，并不得夹带空气。

📝笔记

四、电极的维护和再生

1. 电极的维护

任何时候都不得用手触摸膜的活性表面。

电极和膜片的清洗：若膜片和电极上有污染物，会引起测量误差，一般1～2周清洗一次。清洗时要小心，将电极和膜片放入清水中涮洗，注意不要损坏膜片。

经常使用的电极建议存放在存有蒸馏水的容器中，以保持膜片的湿润。干燥的膜片在使用前应该用蒸馏水湿润活化。

2. 电极的再生

当电极的线性不合格时，就需要对电极进行再生。电极的再生约一年进行一次。

电极的再生包括更换溶解氧膜罩、电解液和清洗电极。

每隔一定时间或当膜被损坏和污染时，需要更换溶解氧膜罩并补充新的填充电解液。如果膜未被损坏和污染，建议2个月更换一次填充电解液。

更换电解质和膜之后，或当膜干燥时，都要使膜湿润，只有在读数稳定后，才能进行校准，仪器达到稳定所需要的时间取决于电解质中溶解氧消耗所需要的时间。

💡 课后作业

1. 其他条件不变的情况下，水温越高，水中溶解氧的浓度越＿＿＿＿＿＿。
2. 溶解氧的测定，常用方法包括＿＿＿＿＿＿、＿＿＿＿＿＿。
3. 测定DO的水样可以带回实验室后再加固定剂。（　　）

任务二　DO自动监测设备原理及操作

任务导入

某污水处理厂生化处理池出现异常现象，但溶解氧自动监测结果正常，厂长让小李校准溶解氧自动监测仪。

任务实施

根据《溶解氧（DO）水质自动分析仪技术要求》（HJ/T 99—2003），介绍溶解氧自动监测设备的仪器原理、组成及出厂性能指标等。

一、仪器原理

DO 的自动监测一般采用膜电极法。

膜电极法是通过 DO 浓度或氧的分压产生的扩散电流或还原电流，测定后求出 DO 浓度值的方法。因此，膜电极测定 DO 时不受水中的 pH、温度、氧化还原物质、色度和浊度的影响，被广泛地应用于地表水、工厂排水、污水处理过程中的 DO 的测定。但由于膜对氧的透过率受温度的影响较大，所以厂家一般都采用温度补偿的办法消除温度的影响。

二、仪器组成

DO 自动分析仪由检测单元、显示记录、数据处理、信号传输单元等构成。

1. 采样部分

有完整密闭的采样系统。

2. 测量单元

指将电极浸入试样，产生的信号稳定地传输至显示记录单元。由电极支持部分、转换器等构成。

① 电极：由阳极、阴极、测温计、电解液等构成，用能透过氧气的薄膜（如氟树脂、聚乙烯硅橡胶等）将电极覆盖，具有试样不直接接触阳极和阴极的构造。

② 电极支持部分：指固定电极的电极套管，由不锈钢、硬质聚氯乙烯、聚丙烯等不受试样侵蚀的材质构成。

③ 转换器及显示器：具有防水滴构造，电极与转换器的距离应尽可能短。

3. 显示记录单元

具有将溶解氧浓度（mg/L）以等分刻度、数字形式显示记录、打印下来的功能。

4. 数据传输装置

有完整的数据采集、传输系统。

5. 附属装置

根据需要，自动分析仪可配置以下附属装置。

① 电极清洗装置：指采用水、空气等流体清洗电极的清洗装置等。

② 自动采水装置：指自动采集试样并将其以一定流速输送至电极的装置。

三、出厂性能要求

根据《溶解氧（DO）水质自动分析仪技术要求》（HJ/T 99—2003），溶解氧（DO）水质自动分析仪出厂时性能应满足以下要求。（表 2-5）

零点校正液：将约 25g 的无水 Na_2SO_3 溶于蒸馏水中，加蒸馏水至 500mL。使用时配制。

量程校正液：在（25±0.5）℃时，以约 1L/min 的流量将空气通入蒸馏水并使其中的溶解氧达到饱和后，静置一段时间使溶解氧达到稳定（通常，200mL 水需要 5～10min；500mL 水需要 10～20min）。

表 2-5　DO 水质自动分析仪的性能指标及试验方法

项目	性能	试验方法
重复性误差	±0.3mg/L	将电极浸入量程校正液，在用磁搅拌器搅拌的同时，连续测定6次。记录各次测定值，计算相对标准偏差
零点漂移	±0.3mg/L	采用零点校正液，连续测定24h。利用该段时间内的初期零值（最初3次测定值的平均值），计算最大变化幅度与初期零值之差相对于量程值的百分率
量程漂移	±0.3mg/L	采用量程校正液，于零点漂移试验的前后，在用磁搅拌器搅拌的同时，分别测定3次，计算平均值。由减去零点漂移成分后的变化幅度，计算相对于量程值的百分率
响应时间 T_{90}	2min 以内	将电极从量程校正液移入零点校正液，测定显示值达到1mg/L时所需要的时间
温度补偿精度	±0.3mg/L	分别在（20±0.5）℃和（30±0.5）℃时，配制饱和溶解氧溶液。将电极分别浸入上述溶液中，在用磁搅拌器搅拌的同时，读取各自的指示值（mg/L）。分别测定上述溶液的温度（准确至±1℃），根据测定结果求出与"附表1水中饱和溶解氧浓度"中饱和溶解氧浓度之差
MTBF	≥720h/次	采用实际水样，连续运行2个月，记录总运行时间（h）和故障次数（次），计算平均无故障连续运行时间（MTBF）≥720h/次（此项指标可在现场进行考核）
实际水样比对试验	±0.3mg/L	选择5种或5种以上实际水样，分别以自动监测仪器与国标方法（HJ/T 99—2003）对每种水样的高、中、低三种浓度水平进行比对实验，每种水样在高、中、低三种浓度水平下的比对实验次数应分别不少于15次，计算该种水样相对误差绝对值的平均值（A）。比对试验过程应保证自动分析仪与国标方法测试水样的一致性
电压稳定性	指示值的变化在±0.3mg/L以内	将电极浸入量程校正液，在用磁搅拌器搅拌的同时，在显示值稳定后，加上高于或低于规定电压10%的电源电压，读取显示值
绝缘阻抗	5MΩ 以上	在正常环境下，在关闭自动分析仪电路状态时，采用国家规定的阻抗计（直流500V绝缘阻抗计）测量电源相与机壳（接地端）之间的绝缘阻抗

系统具有设定、校对、断电保护、来电恢复、故障报警功能，以及时间、参数显示功能，包括年、月、日和时、分以及测量值等。

四、运行比对监测

地表水水质自动监测站常规五参数（溶解氧）质控措施见表 2-6。

表 2-6　地表水水质自动监测站常规五参数（溶解氧）质控措施要求

质控措施	技术要求	检测方法
标准溶液考核 （标样核查）	±0.3mg/L	使用标准溶液（购买标准溶液或自行配制）对自动监测仪器进行标样核查；标样核查结果以绝对误差或相对误差表示
实际水样比对	±0.5mg/L 溶解氧过饱和 时不考核	在站房内采集源水经过认证的便携式仪器或与 CMA 实验室进行实际水样比对，计算自动监测的结果相对于便携仪器或实验室测试结果的误差，以绝对误差或相对误差表示

1. 五参数中，溶解氧的分析方法是＿＿＿＿＿＿＿＿。

2. 地表水水质自动监测站溶解氧每月自动核查时，应采用＿＿＿＿＿＿＿＿＿和＿＿＿＿＿＿＿＿进行核查。

3. 无氧水标液的配制使用的试剂是＿＿＿＿＿＿＿＿。

项目 三
化学需氧量（CODₒₓ）

📋 项目导读

本项目重点介绍水污染自动监测常规指标化学需氧量 COD_{Cr} 的定义、手工监测方法、自动监测方法和运营维护等。

🌐 项目学习目标

知识目标　掌握化学需氧量的意义和测定原理。掌握 COD 测定的快速消解分光光度法，掌握 COD 自动监测仪器原理与操作、新工艺、新方法。

能力目标　学会重铬酸钾法测定化学需氧量的操作。能够对 COD 自动监测仪进行运营维护。

素质目标　培养爱岗敬业、诚实守信的水污染自动监测运营职业道德；培养科学严谨、精益求精的生态环保工匠精神；培养团结协作、顾全大局的团队精神。

📖 项目实施

该项目共有两个任务。通过该项目的学习，达到操作 COD_{Cr} 手工监测和运行维护 COD 自动监测仪器的目的。

任务一　认知 CODₒₓ 及其手工监测方法

◀ 任务导入

小李到污水处理厂实习，单位安排其负责 COD_{Cr} 手工监测项目。请问什么是 COD_{Cr}？手工监测如何操作？

◀ 知识链接　◎➤

一、化学需氧量的含义

化学需氧量（chemical oxygen demand，COD）是指在一定条件下，水体中易被强氧化剂氧化的还原性物质所消耗氧化剂的量，结果折算成氧的量（以 mg/L 计）。

水中还原性物质主要是有机物，若水样中含有硫化物、亚硫酸盐、亚硝酸盐、亚铁盐等无机还原物质时，它们也会被强氧化剂氧化，从而表现为化学需氧量。

废水中有机物的量远大于无机还原物质的数量，因此，化学需氧量可以反映水体受有机物污染的程度。

化学需氧量是一个条件性指标，会受加入的氧化剂的种类、浓度、反应液的酸度、温度、反应时间及催化剂等条件的影响。

测定 COD 的意义是了解水中的污染物质要消耗的溶解氧量。

二、化学需氧量(COD)的测定

根据所用氧化剂的不同，化学需氧量（COD）的测定方法又分为重铬酸钾法（一般称其为化学需氧量，用 COD_{Cr} 表示）和高锰酸盐法（一般称其为耗氧量（oxygen demand），又称高锰酸盐指数，用 OC 或 COD_{Mn} 表示）。

重铬酸钾法的氧化率可达 90% 左右，适用于生活污水、工业废水和受污染水体的测定，高锰酸钾法的氧化率仅为 50% 左右，仅适用于地表水、地下水及饮用水等较清洁水样的测定。本书重点介绍重铬酸钾法（COD_{Cr}）。重铬酸钾容量滴定法又分为标准法和快速法两种。标准法即为《水质 化学需氧量的测定 重铬酸盐法》（HJ 828—2017）规定的分析方法。

1. 测定原理

（1）**容量滴定法**测定 COD_{Cr} 的原理：强酸性溶液中，一定量的重铬酸钾在催化剂作用下氧化水样中的还原性物质，过量的重铬酸钾以试亚铁灵为指示剂，用硫酸亚铁铵溶液回滴，溶液的颜色由黄色经蓝绿色至红褐色即为滴定终点，记录硫酸亚铁铵标准溶液的用量。

$$2Cr_2O_7^{2-} + 16H^+ + 3C(代表有机物) \longrightarrow 4Cr^{3+} + 8H_2O + 3CO_2 \uparrow$$

$$Cr_2O_7^{2-} + 14H^+ + 6Fe^{2+} \longrightarrow 6Fe^{3+} + 2Cr^{3+} + 7H_2O$$

根据上述氧化反应中硫酸亚铁铵标准溶液的消耗量，可由式（2-1）计算 COD_{Cr}。

$$COD_{Cr}(O_2, mg/L) = \frac{(V_0 - V_1)c \times 8 \times 1000}{V} \quad (2-1)$$

式中 V_0——空白试验时硫酸亚铁铵的用量，mL；

V_1——测定水样时硫酸亚铁铵的用量，mL；

V——所取水样的体积，mL；

c——硫酸亚铁铵标准溶液物质的量的浓度，mol/L；

8——1/2 氧的摩尔质量，g/mol。

（2）**快速消解法**测定 COD_{Cr} 的基本原理：根据重铬酸钾中橙色的 Cr^{6+} 与水样中还原性物质反应后生成绿色的 Cr^{3+} 从而引起溶液颜色的变化这一特征，建立在一定波长下溶液的吸光度值与反应物浓度之间的定量关系，通过标准工作曲线得到未知水样所对应的 COD 的值。

《水质 化学需氧量的测定 快速消解分光光度法》（HJ/T 399—2007）：一是提高消解反应体系中氧化剂浓度，增加硫酸酸度，提高反应温度，增加助催化剂等条件来提高反应速率的方法。同经典标准方法相比，消解体系硫酸酸度由 9.0mg/L 提高到 10.2mg/L，反应温度由 150℃ 提高到 165℃，消解时间由 2h 减少到 10~15min；二是改变传统的靠导热辐射加热消解的方式，而采用微波消解技术提高消解反应速度的方法。

任务实施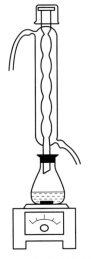

2. 操作步骤

（1）样品采集

水样应不少于 200mL，应保存在洁净的玻璃瓶中。采集好的水样应在 24h 内测定，否则应加入硫酸调节水样 pH≤2。在 0～4℃ 保存，5d 内进行测定。

（2）样品消解

① 取 10.0mL 水样于锥形瓶中，加入重铬酸钾溶液 5.00mL（0.0250mol/L），加入数颗玻璃珠，摇匀；

② 将锥形瓶接到回流装置冷凝管下端，接通冷凝水。从冷凝管上端缓慢加入 15mL 硫酸银-硫酸试剂，摇匀，加热回流（装置如图 2-5），沸腾 2h；

③ 以水代替水样，进行同样的预处理。

（3）测定

冷却后，用 45mL 水自冷凝管上端冲洗冷凝管，取下锥形瓶，再用水稀释至 70mL 左右。冷却至室温，加入 3 滴试亚铁灵，用硫酸亚铁铵溶液（0.005mol/L）滴定，颜色经由黄色-蓝绿色-红褐色即为终点（扫描二维码 M2-1 和 M2-2，可查看滴定过程及其溶液的颜色变化），记录硫酸亚铁铵的用量。

（4）空白实验 按以上相同步骤以 10.0mL 实验用水代替水样进行空白实验，记录空白滴定时消耗硫酸亚铁铵标准溶液的体积 V_0。

M2-1 滴定过程

M2-2 滴定过程溶液的颜色变化

图 2-5 加热回流装置

3. 干扰及排除

氯离子（Cl^-）也能被重铬酸钾氧化，并与硫酸银作用生成沉淀，干扰 COD_{Cr} 的测定，可加入适量 $HgSO_4$ 予以消除。若水中含亚硝酸盐较多，可预先在重铬酸钾溶液中加入氨基磺酸便可消除其干扰。

测定过程中所涉及的试剂及其作用如下。

① 重铬酸钾（$K_2Cr_2O_7$）：强氧化剂，一般使用浓度为 0.25mol/L；

② 硫酸亚铁铵 [$(NH_4)_2Fe(SO_4)_2 \cdot 6H_2O$]：还原剂，回滴剩余的重铬酸钾，

一般使用浓度为 0.1mol/L。临用前用重铬酸钾标准溶液标定；

③ 硫酸银（Ag_2SO_4）：氧化反应催化剂，一般使用浓度为 1%；

④ 硫酸汞（$HgSO_4$）：Cl^- 络合消除剂。

4. 注意事项

① 少量氯化汞沉淀不影响测定。

② 取样范围及试剂用量的变动对测定结果影响不大。

③ 低浓度样品，COD＜50mg/L 的水样，应改用 0.025mol/L 重铬酸钾标准溶液。回滴时用 0.01mol/L 硫酸亚铁铵标准溶液。

④ 水样加热回流后，溶液中重铬酸钾剩余量应是加入量的 1/5～4/5 为宜。

⑤ 标准溶液临用时新配。

⑥ COD_{Cr} 的测定结果应保留三位有效数字。

⑦ 每次实验时，应对硫酸亚铁铵进行滴定。

⑧ 回流冷凝管不能用软质乳胶管，否则容易老化、变形，使冷却水不通畅。

⑨ 用手摸冷却水时不能有温感，否则测定结果偏低。

⑩ 滴定时不能激烈摇动锥形瓶，瓶内试液不能溅出水花，否则影响测定结果。

5. HACH 微回流 COD 测定步骤

将经过预处理的水样数毫升加入预装反应试剂的消解管，充分混合均匀。加热器采用 DRB200 消解反应器（图 2-6）。该仪器内置了各种程序，从中选定合适的 COD 测试程序，仪器会默认 150℃加热温度，反应时间 120min。

低量程时，分光光度计在 420nm 波长下测得样品中剩余 Cr^{6+} 的浓度；高量程时，分光光度计在 620nm 波长下测得样品中反应生成的 Cr^{3+} 的浓度。并可自动将测量值转化为 COD 的值。

空气冷凝 COD 测定装置如图 2-7。

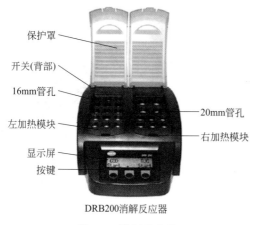

DRB200消解反应器

图 2-6 消解反应器

图 2-7 空气冷凝 COD 测定装置

课后作业 ☀

1. COD 是指示水体中（　　）的主要污染指标。

A. 氧含量　　　　　　　　　　　B. 含营养物质量

C. 含有机物及还原性无机物量　　D. 含有机物及氧化物量

2. 在强酸性溶液中，一定量的重铬酸钾氧化水样中还原性物质，过量的重铬酸钾以试亚铁灵作指示剂、用（　　）溶液回滴。根据用量算出水样中还原性物质消耗氧的量。

A. 硫酸亚铁铵　　　　B. 硫酸亚铁　　　　C. 邻苯二甲酸氢钾　　　　D. 硫酸铵

3. 在测定 COD_{Cr} 过程中，分别用到 $AgSO_4$-H_2SO_4 溶液、$HgSO_4$、沸石三种物质，请分别说明其在测定过程中的用途。

📄 笔记

任务二　COD 自动监测设备及方法

任务导入

小李在污水处理厂工作，负责 COD_{Cr} 自动监测设备运行维护，小李如何开展该项工作？

知识链接

一、COD 在线自动分析方法（图 2-8）

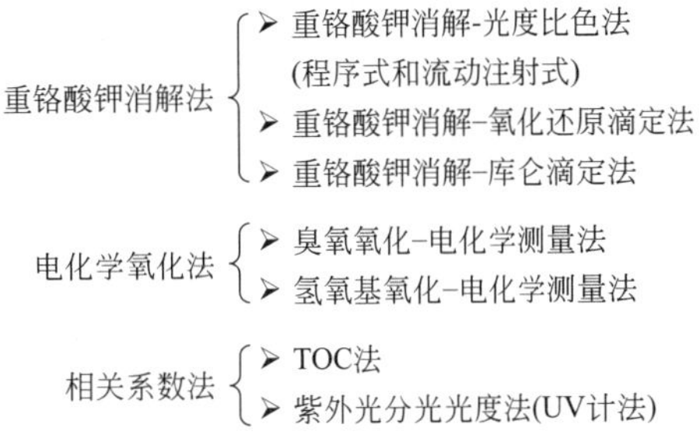

重铬酸钾消解法根据检测方法的不同，分为光度比色法、氧化还原滴定法、库仑滴定法。

1. 光度比色法

（1）程序式（仿手工法）

程序式自动在线分析仪器即是将实验室

重铬酸钾消解法	重铬酸钾消解-光度比色法（程序式和流动注射式） 重铬酸钾消解-氧化还原滴定法 重铬酸钾消解-库仑滴定法
电化学氧化法	臭氧氧化-电化学测量法 氢氧基氧化-电化学测量法
相关系数法	TOC法 紫外光分光光度法（UV计法）

图 2-8　COD 在线自动分析方法

的分析方法和分析用的器皿搬到仪器内，用电脑、程序控制各种电动泵、阀、气泵，模拟人的各步操作进行分析的间歇式分析仪器（图 2-9、图 2-10）。扫描二维码可查看。

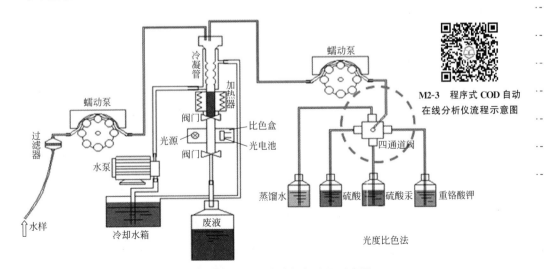

M2-3　程序式 COD 自动在线分析仪流程示意图

图 2-9　程序式 COD 自动在线分析仪流程示意图

① 优点：模拟手工法，和手工法分析结果有较好的一致性。

② 缺点：结构复杂、故障率高。

程序式分析（仿手工法）（图 2-11）是在微机控制下，将水样与重铬酸钾溶液和浓硫酸混合，加入硫酸银作为催化剂，硫酸汞络合溶液中氯离子。

M2-4　COD 自动在线分析仪结构组成

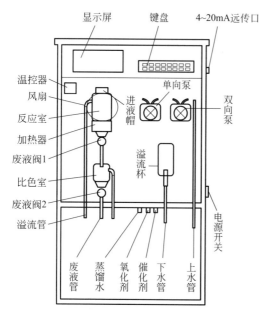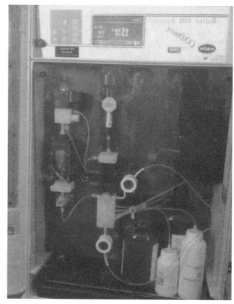

图 2-10　COD 自动在线分析仪结构组成

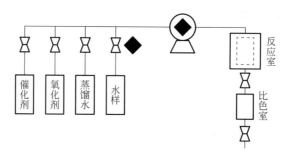

图 2-11　程序式 COD 分析流程

混合液在 165℃ 条件下经过一定时间的回流，水中的还原性物质与氧化剂发生反应。氧化剂中的 Cr^{6+} 被还原为 Cr^{3+}。这时混合液的颜色发生变化。通过光电比色把 Cr^{3+} 的增加量转换为电压变化量。通过测量变化的电压量，并通过曲线查找计算得出 COD 值。

（2）流动注射分析法

流动注射分析（简称 FIA）式 COD 在线分析仪是通过高温（180℃）、高压（0.6MPa）来加快消解反应速率，所选择的温度、压力、时间，使其氧化率和标准手工法氧化率基本一致。

其基本原理（图 2-12）是试剂连续进入直径为 1mm 的毛细管中，水样定量注入载流液中，在流动过程中完成混合、加热、反应和测量。扫描二维码可查看。

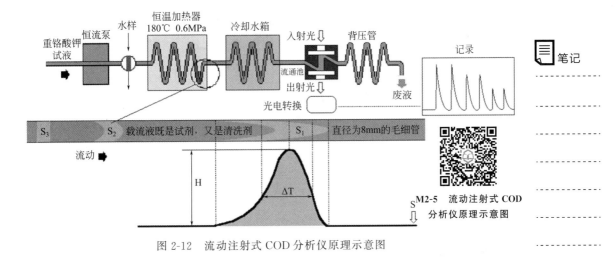

图 2-12　流动注射式 COD 分析仪原理示意图

2. 库仑滴定法

在水样中加入已知量的重铬酸钾溶液，在强酸加热环境下将水样中的还原性物质氧化后，用硫酸亚铁铵标准溶液返滴定过量的重铬酸钾，通过电位滴定的方法进行滴定判终，根据硫酸亚铁铵标准溶液的消耗量进行计算。

仪器的工作过程是：程序启动→加入重铬酸钾到计量杯→排入消解池→加入水样到计量杯→排到消解池→注入硫酸＋硫酸银→加热消解→冷却→排入滴定池→加蒸馏水稀释→搅拌冷却→加硫酸亚铁铵滴定→排泄→计算打印结果。

图 2-13 为结构示意图。

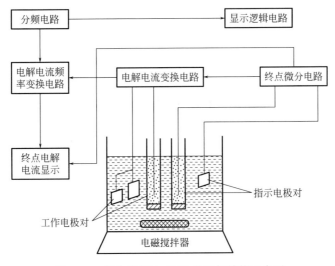

图 2-13　库仑滴定法 COD 分析仪结构示意图

① 氢氧基氧化-电化学测量法（图 2-14）。

② 羟基氧化-电化学测量法。工作电极的 PbO_2 表面产生的羟基自由基（OH）是一种具有很高氧化还原电位（2.85V）的强氧化剂，其氧化还原电位远远超过臭氧（2.07V）、过氧化氢（1.83V）、重铬酸盐离子（1.33V），它的氧化能力极强，反应速率极快，一般只需 30s。

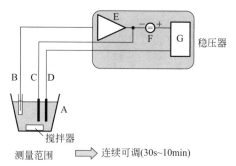

图 2-14　氢氧基氧化-电化学测量法

A—电解池；B—参比电极；C—计数电极；D—氧化电极（工作电极）；
E—参比电极转换器；F—稳压源；G—电流放大器

任务实施

二、COD 自动监测仪器运营维护操作

操作仪器之前应认真阅读仪器的使用说明书，最好经过生产厂家的认真培训，COD 监测仪操作内容主要包括参数的设定、曲线校准、仪器的维护及故障处理。

1. 参数的设定

仪表在出厂前已做好了相关设置，为了确保仪表正常工作，需要再次核查确认。其中"模式设置""通信设置""对外接口设置"等为初始化设置内容，在仪表工作前，应设置完整。所有设置内容，都可以根据用户的需求重新进行设置。然而"系统设置"需要运维权限，请在"主界面"点击【登录】按钮，输入"用户名"和"密码"，获得运维权限。

（1）通信设置

"通信设置"界面（图 2-15）包含 RS485 和 RS232 串口设置对话框，可与波特率、协议类型、仪表地址等进行设置，目前所采用的波特率为 57600，协议类型包括国标协议、地方协议、FPI 协议等。

通过串口的通信设置，将仪表经由 RS232/485 接口连接外部的数据采集仪或其他设备。串口设置参数，必须与外部设备的设置参数相匹配。

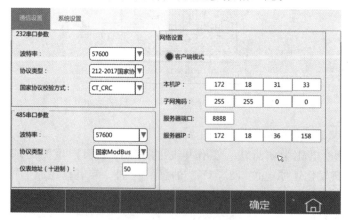

图 2-15　通信设置界面

（2）系统设置

系统设置界面（图 2-16）分为系统时间设置、密码设置、恢复出厂设置和触摸屏校准。

仪表在出厂时，已经进行了时间设置。如果时间出现误差，可重新在系统设置界面进行时间调校。当发现触摸屏鼠标箭头与触摸点偏移时，可点击【触摸屏校准】按钮进行校准，点击后屏幕会呈现黑屏状态，根据指示，用手指依次点击四个角落圆框处，即可完成屏幕校准。

笔记

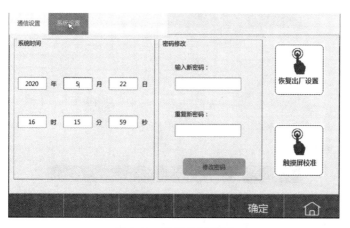

图 2-16　系统设置界面

（3）性能参数设置

仪表在出厂前进行了性能测试，因此已做好了相关设置，为了确保仪表正常工作，需要再次核查确认。其中"量程管理""测量参数设置""修正参数设置""对外接口设置"等为出厂前设置内容，在仪表工作前，请检查是否设置完整。所有设置内容，都可以根据用户的需求重新进行设置。登录后进入主页面，点击【设置】按钮，仪表会进入"性能参数设置"页面，其中包含"量程配制""方案配制""测量参数设置""修正系数""对外接口"这五个子页面，性能参数分别在这几个页面中进行设置。

① 量程配置　本仪表的量程分为主量程与辅量程，主量程一般为当前量程范围内的最小量程。实际监测过程中，当出现测定结果超出当前量程或测定结果相对于量程过低时，仪表可实现量程自动切换，使得测定结果更加准确可靠。

② 测量参数设置　"测量参数设置"包含消解设置、量程自动切换、检出线、液体检测器阈值等参数的设置。其界面如图 2-17。

a.消解设置　根据需要选择开启或不开启消解，开启时序设置消解的相关参数（消解目标温度及消解时间）。

b.量程自动切换　根据现场工况的需要，可以设置是否开启量程自动切换功能，及开启量程自动切换功能的上下阈值，默认该功能关闭，如有需要可设置打开。

c.检出限　可以设置仪表的检出限，样品低于检出限时仪表检测结果有较大的误差，此时仪表会发出报警提示。

d.液体检测器阈值　根据液体检测器有液和无液时的电压值（在"设备监控"界面读取液体检测器有液和无液时电压值）设置阈值，一般液体检测器阈值设置为有液电压和无液电压的中间值。

模块二 水污染化学指标自动监测系统

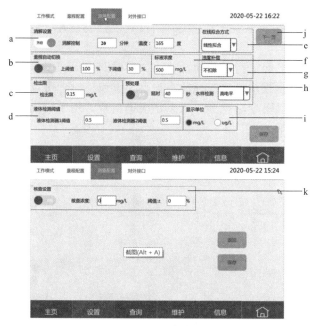

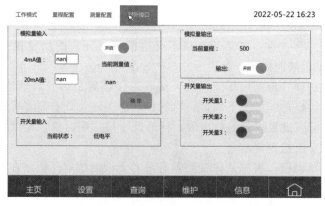

图 2-17 测量参数界面

e. 在线拟合方式 按照需要可以对标定的结果进行线性拟合、二次拟合、三次拟合和四次拟合，一般选择线性拟合。

f. 标液浓度 根据实际标定的标液浓度设置，该标液浓度的设置决定标定曲线计算准确性，一般情况下标液浓度为主量程的量程值。

g. 浊度补偿 根据现场水样浊度情况选择浊度扣除/不扣除/自动判断。

h. 预处理 安装有预处理装置的仪表需要打开，需要设置预处理装置中水样处理时间。

i. 显示单位 根据现指标浓度要求，显示单位可选择为 mg/L 或 μg/L，默认设置为 mg/L。

j. 点击【下一页】按钮进入下一页，可进行"核查设置界面"。

k. 核查设置 根据需要打开核查功能，设置对应的［核查浓度］和［阈值］。

③ 对外接口设置 在"对外接口"界面（图 2-18）下可以对模拟量输入、模拟量输出、开关量输入、开关量输出等相关参数进行设置。一般对外接口设置成默认值即可。

图 2-18 对外接口设置

042

2. 曲线校准

使用前需要对工作曲线进行校准；使用中也需要定期校准；校准前应先配制不同浓度的邻苯二甲酸氢钾标准溶液，可根据仪器的需要进行一点校准或多点校准。

定期校准：一般每 3 个月或半年校准一次，每个月或每日仪器自动标定。

与手工方法进行实际水样对比，保证工作曲线准确。

3. 仪器的维护及故障处理

① 定期添加试剂，添加频次根据单次试剂用量、分析频次和试剂容量来确定；

② 定期更换泵管，防止泵管老化而损坏仪器；更换频次约每 3~6 个月一次，与分析频次有关，参照使用说明书；

③ 定期清洗采样头，防止采样头堵塞而采不上水，一般 2~4 周清洗一次，主要根据水质情况而定，水质越差清洗周期越短；

④ 定期校准工作曲线。重铬酸钾氧化法 COD 自动监测仪常见故障分析可见表 2-7，TOC 法 COD 自动监测仪常见故障分析见表 2-8。

笔记

表 2-7　重铬酸钾氧化法 COD 自动监测仪常见故障分析

序号	故障现象	故障原因分析	故障排除办法
1	校准或测定值异常	采样探头、样品试剂、管路、驱动电机、泵管、阀体、加药量、加热、冷却消解、光源、比色、排空等单元可能异常	检查出故障点，处理解决
2	无法采集样品或试剂	采样探头堵塞、试剂余量不足、管路堵塞或漏气、阀体异常、泵管老化、驱动电机异常、计量单元异常	清理采样管路，添加试剂，疏通维护管路与阀体，更换泵管，维护电机或计量单元必要更换元件
3	样品或试剂计量异常	计量光源发光异常、计量光源发射与接受端未对齐、计量试管污染、泵光老化、管存测量错误	维护或更换计量光源，对齐计量光源发射与接受端，清理计量试管，更换泵管并测量管存
4	消解温度异常	消解管的测温传感器位置移位或密封不好、控温电路异常、温控仪故障、加热装置故障、温控仪控温设置错误	复位测温传感器，更换密封垫或者消解杯，维修或更换加热或控温装置，正确设置温控仪温度
5	压力异常（消解压力过高）	压力传感器异常、泄压阀故障	检查泄压阀和压力传感器，维修或更换
6	冷却时间过长	冷却风机故障、环境温度过高	维修或更换冷却风机，维修空调
7	测量单元异常	测量放大器故障、比色光源异常、光纤老化或污染、比色光源接受或发射端未对齐、比色皿污染	光纤老化或污染、比色光源接受或发射端未对齐、比色皿污染维修或更换放大器、比色光源、光纤，对齐比色光源接受或发射端，清理比色皿
8	废液排空异常	驱动电机异常、泵管老化、导管或阀体堵塞	维修或更换电机，更换泵管，清理导管或阀体堵塞

表 2-8　TOC 法 COD 自动监测仪常见故障分析

序号	故障现象	故障原因分析	故障排除办法
1	预处理单元异常	采样阀故障、排液阀故障，搅拌马达不运转	检查电源供电，拆开电磁阀
2	八通阀报警、阀体漏液	定子与转子黏着，马达运转不畅，连轴器轴心偏移；传感器信号处理有问题	停机、搬动拧松，检查马达电源是否正常，更换马达，调整连轴器位置；清扫传感器检测位置、定位片，更换传感器，或者重新拔插 I/O；更换阀体
3	注射器故障	注射器原点位故障，安装不直；注射器漏液	重新安装或矫正支架；更换注射头
4	除湿器故障	温度显示常温或负温	更换 I/O 板或电源板；更换除湿器主体
5	基线偏高	载气流通不畅，内部漏气，CO_2 吸收器失效，催化剂失效，NDIR 故障	检查出故障点，处理解决
6	完全不出峰（TOC 监测值为 0）	水样采集异常、试剂添加异常、燃烧管破裂、载气异常、除湿器故障、NDIR 故障、基线异常	检查出故障点，处理解决
7	测定数据异常	进样状态不正常，排液阀故障；加酸量、曝气不足；吸入颗粒物	检查出故障点，处理解决

三、COD_{Cr} 实际水样比对监测

针对 COD_{Cr} 水质自动分析仪应每月至少进行一次实际水样比对试验。试验结果应满足表 2-9 规定的性能指标要求，实际水样比对试验的结果不满足表 2-9 规定的性能指标要求时，应对仪器进行校准和标准溶液验证后再次进行实际水样比对试验。

如第二次实际水样比对试验结果仍不符合表 2-9 规定时，仪器应进入维护状态，同时此次实际水样比对试验至上次仪器自动校准或自动标样核查期间所有的数据按照 HJ 356 的相关规定执行。

仪器维护时间超过 6h 时，应采取人工监测的方法向相应环境保护主管部门报送数据，数据报送每天不少于 4 次，间隔不得超过 6h。

按照 HJ 353 规定的水样采集口采集实际废水排放样品，采用水质自动分析仪与国家环境监测分析方法标准分别对相同的水样进行分析，两者测量结果组成一个测定数据对，至少获得 3 个测定数据对。按照式（2-2）或式（2-3）计算实际水样比对试验的绝对误差或相对误差，其结果应符合表 2-9 的规定。

$$C = X_n - B_n \tag{2-2}$$

$$\Delta C = \frac{x_n - B_n}{B_n} \times 100\% \tag{2-3}$$

式中　C——实际水样比对试验绝对误差，mg/L；

　　　X_n——第 n 次分析仪测量值，mg/L；

　　　B_n——第 n 次实验室标准方法测定值，mg/L；

　　　ΔC——实际水样比对试验相对误差。

表 2-9 水污染源 CODcr 在线监测仪器运行比对指标

仪器类型	技术指标要求	试验指标限值	样品数量要求
CODcr、TOC 水质自动分析仪	采用浓度约为现场工作量程上限值 0.5 倍的标准样品	±10%	1
	实际水样 CODcr<30mg/L（用浓度为 20~25mg/L 的标准样品替代实际水样进行测试）	±5mg/L	比对试验总数应不少于 3 对。当比对试验数量为 3 对时应至少有 2 对满足要求；4 对时应至少有 3 对满足要求；5 对以上时至少需 4 对满足要求
	30mg/L≤实际水样 CODcr<60mg/L	±30%	
	60mg/L≤实际水样 CODcr<100mg/L	±20%	
	实际水样 CODcr≥100mg/L	±15%	

扫描二维码可查看案例。

M2-6 COD 自动监测运营典型案例

  课后作业

1. COD 在线自动监测仪的几种技术原理中最接近国标准法的是（　　）。

A. 重铬酸钾消解-氧化还原法　　　B. 重铬酸钾消解-光度测量法

C. 重铬酸钾消解-库仑滴定法　　　D. UV 计法

2. 一般 COD 自动分析仪运营需采取哪些定期维护措施?

项目 四
高锰酸盐指数

📖 项目导读

　　本项目重点介绍如何采用手工监测方法和自动监测设备测定饮用水厂出水的高锰酸盐指数，包括该指标的定义、手工监测方法、自动监测方法和运营维护等。

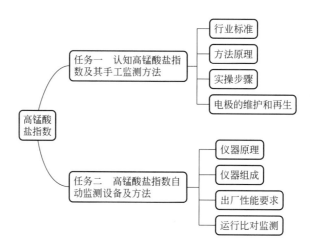

🌐 项目学习目标

　　知识目标　掌握高锰酸盐指数手工监测方法和自动测定仪的测定原理。
　　能力目标　熟练掌握高锰酸盐指数手工监测方法的测定步骤；能够熟练操作高锰酸盐指数自动测定仪，进行高锰酸盐指数的测定；掌握高锰酸盐指数自动测定仪的运行维护。
　　素质目标　培养爱岗敬业、诚实守信的水污染自动监测运营职业道德；培养科学严谨、精益求精的生态环保工匠精神。

📚 项目实施

　　该项目共有两个任务，通过该项目的学习，达到掌握高锰酸盐指数手工监测方法和自动监测方法的目的。

任务一　认知高锰酸盐指数及其手工监测方法

任务导入

由于水质监测的需要，需测定某条饮用水厂出水的高锰酸盐指数。拟采用实验室手工监测方法对高锰酸盐指数进行测定。

知识链接

高锰酸盐指数，是指在一定条件下，以高锰酸钾为氧化剂，处理水样时所消耗的氧化剂的量，以氧的 mg/L 来表示。水中的亚硝酸盐、亚铁盐、硫化物等还原性无机物和在此条件下可被氧化的有机物，均可消耗高锰酸钾。因此，高锰酸盐指数常被作为水体受还原性有机和无机物质污染程度的综合指标。

高锰酸盐指数在以往的水质监测分析资料中，亦被称为化学需氧量的高锰酸钾法。由于在规定条件下，水中有机物只能部分被氧化，并不能理论上的需氧量，也不能反映水体中总有机物含量的尺度。因此，用高锰酸盐指数这一术语作为水质的指标，以有别于重铬酸钾法的化学需氧量（应用于工业废水），更符合客观实际。

任务实施

一、行业标准

我国现行的监测水体中高锰酸盐指数的方法见表 2-10。

表 2-10　水体中高锰酸盐指数检测标准

序号	标准代号	标准名称
1	GB 11892—89	水质　高锰酸盐指数的测定

二、实操步骤

高锰酸盐指数适用于衡量饮用水、水源水和地面水中所含有机物的量，测定范围为 0.5～4.5mg/L。对污染较重的水，可少取水样，经适当稀释后测定。该指标不适用于测定工业废水，如需测定，可用重铬酸钾法测定化学需氧量。

样品中无机还原性物质如 NO_2^-，S^{2-} 和 Fe^{2+} 等可被测定。氯离子浓度不大于 300mg/L 时，采用在酸性介质中氧化的测定方法；氯离子浓度高于 300mg/L，采用在碱性介质中氧化的测定方法。

以下以《水质　高锰酸盐指数的测定》（GB 11892—89）为例，介绍手工监测高锰酸盐指数的方法。

1.酸性法

（1）方法原理

水样加入硫酸使呈酸性后，加入一定量的高锰酸钾溶液，并在沸水浴中加热反应一定的时间。剩余的高锰酸钾，用草酸钠溶液还原并加入过量，再用高锰酸钾溶液回滴过量的草酸钠，通过计算求出高锰酸盐指数数值。

显然高锰酸盐指数是一个相对的条件性指标，其测定结果与溶液的酸度、高锰酸盐浓度、加热温度和时间有关。因此，测定时必须严格遵守操作规定，使结果具可比性。

高锰酸盐与草酸反应的化学方程式：

$$2MnO_4^- + 5C_2O_4^{2-} + 16H^+ \longrightarrow 2Mn^{2+} + 10CO_2 + 8H_2O$$

高锰酸盐与还原物质反应的化学方程式：

$$4MnO_4^- + 5C(有机物) + 12H^+ \longrightarrow 4Mn^{2+} + 5CO_2 + 6H_2O$$

（2）水样的采集和保存

水样采集后，应加入硫酸调至 pH<2，以抑制微生物活动。应尽快分析，必要时可在 0~5℃冷藏保存，并在 48h 内测定。

（3）所需仪器

沸水浴装置；250mL 锥形瓶；50mL 酸式滴定管；定时钟。

（4）试剂

① 高锰酸钾溶液 $[c(1/5KMnO_4)=0.1mol/L]$：称取 3.2g 高锰酸钾溶于 1.2L 水中，加热煮沸，使体积减少到约 1L，放置过夜，用 G-3 玻璃砂芯漏斗过滤后，滤液贮于棕色瓶中保存。

② 高锰酸钾溶液 $[c(1/5KMnO_4)=0.01mol/L]$：吸取 100mL 上述高锰酸钾溶液，用水稀释至 1000mL，贮于棕色瓶中。使用当天应进行标定，并调节至 0.01mol/L 准确浓度。

③（1+3）硫酸。

④ 草酸钠标准溶液 $[c(1/2Na_2C_2O_4)=0.100mol/L]$：称取 0.6705g 在 105~110℃烘干 1h 并冷却的草酸钠溶于水，移入 100mL 容量瓶中，用水稀释至标线。

草酸钠标准溶液 $[c(1/2Na_2C_2O_4)=0.0100mol/L]$：吸取 10.00mL 上述草酸钠溶液，移入 100mL 容量瓶中，用水稀释至标线。

（5）步骤

① 分取 100mL 混匀水样（如高锰酸钾指数高于 5mg/L，则酌情少取，并用水稀释至 100mL）于 250mL 锥形瓶中。

② 加入 5mL±0.5mL（1+3）硫酸，摇匀。

③ 加入 0.01mol/L 高锰酸钾溶液 10.00mL，摇匀，立刻放入沸水浴中加热 30min（从水浴重新沸腾起计时）。沸水浴液面要高于反应溶液的液面。

④ 取下锥形瓶，趁热加入 0.0100mol/L 草酸钠标准溶液 10.00mL，摇匀。立即用 0.01mol/L 高锰酸钾溶液滴定至显微红色，记录高锰酸钾溶液消耗量。

⑤ 高锰酸钾溶液浓度的标定：将上述已滴定完毕的溶液加热至约 70℃，准确加入 10.00mL 草酸钠标准溶液（0.0100mol/L），再用 0.01mol/L 高锰酸钾溶液滴定至显微红色。记录高锰酸钾溶液消耗量，按式（2-4）求得高锰酸钾溶液的校正系数（K）：

$$K = \frac{10}{V_2} \tag{2-4}$$

式中　V_2——高锰酸钾溶液消耗量，mL。

若水样经稀释时，应同时另取 100mL 水，同水样操作步骤进行空白试验。

（6）计算

① 水样不经稀释，可由式（2-5）计算高锰酸盐指数 I_{Mn}

$$I_{Mn}(O_2, mg/L) = \frac{[(10+V_1)K-10] \times c \times 8 \times 1000}{100} \tag{2-5}$$

式中　V_1——滴定水样时，高锰酸钾溶液的消耗量，mL；

　　　K——校正系数；

　　　c——高锰酸钾溶液浓度，mol/L；

　　　8——氧（1/2O）摩尔质量。

② 水样经稀释，可由式（2-6）计算高锰酸盐指数 I_{Mn}

$$I_{Mn}(O_2,mg/L)=\frac{\{[(10+V_1)K-10]-[(10+V_0)K-10]\times f\}\times c\times 8\times 1000}{V_3}$$

（2-6）

式中　V_0——空白试验中高锰酸钾溶液消耗量，mL；

　　　V_3——所取水样的体积，mL；

　　　f——稀释水样中含水的比值，例如：10.0mL 水样用 90mL 水稀释至 100mL，则 $f=0.90$。

（7）精密度和准确度

五个实验室分析高锰酸钾指数为 4.0mg/L 的葡萄糖统一分发标准溶液，实验室内相对标准偏差为 4.2%；实验室间相对标准偏差为 5.2%。

（8）注意事项

在水浴中加热完毕后，溶液仍保持淡红色，如变浅或全部褪去，说明高锰酸钾的用量不够。此时，应将水样稀释倍数加大后再测定。

在酸性条件下，草酸钠和高锰酸钾的反应温度应保持在 60~80℃，所以滴定操作必须趁热进行，若溶液温度过低，需适当加热。

2. 碱性法

（1）适用范围

当样品中氯离子浓度高于 300mg/L 时，则采用在碱性介质中，用高锰酸钾氧化样品中的某些有机物及无机还原性物质。

（2）分析步骤

吸取 100mL 样品（或适量，用水稀释至 100mL），置于 250mL 锥形瓶中，加入 0.5mL 氢氧化钠溶液，摇匀。用滴定管加入 10.00mL 高锰酸钾溶液，将锥形瓶置于沸水浴中（30±2)min（水浴沸腾，开始计时）。取出后，加入（10±0.5)mL 硫酸，摇匀.后续步骤及分析结果与酸性法相同。

课后作业

1. 某地区饮用水源为地表水，其中氯化物超标，颜色发黄，欲了解水源是否被有机物污染，最常用的方法是采用（　　）。

A. 酸性高锰酸钾法测耗氧量　　　B. 碱性高锰酸钾法测耗氧量

C. 重铬酸钾法测化学耗氧量　　　D. 紫外分光光度法测化学耗氧量

2. 高锰酸盐指数测定方法中，氧化剂是_____，一般应用于_____、_____和_____，不可用于工业废水。

3. 测定高锰酸盐指数的水样采集后，应加入_____，使 pH<2 以抑制微生物的活动样品应尽快分析，必要时应在_____℃冷藏，并在_____h 内测定。

任务二　高锰酸盐指数自动监测设备原理与操作

任务导入

某河流断面设置了国家地表水水质自动监测站，请对该断面水质进行采样，并对其高锰酸盐指数进行自动监测。

任务实施

一、仪器原理

试样中加入已知量的高锰酸钾和硫酸（对高盐度水样，有时加入 $AgNO_3$），在沸水浴中加热 30min，高锰酸钾将试样中的某些有机物和无机还原性物质氧化，反应后加入过量的草酸钠还原剩余的高锰酸钾，再用高锰酸钾标准溶液回滴过量的草酸钠。通过计算得到试样的高锰酸盐指数值。扫描二维码可查看视频。

M2-7　I_{Mn} 在线
监测仪原理

【注意】（1）高锰酸盐指数自动分析仪的测定周期在 1h 以内。
（2）采用其他方法时，自动分析仪的测定结果应与采用 GB 11892—89 方法的测定结果具有可比性。

二、仪器组成

1. 一般构造

必须满足以下各项要求。

① 结构合理，各部件的安装良好，坚固。

② 在正常运行状态下，可平稳工作，无安全隐患。

③ 各部件不易产生机械、电路故障，其构造无安全隐患。

④ 具有不因水的浸湿、结露等而影响自动分析仪运行的性能。

⑤ 加热器等发热结合部分，具有不因加热而发生变形及机能改变的性能。

⑥ 便于维护、检查作业，无安全隐患。

2. 构造

自动分析仪的构成包括计量单元、反应器单元、检测单元、试剂贮存单元以及显示记录单元、数据处理单元等。

（1）计量单元：指计量一定量的试样及试剂并送入反应器单元的部分，由采样部分、试样导入管、试剂导入管、试样计量器、试剂计量器等部分构成。

① 采样部分：有完整密闭的采样系统。

② 试样导入管：由不被试样侵蚀的塑料、玻璃、橡胶等材质构成，为了准确地将试样导入计量器，试样导入管应备有泵或试样贮槽（罐）。

③ 试剂导入管：由玻璃或性能优良、耐试剂侵蚀的塑料、橡胶等材质构成，为了准确地将试剂导入计量器，试剂导入管应备有泵。

④ 试样计量器：由不被试样侵蚀的玻璃、塑料等材质构成，能准确计量试样的加入量。

⑤ 试剂计量器：由玻璃或性能优良、耐试剂侵蚀的塑料等材质构成，能准确计量试剂加入量。

（2）反应器单元：指进行氧化还原反应及滴定终点指示部分，由反应槽、加热器、搅拌器等构成。

① 反应槽：由耐热性、耐试剂侵蚀性良好的硬质玻璃等构成，其形状便于搅拌，易于清洗操作。

② 加热器：在环境温度为25℃情况下，具有的加热特性：当试剂加入10min后，能使反应槽内液体温度上升85℃以上；当试剂加入15min后，能使反应槽内液体温度上升95℃以上。

③ 搅拌器：具有耐热性及耐试剂侵蚀性，能在反应槽内有效搅拌的构造。

（3）检测单元：由滴定器、终点指示器及信号转换器构成。

① 滴定器：由不受高锰酸钾溶液侵蚀的材质构成，具有稳定、定量加入滴定剂的功能。

② 终点指示器：在滴定时，具有良好再现反应终点的性能。

③ 信号转换器：具有将与测定值相对应的滴定所需的试剂量转换成电信号输出的功能，其构造可调整测定范围。

（4）试剂贮存单元：由硫酸，高锰酸钾溶液，草酸钠溶液，硝酸银溶液等的贮存槽组成，所用材质具有不受各贮存试剂侵蚀的性能。若测定频次为1次/h，各试剂的贮存量至少能保证运行1周。

（5）显示记录单元：具有将高锰酸盐指数值按比例转换成直流电压或电流输出，并将根据高锰酸钾用量换算成O_2消耗量（mg/L）的测定值显示或记录下来的功能。

（6）数据处理单元：有完整的数据采集、传输系统。

（7）附属装置：根据需要，自动分析仪可配置试样自动稀释、自动清洗等附属装置。

三、出厂性能要求

根据《高锰酸盐指数水质自动分析仪技术要求》（HJ/T 100—2003），高锰酸盐指数水质自动分析仪出厂时应满足表2-11的性能要求：

表 2-11　高锰酸盐指数水质自动分析仪的性能指标及试验方法

项目	性能	试验方法
重复性误差	±5%	在HJ/T 100—2003：9.1的试验条件下，连续测定量程校正液6次，计算相对标准偏差
零点漂移	±5%	采用零点校正液，连续测定24h。利用该段时间内的初期零值（最初的3次测定值的平均值），计算最大变化幅度相对于量程值的百分率
量程漂移	±5%	采用量程校正液，于零点漂移试验的前后分别测定3次，计算平均值。由减去零点漂移成分后的变化幅度，求出相对于量程值的百分率
葡萄糖试验	±5%（测量误差）	采用葡萄糖试验液，测定3次。计算每次平均值与10mg/L的偏差的绝对值，求出3次绝对值相对于10mg/L的百分率
MTBF	≥720h/次	采用实际水样，连续运行2个月，记录总运行时间（h）和故障次数（次），计算平均无故障连续运行时间（MTBF）≥720h/次（此项指标可在现场进行考核）

续表

项目	性能	试验方法
实际水样比对试验	±10%	选择 5 种或 5 种以上实际水样，分别以自动监测仪器与国标（GB 11892—89）方法对每种水样的高、中、低三种浓度水平进行比对实验，每种水样在高、中、低三种浓度水平下的比对实验次数应分别不少于 15 次，计算该种水样相对误差绝对值（A）。比对实验过程应保证自动监测仪器与国标方法测试水样的一致性
电压稳定性	5%	采用量程校正液，加上高于或低于规定电压 10% 的电源电压时，读取显示值。分别进行 3 次测定，计算各测定值与平均值之差相对于量程值的百分率
绝缘阻抗	2MΩ 以上	在关闭自动分析仪电路状态下，采用国家规定的阻抗计（直流 500V 绝缘阻抗计）测量电源相与机壳（接地端）之间的阻抗

四、运行比对监测

高锰酸盐指数水质自动分析仪器应定期进行性能核查，具体如下。

① 至少每半年进行一次准确度、精密度、检出限、标准曲线和加标回收率的检查；

② 至少每半年进行一次零点漂移和量程漂移检查；

③ 更新检测器后，进行一次标准曲线和精密度检查；

④ 更新仪器后，对表 2-11 中的仪器性能指标进行一次检查；

⑤ 至少每月进行一次仪器校准工作；

⑥ 设备运行过程中，其性能指标要求应满足表 2-12 所列要求。

仪器性能核查的数据采集频次可以调整到小于日常监测数据采集频次，同时保证样品测定不受前一个样品的影响。

表 2-12　高锰酸盐指数水质自动分析仪仪器性能指标技术要求

监测项目	检测方法	检出限	精密度	准确度	稳定性		标准曲线相关系数	实际水样比对
					零点漂移	量程漂移		
高锰酸盐指数/(mg/L)	电极法、光度法	1	±5%	±10%	±5%	±5%	≥0.995	①

注：①当 $C_x > B_{IV}$ 时，比对实验的相对误差在 20% 以内；

当 $B_{II} < C_x \leq B_{IV}$ 时，比对实验的相对误差在 30% 以内；

当 $4DL < C_x \leq B_{II}$ 时，比对实验的相对误差在 40% 以内；

当自动监测数据和实验室分析结果双方都未检出，或有一方未检出且另一方的测定值低于 B_I 时，均认定对比实验结果合格；

其中，C_x 为仪器测定浓度；B 为 GB 3838 表 1 中相应的水质类别标准限值；$4DL$ 为测定下限。

课后作业

1.（填空题）高锰酸盐指数水质自动分析仪测定终点常用的方法包括_____和_____。

2.（判断题）不同厂家设计的消解模块，加热方式和氧化时间不一致。（　　　）

3.（判断题）高锰酸盐氧化-比色滴定法因为滴定终点采用氧化还原电位来判断，不受水样浊度和色度的干扰。（　　　）

项目 五
氨氮（NH₃-N）

📖 项目导读

本项目重点介绍如何用手工监测方法和自动监测设备测定水质的氨氮值，包括该指标的定义、手工监测方法、自动监测方法及其运营维护等。

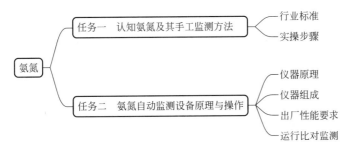

🌐 项目学习目标

知识目标　掌握氨氮的手工监测方法和采用氨气敏电极法的氨氮自动测定仪的测定原理。

能力目标　熟练掌握氨氮手工监测方法的测定步骤；能够熟练操作氨氮自动测定仪进行氨氮的测定；掌握氨氮自动测定仪的运行维护。

素质目标　培养爱岗敬业、诚实守信的水污染自动监测运营职业道德；培养科学严谨、精益求精的生态环保工匠精神。

📚 项目实施

该项目共有两个任务，通过该项目的学习，掌握氨氮手工监测方法和自动监测方法。

任务一　认知氨氮及其手工监测方法

＜ 任务导入

某排污企业委托第三方检测机构测定该厂排放废水的氨氮，你作为检测人员，应依据什么标准、采用什么方法进行测定？

知识链接

氨氮（$NH_3\text{-}N$）是指水溶液中的以游离氨（NH_3）和离子铵（NH_4^+）形态存在的氮的总和。

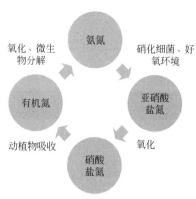

图 2-19　不同形态氮的转化

最关注的几种形态的氮包括硝酸盐氮、亚硝酸盐氮、氨氮和有机氮，通过生物化学作用，它们是可以相互转化的，各个不同形态的氮之间的转化见图 2-19。

氨是无色有刺激性气味的气体，在纯水中的溶解度可达 1∶700（1 体积水∶700 体积氨气）。其在水中的化学平衡（可逆反应）可简化为：

$$NH_3 + nH_2O \Longrightarrow NH_3 \cdot nH_2O \Longrightarrow$$
$$NH_4^+ + OH^- + (n-1)H_2O$$

氨氮是各类型氮中危害最大的一种形态，是水体受到污染的标志，其对水生态环境的危害表现在多个方面：

① 与 COD 一样，氨氮也是水体中的耗氧污染物，氨氮被氧化分解消耗水中的溶解氧，使水体发黑发臭。

② 氨氮中的游离氨是引起水生物毒害的主要因子，对水生生物有较大的毒性，其毒性是铵盐的几十倍。

③ 在氧气充足的情况下，氨氮可被微生物氧化为亚硝酸盐，进而氧化为硝酸盐，亚硝酸盐与蛋白质结合生成亚硝胺，具有致癌和致畸作用。

④ 氨氮是水体中的营养元素，可为藻类生长提供营养源，增加水体富营养化发生的概率。

任务实施

一、行业标准

我国现行的监测水体中氨氮的方法见表 2-13。

表 2-13　水体中氨氮的测定标准

序号	标准号	标准名称
1	HJ 535—2009（代替 GB 7479—87）	水质　氨氮的测定　纳氏试剂分光光度法
2	HJ 536—2009（代替 GB 7481—87）	水质　氨氮的测定　水杨酸分光光度法
3	HJ 537—2009（代替 GB 7478—87）	水质　氨氮的测定　蒸馏-中和滴定法
4	HJ 666—2013	水质　氨氮的测定　流动注射-水杨酸分光光度法
5	HJ 665—2013	水质　氨氮的测定　连续流动-水杨酸分光光度法

二、操作步骤

常用的水质氨氮指标的手工监测方法，包括纳氏试剂分光光度法和水杨酸分光光度法，以下将分别对两种方法的原理及操作步骤进行介绍。

1.纳氏试剂分光光度法

（1）适用范围

HJ 535—2009 规定了测定水质氨氮的纳氏试剂分光光度法。该标准适用于地表水、地下水、生活污水和工业废水氨氮的测定。当水样体积为 50mL、使用 20mm 比色皿时，方法的检出限为 0.025mg/L，测定下限为 0.10mg/L，测定上限为 2.0mg/L（均以 N 计）。

（2）方法原理

以游离态的氨或铵离子等形式存在的氨氮与纳氏试剂反应生成淡红棕色络合物，该络合物的吸光度与氨氮含量成正比，于波长 420nm 处测量吸光度。纳氏试剂分光光度法实验流程如图 2-20 所示。

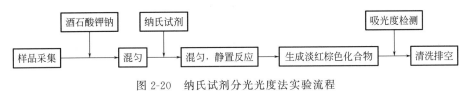

图 2-20　纳氏试剂分光光度法实验流程

（3）干扰及消除

水样中含有悬浮物、余氯、钙镁离子等金属离子、硫化物和有机物时会产生干扰，含有此类物质时要做适当处理，以消除对测定的影响。

若样品中存在余氯，可加入适量的硫代硫酸钠溶液去除，用淀粉-碘化钾试纸检验余氯是否除尽。在显色时加入适量的酒石酸钾钠溶液，可消除钙镁等金属离子的干扰。若水样浑浊或有颜色时可用预蒸馏法或絮凝沉淀法处理。

（4）试剂

除非另有说明，分析时所用试剂均为符合国家标准的分析纯化学试剂，实验用水为无氨水，使用经过检定的容量器皿和量器。

① 轻质氧化镁（MgO）：不含碳酸盐，在 500℃下加热氧化镁，以除去碳酸盐。

② 盐酸，ρ(HCl)＝1.18g/mL。

③ 纳氏试剂，可选用下列方法的一种进行配制。

a.碘化汞-碘化钾-氢氧化钠（HgI₂-KI-NaOH）溶液：称取 16.0g 氢氧化钠，溶于 50mL 水中，冷却至室温。称取 7.0g 碘化钾和 10.0g 碘化汞，溶于水中。然后将此溶液在搅拌下，缓慢加入到上述 50mL 氢氧化钠溶液中，用水稀释至 100mL。贮于聚乙烯瓶内，用橡胶塞或聚乙烯盖子盖紧，存放暗处，有效期一年。

b.二氯化汞-碘化钾-氢氧化钾（HgCl₂-KI-KOH）溶液：称取 15.0g 氢氧化钾，溶于 50mL 水中，冷至室温。称取 5.0g 碘化钾，溶于 10mL 水中，在搅拌下，将 2.50g 二氯化汞粉末分多次加入碘化钾溶液中，直到溶液呈深黄色或出现淡红色沉淀溶解缓慢时，充分搅拌混合，并改为滴加二氯化汞饱和溶液，当出现少量朱红色沉淀不再溶解时，停止滴加。

在搅拌下，将冷却的氢氧化钾溶液缓慢加入上述二氯化汞和碘化钾混合液中，并稀释至100mL，于暗处静置24h，倾出上清液，贮于聚乙烯瓶内，用橡胶塞或聚乙烯盖子盖紧，存于暗处，可稳定一个月。

④ 酒石酸钾钠溶液，$\rho = 500g/L$。称取 50.0g 酒石酸钾钠（$KNaC_4H_6O_6 \cdot 4H_2O$）溶于 100mL 水中，加热煮沸以驱除氨，充分冷却后稀释至 100mL。

⑤ 硫代硫酸钠溶液，$\rho = 3.5g/L$。称取 3.5g 硫代硫酸钠（$Na_2S_2O_3$）溶于水中，稀释至 1000mL。

⑥ 硫酸锌溶液，$\rho = 100g/L$。称取 10.0g 硫酸锌（$ZnSO_4 \cdot 7H_2O$）溶于水中，稀释至 100mL。

⑦ 氢氧化钠溶液，$\rho = 250g/L$。称取 25g 氢氧化钠溶于水中，稀释至 100mL。

⑧ 氢氧化钠溶液，$c(NaOH) = 1mol/L$。称取 4g 氢氧化钠溶于水中，稀释至 100mL。

⑨ 盐酸溶液，$c(HCl) = 1mol/L$。用吸量管吸取 8.5mL 盐酸于 100mL 容量瓶中，用水稀释至标线。

⑩ 硼酸溶液，$\rho = 20g/L$。称取 20g 硼酸（H_3BO_3）溶于水中，稀释至 1L。

⑪ 溴百里酚蓝指示剂，$\rho = 0.5g/L$。称取 0.05g 溴百里酚蓝溶于 50mL 水中，加入 10mL 无水乙醇，用水稀释至 100mL。

⑫ 淀粉-碘化钾试纸。称取 1.5g 可溶性淀粉于烧杯中，用少量水调成糊状，加入 200mL 沸水，搅拌混匀放冷。加 0.50g 碘化钾和 0.50g 碳酸钠，用水稀释至 250mL。将滤纸条浸渍后，取出晾干，于棕色瓶中密封保存。

⑬ 氨氮标准贮备液，$\rho(N) = 1000\mu g/mL$。称取 3.8190g 氯化铵（用前于 100~105℃干燥 2h），溶于水中，移入 1000mL 容量瓶中，稀释至标线。此溶液在 2~5℃下可稳定保存 1 个月。

⑭ 氨氮标准工作溶液，$\rho(N) = 10\mu g/mL$。用移液管吸取 5.00mL 氨氮标准贮备液于 500mL 容量瓶中，稀释至标线。临用前配制。

氨氮标准溶液及标准样品：购买由中国计量科学研究院配制并检定合格的瓶装氨氮标准物质时，可直接使用，其浓度已知，不需再标定。参照说明书使用即可。

【注意】氨氮标准溶液及标准样品应置于 2~5℃冰箱内避光保存，在其有效期内均可使用，使用前置于暗处升温至常温（20℃左右）。

（5）仪器

① 实验室常用仪器（容器、量具、移液管、烘箱、干燥器、分析天平等）。

② 可见分光光度计：具 20mm 比色皿。

③ 氨氮蒸馏装置：由 500mL 凯式烧瓶、氮球、直形冷凝管和导管组成，冷凝管末端可连接一段适当长度的滴管，使出口尖端浸入吸收液液面下。亦可使用 500mL 蒸馏烧瓶。

（6）样品采集、保存及测定前的处理

① 水样采集在聚乙烯瓶或玻璃瓶内，要尽快分析。如需保存，应加硫酸使水样酸化至 pH<2，2~5℃下可保存 7 天。

② 样品的预处理

a. 除余氯：若样品中存在余氯，可加入适量的硫代硫酸钠溶液去除。每加 0.5mL 可去除 0.25mg 余氯。用淀粉-碘化钾试纸检验余氯是否除尽。

b. 絮凝沉淀：100mL 样品中加入 1mL 硫酸锌溶液和 0.1~0.2mL 氢氧化钠溶

液，调节 pH 约为 10.5，混匀，放置使之沉淀，取上清液分析。必要时，用经水冲洗过的中速滤纸过滤，弃去初滤液 20mL。也可对絮凝后样品离心处理。

c.水样的预蒸馏：将 50mL 硼酸溶液移入接收瓶内，确保冷凝管出口在硼酸溶液液面之下。用量筒分取 250mL 水样（如氨氮含量高，可适当少取，加水至 250mL）移入烧瓶中，加几滴溴百里酚蓝指示剂，必要时，用氢氧化钠溶液或盐酸溶液调整 pH 至 6.0（指示剂呈黄色）～7.4（指示剂呈蓝色）之间，加入 0.25g 轻质氧化镁及数粒玻璃珠，立即连接氮球和冷凝管。加热蒸馏，使馏出液速率约为 10mL/min，待馏出液达 200mL 时，停止蒸馏，加水定容至 250mL。

（7）分析步骤

① 校准曲线 在 8 个 50mL 比色管中，按表 2-14 标准系列配制标准溶液。

表 2-14 氨氮标准溶液系列

编号	1	2	3	4	5	6	7	8
氨氮标准工作溶液/mL	0.00	0.50	1.00	2.00	4.00	6.00	8.00	10.00
氨氮含量/µg	0.0	5.0	10.0	20.0	40.0	12.0	16.0	100.0

加水定容至标线，加入 1.0mL 酒石酸钾钠溶液，摇匀，再加入纳氏试剂 1.5mL（HgCl₂-KI-KOH）或 1.0mL（HgI₂-KI-NaOH），摇匀。放置 10min 后，在波长 420nm 处，用 20mm 比色皿，以水作参比，测量吸光度。以空白校正后的吸光度为纵坐标。以其对应的氨氮含量（µg）为横坐标，绘制校准曲线（曲线的线性要求在 0.999 以上）。

【注意】根据待测样品的浓度也可以选用 10mm 比色皿。

② 样品测定

a.清洁水样：直接取 50mL，按与校准曲线相同的步骤测量吸光度。

b.有悬浮物或色度干扰的水样：取经预处理的水样 50mL（若水样中氨氮浓度超过 2mg/L，可适当少取水样体积），按与校准曲线相同的步骤测量吸光度。

【注意】经蒸馏或在酸性条件下煮沸方法预处理的水样，须加一定量氢氧化钠溶液，调节水样至中性，用水稀释至 50mL 标线，再按与校准曲线相同的步骤测量吸光度。

③ 空白试验：用水代替水样，按与样品相同的步骤进行前处理和测定。

（8）结果计算

水样中氨氮的浓度按式（2-7）计算。

$$\rho(N)=\frac{A_s-A_b-a}{bV} \tag{2-7}$$

式中 $\rho(N)$——水样中氨氮的质量浓度，mg/L（以氮计）；

A_s——水样的吸光度；

A_b——空白试验的吸光度；

a——校准曲线的截距；

b——校准曲线的斜率；

V——试样体积，mL。

（9）注意事项

① 试剂空白的吸光度应不超过 0.030（10mm 比色皿）。

② 纳氏试剂的配制：为了保证纳氏试剂有良好的显色能力，配制时务必控制二氯化汞的加入量，至微量碘化汞红色沉淀不再溶解时为止。配制 100mL 纳氏试剂所需二氯化汞与碘化钾用量之比为 2.3：5。在配制时为了加快反应速率、节省配制时间，可低温进行加热，防止碘化汞红色沉淀提前出现。

③ 酒石酸钾钠的配制：分析纯酒石酸钾钠中铵盐含量较高时，仅加热煮沸或加入纳氏试剂沉淀不能完全除去氨。此时可加入少量氢氧化钠溶液，煮沸蒸发至原溶液体积的 20%～30%，冷却后用无氨水稀释至原体积。

④ 絮凝沉淀：滤纸中含有一定量的可溶性铵盐，定量滤纸中含量高于定性滤纸，建议采用定性滤纸过滤，过滤前用无氨水少量多次淋洗（一般为 100mL）。这样可减少或避免滤纸引入的测量误差。

⑤ 水样的预蒸馏：蒸馏过程中，某些有机物很可能与氨同时馏出，对测定有干扰，其中部分物质（如甲醛）可以在酸性条件（pH＜1）下煮沸除去。在蒸馏刚开始时，氨气蒸出速度较快，加热不能过快，否则会造成水样暴沸，馏出液温度升高，氨吸收不完全。馏出液速率应保持在 10mL/min 左右。

⑥ 蒸馏器的清洗：向蒸馏烧瓶中加入 350mL 水，加数粒玻璃珠，装好仪器，蒸馏出 100mL 蒸馏水，将馏出液及瓶内残留液弃去。

⑦ 比色皿放入比色槽必须用比色皿清洁布或软纸擦净比色皿表面。

比色皿放入比色槽前必须使比色皿内壁上的气泡排出，然后进行测量，否则会影响测量结果（用手指轻弹比色皿外壁即可排出气泡）。

比色皿放入比色槽时必须定位并且盖紧盖子，以防止杂散光进入。

2. 水杨酸分光光度法

（1）适用范围

HJ 536 规定了测定水中氨氮的水杨酸分光光度法。本标准适用于地下水、地表水、生活污水和工业废水中氨氮的测定。

当取样体积为 8.0mL，使用 10mm 比色皿时，检出限为 0.01mg/L，测定下限为 0.04mg/L，测定上限为 1.0mg/L（均以 N 计）。

当取样体积为 8.0mL，使用 30mm 比色皿时，检出限为 0.004mg/L，测定下限为 0.016mg/L，测定上限为 0.25mg/L（均以 N 计）。

（2）方法原理

在碱性介质（pH＝11.7）和亚硝基铁氰化钠存在下，水中的氨、铵离子与水杨酸盐和次氯酸离子反应生成蓝色化合物，在 697nm 处用分光光度计测量吸光度。水杨酸分光光度法实验流程见图 2-21。

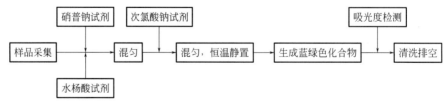

图 2-21　水杨酸分光光度法实验流程

（3）干扰及消除

本方法用于水样分析时可能遇到的干扰物质及限量，详见《**水质　氨氮的测定　水杨酸分光光度法**》（HJ 536—2009）附录 B。

苯胺和乙醇胺产生的严重干扰不多见，干扰通常由伯胺产生。氯胺、过高的酸度、碱度以及含有使次氯酸根离子还原的物质时也会产生干扰。

如果水样的颜色过深、含盐量过多，酒石酸钾盐对水样中的金属离子掩蔽能力不够，或水样中存在高浓度的钙、镁和氯化物时，需要预蒸馏。

（4）试剂和材料

除非另有说明，分析时所用试剂均使用符合国家标准的分析纯化学试剂，实验用水为无氨水。

① 无氨水，在无氨环境中制备。

② 乙醇，$\rho=0.79g/mL$。

③ 硫酸，$\rho(H_2SO_4)=1.84g/mL$。

④ 轻质氧化镁（MgO）。不含碳酸盐，在500℃下加热氧化镁，以除去碳酸盐。

⑤ 硫酸吸收液，$c(H_2SO_4)=0.01mol/L$。量取7.0mL硫酸加入水中，稀释至250mL。临用前取10mL，稀释至500mL。

⑥ 氢氧化钠溶液，$c(NaOH)=2mol/L$。称取8g氢氧化钠溶于水中，稀释至100mL。

⑦ 显色剂（水杨酸-酒石酸钾钠溶液）。称取50g水杨酸[$C_6H_4(OH)COOH$]，加入约100mL水，再加入160mL氢氧化钠溶液，搅拌使之完全溶解；再称取50g酒石酸钾钠（$KNaC_4H_6O_6\cdot 4H_2O$），溶于水中，与上述溶液合并移入1000mL容量瓶中，加水稀释至标线。贮存于加橡胶塞的棕色玻璃瓶中，此溶液可稳定1个月。

⑧ 次氯酸钠：可购买商品试剂，亦可自行制备，详细的制备方法见《**水质　氨氮的测定　水杨酸分光光度法**》（HJ 536—2009）附录A.1。存放于塑料瓶中的次氯酸钠，使用前应标定其有效氯浓度和游离碱浓度（以NaOH计），标定方法见《**水质　氨氮的测定　水杨酸分光光度法**》（HJ 536—2009）附录A.2和附录A.3。

⑨ 次氯酸钠使用液，$\rho(有效氯)=3.5g/L$，$c(游离碱)=0.75mol/L$。取经标定的次氯酸钠，用水和氢氧化钠溶液稀释成含有效氯浓度3.5g/L，游离碱浓度0.75mol/L（以NaOH计）的次氯酸钠使用液，存放于棕色滴瓶内，本试剂可稳定1个月。

⑩ 亚硝基铁氰化钠溶液，$\rho=10g/L$。称取0.1g亚硝基铁氰化钠{$Na_2[Fe(CN)_5NO]\cdot 2H_2O$}置于10mL具塞比色管中，加水至标线。本试剂可稳定1个月。

⑪ 清洗溶液。将100g氢氧化钾溶于100mL水中，溶液冷却后加900mL乙醇，贮存于聚乙烯瓶内。

⑫ 溴百里酚蓝指示剂，$\rho=0.5g/L$。称取0.05g溴百里酚蓝溶于50mL水中，加入10mL乙醇，用水稀释至100mL。

⑬ 氨氮标准贮备液，$\rho(N)=1000\mu g/mL$。称取3.8190g氯化铵（NH_4Cl，优级纯，在100~105℃干燥2h），溶于水中，移入1000mL容量瓶中，稀释至标线。此溶液可稳定1个月。

⑭ 氨氮标准中间液，$\rho(N)=100\mu g/mL$。吸取10.00mL氨氮标准贮备液于100mL容量瓶中，稀释至标线。此溶液可稳定1周。

氨氮标准使用液，$\rho(N)=1\mu g/mL$。吸取10.00mL氨氮标准中间液于1000mL容量瓶中，稀释至标线。临用现配。

（5）仪器和设备

① 可见分光光度计：10~30mm比色皿。

② 滴瓶：其滴管滴出液体积，20 滴相当于 1mL。

③ 氨氮蒸馏装置：由 500mL 凯式烧瓶、氮球、直形冷凝管和导管组成，冷凝管末端可连接一段适当长度的滴管，使出口尖端浸入吸收液液面下。亦可使用蒸馏烧瓶。

④ 实验室常用玻璃器皿：所有玻璃器皿均应用清洗溶液仔细清洗，然后用水冲洗干净。

（6）样品

① 样品采集与保存。水样采集在聚乙烯瓶或玻璃瓶内，要尽快分析。如需保存，应加硫酸使水样酸化至 pH<2，2～5℃下可保存 7d。

② 水样的预蒸馏。将 50mL 硫酸吸收液移入接收瓶内，确保冷凝管出口在硫酸溶液液面之下。取 250mL 水样（如氨氮含量高，可适当少取，加水至 250mL）移入烧瓶中，加几滴溴百里酚蓝指示剂，必要时，用氢氧化钠溶液或硫酸溶液调整 pH 至 6.0（指示剂呈黄色）～7.4（指示剂呈蓝色），加入 0.25g 轻质氧化镁及数粒玻璃珠，立即连接氮球和冷凝管。加热蒸馏，使馏出液速率约为 10mL/min，待馏出液达 200mL 时，停止蒸馏，加水定容至 250mL。

（7）分析步骤

① 校准曲线。用 10mm 比色皿测定时，按表 2-15 制备标准系列。

表 2-15　标准系列（10mm 比色皿）

管号	0	1	2	3	4	5
标准溶液/mL	0.00	1.00	2.00	4.00	6.00	8.00
氨氮含量/μg	0.00	1.00	2.00	4.00	6.00	8.00

用 30mm 比色皿测定时，按表 2-16 制备标准系列。

表 2-16　标准系列（30mm 比色皿）

管号	0	1	2	3	4	5
标准溶液/mL	0.00	0.40	0.80	1.20	1.60	2.00
氨氮含量/μg	0.00	0.40	0.80	1.20	1.60	2.00

根据表 2-15 或表 2-16，取 6 支 10mL 比色管，分别加入上述氨氮标准使用液，用水稀释至 8.00mL，按下述步骤测量吸光度。以扣除空白的吸光度为纵坐标，以其对应的氨氮含量（μg）为横坐标绘制校准曲线。

② 样品测定。取水样或经过预蒸馏的试料 8.00mL（当水样中氨氮质量浓度高于 1.0mg/L 时，可适当稀释后取样）于 10mL 比色管中。加入 1.00mL 显色剂和 2 滴亚硝基铁氰化钠，混匀。再滴入 2 滴次氯酸钠使用液并混匀，加水稀释至标线，充分混匀。

显色 60min 后，在 697nm 波长处，用 10mm 或 30mm 比色皿，以水为参比测量吸光度。

③ 空白试验。以水代替水样，按与样品分析相同的步骤进行预处理和测定。

（8）结果表示

水样中氨氮的质量浓度按式（2-8）计算：

$$\rho(\text{N}) = \frac{A_\text{s} - A_\text{b} - a}{bV} \times D \tag{2-8}$$

式中 $\rho(\text{N})$——水样中氨氮的质量浓度（以 N 计），mg/L；

　　A_s——样品的吸光度；

　　A_b——空白试验的吸光度；

　　a——校准曲线的截距；

　　b——校准曲线的斜率；

　　V——所取水样的体积，mL；

　　D——水样的稀释倍数。

课后作业

1.（判断题）氨氮（NH₃-N）以游离氨（NH₃）或铵盐（NH₄⁺）形式存在于水中，两者的组成比取决于水的 pH 值。（　　）

2.（判断题）纳氏试剂测定氨氮，可加入酒石酸钾钠掩蔽钙、镁等金属离子的干扰。（　　）

3.（选择题）在氨氮测定中，取样后要立即进行测试，不能立即进行时，为了抑制微生物的活动，要加盐酸或硫酸使 pH 约为（　　），再保存在 10℃ 以下的暗处，尽快进行试验。

A. 5　　　　　　B. 10　　　　　　C. 2　　　　　　D. 12

任务二　氨氮自动监测设备原理与操作

任务导入

根据某市生态环境主管部门最新公布的《××××年×××市重点排污单位名录》，某啤酒厂为重点排污单位，根据《排污单位自行监测技术指南　纺织印染工业》（HJ 879—2017），需对其废水总排放口排放废水的流量、pH 值、化学需氧量及氨氮进行自动监测。作为第三方自动监测设备运营公司技术人员，你应如何对氨氮进行自动监测？

任务实施

氨氮水质自动分析仪的技术指标应遵循《氨氮水质自动分析仪技术要求》（HJ/T 101—2003），介绍氨氮自动监测设备的仪器原理、组成及出厂性能指标等。

氨氮在线监测仪是安装于特定位置的污染源，24h 连续不间断地对污染源进行氨氮分析的仪器。常见的方法主要包括分光光度法（纳氏试剂或水杨酸）、氨气敏电极法等，常见的氨氮在线分析方法分类见图 2-22。其中比色法与传统手工监测方法类似，测定步骤耗时较长，近年氨气敏电极法在线测定氨氮逐步成为主流方法。以下分别介绍两大类方法的原理。

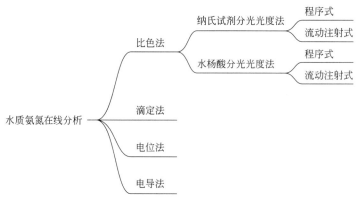

图 2-22　水质氨氮在线分析方法分类

一、仪器原理

1. 氨气敏电极法水质氨氮自动分析仪

往样品中加入 NaOH 溶液，充分混合均匀，调节样品的 pH 值＞11，这时所有的铵离子几乎都转换成游离态的 NH_3，此外，加入络合剂（如 $EDTANa_2$）调节样品，防止生成钙镁盐沉淀。游离态的氨气透过一层半透膜，进入到 pH 电极的电解液内，参与化学反应，改变了电极内部电解液的 pH 值，pH 电位的变化量与 NH_3 的浓度相关，由电极测量电位，再算成氨氮的浓度。

$$NH_3 + H_2O \Longrightarrow NH_4^+ + OH^-$$

氨气敏电极法原理示意图见图 2-23，氨气敏电极法实物图见图 2-24。

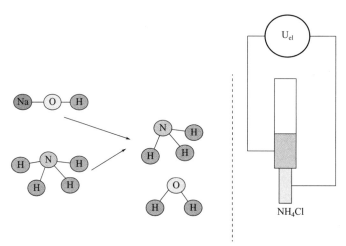

图 2-23　氨气敏电极法原理示意图

2. 比色法水质氨氮自动分析仪原理

以纳氏试剂分光光度法水质氨氮自动分析仪为例，与手工监测的纳氏试剂分光光度法原理相似，其原理是：碘化汞和碘化钾的碱性溶液与氨反映生成淡红棕色胶态化合物，其色度与氨氮含量成正比，通常可在波长 410～425nm 范围内测其吸光度，计算其含量。扫描二维码可查看视频。

M2-8　氨氮自动
监测仪原理

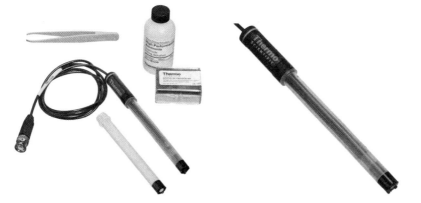

图 2-24 氨气敏电极法实物图

二、仪器组成

1. 一般构造

必须满足以下各项要求。

① 结构合理，产品组装坚固、零部件紧固无松动。

② 在正常的运行状态下，可平稳工作，无安全隐患。

③ 各部件不易产生机械、电路故障，构造无安全隐患。

④ 具有不因水的浸湿、结露等而影响自动分析仪运行的性能。

⑤ 便于维护、检查作业，无安全隐患。

⑥ 显示器无污点、损伤。显示部分的字符笔画亮度均匀、清晰；无暗角、黑斑、彩虹、气泡、暗显示、隐划、不显示、闪烁等现象。

2. 构造

（1）电极法

采用电极法的氨氮自动分析仪由采样部分、测量单元、信号转换器、显示记录、数据处理、信号传输单元等构成。

① 采样部分：有完整密闭的采样系统。

② 测量单元：指将试样经络合、调节 pH 或调节离子强度后，将试样通过电极系统时产生的信号稳定地传输至指示记录单元。由试样前处理装置，氨气敏（或氨选择性）电极，参比电极，温度补偿传感器及电极支持部分等构成。

③ 温度补偿传感器：指铂、镍、热电耦等温度传感器。

④ 电极支持部分：指固定电极的电极套管，由不锈钢、硬质聚氯乙烯、聚丙烯等不受试样侵蚀的材质构成。

⑤ 信号转换器及显示器具有防水滴构造，电极与转换器的距离应尽可能短。

（2）光度法

采用光度法的氨氮自动分析仪的构成应包括：计量单元，反应器单元，检测单元，试剂贮存单元（根据需要）以及显示记录单元、数据传输装置等单元。

① 计量单元：指计量一定量的试样及试剂并送入反应器单元的部分，由试样导入管、试剂导入管、试样计量器、试剂计量器等部分构成。

a.试样导入管：由不被试样侵蚀的塑料、玻璃、橡胶等材质构成，为准确地将试样导入计量器，试样导入管应备有泵或试样贮槽（罐）。

b.试剂导入管：由玻璃或性能优良、耐试剂侵蚀的塑料、橡胶等材质构成，为了准确地将试剂导入计量器，试剂导入管应备有泵。

c.试样计量器：由不被试样侵蚀的玻璃、塑料等材质构成，能准确计量进样量。

d.试剂计量器：由玻璃或性能优良、耐试剂侵蚀的塑料等材质构成，能准确计量试剂加入量。

② 反应器单元：指进行显色反应的反应槽部分。由耐热性、耐试剂侵蚀性良好的硬质玻璃等构成，其形状易于清洗操作。

③ 检测单元：由终点指示器（如光度计）及信号转换器构成。

④ 试剂贮存单元：

a.纳氏试剂比色法由纳氏试剂溶液、酒石酸钾钠溶液、氨氮标准溶液、硫酸锌溶液、NaOH 溶液等的贮存槽组成，所用材质具有不受各贮存试剂侵蚀的性能。各贮存槽贮存的试剂量能保证运行 1 周以上。

b.水杨酸光度法由显色溶液、次氯酸钠溶液、氨氮标准溶液、亚硝基五氰络铁（Ⅲ）钠溶液、KOH 清洗液等的贮存槽组成，所用材质具有不受各贮存试剂侵蚀的性能。各贮存槽贮存的试剂量能保证运行 1 周以上。

⑤ 显示记录单元：具有将氨氮测量值以等分刻度、数字形式显示记录、打印下来的功能。

⑥ 数据传输装置：有完整的数据采集、传输系统。

⑦ 附属装置：根据需要，氨氮自动分析仪可配置以下附属装置。

a.清洗装置指采用水等流体清洗电极或反应系统的清洗装置等。

b.自动采水装置指自动采集试样并将其以一定流速输送至电极或反应单元的装置。

系统具有设定、校对和显示时间功能，包括年、月、日和时、分。

当系统意外断电且再度上电时，系统能自动排出断电前正在测定的试样和试剂、自动清洗各通道、自动复位到重新开始测定的状态。若系统在断电前处于加热消解状态，再次通电后系统能自动冷却，之后自动复位到重新开始测定的状态。

当试样或试剂不能导入反应器时，系统能通过蜂鸣器报警并显示故障内容。同时，停止运行直至系统被重新启动。

三、出厂性能要求

根据《**氨氮水质自动分析仪技术要求**》（HJ/T 101—2003），氨氮水质自动分析仪出厂时应满足表 2-17 或表 2-18 所列性能要求。

表 2-17　氨氮水质自动分析仪（电极法）的出厂性能指标

项目	性能	试验方法
重复性误差	±5%	在 HJ/T 101—2003 中 8.1 规定的试验条件下，测定零点校正液 6 次，各次指示值作为零值。在相同条件下，测定电极法量程校正液 6 次，以各次测量值（扣除零值后）计算相对标准偏差
零点漂移	±5%	采用零点校正液，连续测定 24h。利用该段时间内的初期零值（最初的 3 次测定值的平均值），计算最大变化幅度相对于量程值的百分率

项目	性能	试验方法
量程漂移	±5%	采用电极法量程校正液，于零点漂移试验的前后分别测定3次，计算平均值。由减去零点漂移成分后的变化幅度，求出相对于量程值的百分率
响应时间（T_{90}）	5min 以内	将电极从零点校正液移入标准液中，测定指示值达到9mg/L所需要的时间
温度补偿精度	±0.1mg/L 以内	将带有温度补偿传感器的氨电极浸入量程校正液中，在10～30℃之间以5℃的变化方式改变液温而测定自动分析仪的指示值。根据测定结果求出各测量值与该温度下量程校正液浓度值之差
MTBF	≥720h/次	采用实际水样，连续运行2个月，记录总运行时间（h）和故障次数（次），计算平均无故障连续运行时间（MTBF）≥720h/次（此项指标可在现场进行考核）
实际水样比对试验	±10%	选择5种或5种以上实际水样，分别以自动监测仪器与国标方法（GB 11894—89）对每种水样的高、中、低三种浓度水平进行比对实验，每种水样在高、中、低三种浓度水平下的比对实验次数应分别不少于15次，计算该种水样相对误差绝对值的平均值（A）。比对实验过程应保证自动分析仪与国标方法测试水样的一致性

表 2-18 氨氮水质自动分析仪（光度法）的出厂性能指标

项目	性能	试验方法
重复性误差	±10%	在 HJ/T 101—2003 中 8.1 规定的试验条件下，测定零点校正液3次，各次指示值作为零值。在相同条件下，测定光度法量程校正液6次，以各次测量值（扣除零值后）计算相对标准偏差
零点漂移	±10%	采用零点校正液，连续测定24h。利用该段时间内的初期零值（最初的3次测定值的平均值），计算最大变化幅度相对于量程值的百分率
量程漂移	±10%	采用光度法量程校正液，于零点漂移试验的前后分别测定3次，计算平均值。 由减去零点漂移成分后的变化幅度，求出相对于量程值的百分率
直线性	±10%	将分析仪校正零点和量程后，导入光度法氨氮标准液（25.0mg/L），读取稳定后的指示值。求出该指示值对应的氨氮浓度与氨氮标准液的氨氮浓度之差相对于量程值的百分率
MTBF	≥720h/次	采用实际水样，连续运行2个月，记录总运行时间（h）和故障次数（次），计算平均无故障连续运行时间（MTBF）≥720h/次（此项指标可在现场进行考核）
实际水样比对试验	±10%	选择5种或5种以上实际水样，分别以自动监测仪器与国标方法 GB 11894 对每种水样的高、中、低三种浓度水平进行比对实验，每种水样在高、中、低三种浓度水平下的比对实验次数应分别不少于15次，计算该种水样相对误差绝对值的平均值（A）。比对实验过程应保证自动分析仪与国标方法测试水样的一致性

笔记

四、运行比对监测

根据《水污染源在线监测系统（COD_{Cr}、NH_3-N 等）运行技术规范》（HJ 355—2019）的要求，氨氮水质自动分析仪运行时，每月至少进行 1 次实际水样比对试验，试验结果应满足表 2-19 中规定的性能指标要求，实际水样比对试验的结果不满足表 2-19 中规定的性能指标要求时，应对仪器进行校准和标准溶液验证后再次进行实际水样比对试验。

如第二次实际水样比对试验结果仍不符合表 2-19 规定时，仪器应进入维护状态，同时此次实际水样比对试验至上次仪器自动校准或自动标样核查期间所有的数据按照 HJ 356 的相关规定执行。

仪器维护时间超过 6h 时，应采取人工监测的方法向相应环境保护主管部门报送数据，数据报送每天不少于 4 次，间隔不得超过 6h。

实际水样比对时，手工监测应采取的国家环境监测分析方法标准为《水质　氨氮的测定　纳氏试剂分光光度法》（HJ 535—2009）或《水质　氨氮的测定　水杨酸分光光度法》（HJ 536—2009）。

表 2-19　水质氨氮自动分析仪运行技术指标

技术指标要求	试验指标限值	样品数量要求
采用浓度约为现场工作量程上限值 0.5 倍的标准样品	±10%	1
实际水样氨氮 < 2mg/L（用浓度为 1.5mg/L 的标准样品替代实际水样进行测试）	±0.3mg/L	比对试验总数应不少于 3 对。当比对试验数量为 3 对时应至少有 2 对满足要求；4 对时应至少有 3 对满足要求；5 对以上时至少需 4 对满足要求
实际水样氨氮 > 2mg/L	±15%	

◀ 课后作业 💡

1.氨氮在线分析仪中不包括下列哪一种方法。（　　　）

A.电导法　　　　　　B.纳氏比色法　　　　C.红外吸收法　　　　D.滴定法

2.氨氮水质分析仪光度法允许的重复性误差是（　　　）。

A.±2%　　　　　　　B.±5%　　　　　　　C.±10%　　　　　　D.±15%

3.氨氮水质分析仪电极法量程漂移是（　　　）。

A.±2%　　　　　　　B.±5%　　　　　　　C.±10%　　　　　　D.±15%

项目 六

总氮（TN）

项目导读

　　本项目重点介绍如何采用手工监测方法和自动监测设备测定水质的总氮值，包括该指标的定义、手工监测方法、自动监测方法和运营维护等。

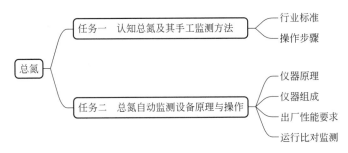

项目学习目标

　　知识目标　掌握总氮的手工监测方法和水质总氮自动测定仪的测定原理。

　　能力目标　熟练掌握总氮手工监测方法的测定步骤；能够熟练操作总氮自动测定仪，进行总氮的测定；掌握总氮自动测定仪的运行维护。

　　素质目标　培养爱岗敬业、诚实守信的水污染自动监测运营职业道德；培养科学严谨、精益求精的生态环保工匠精神。

项目实施

　　该项目共有两个任务，通过该项目的学习，掌握总氮的手工监测方法和自动监测方法。

任务一　认知 TN 及其手工监测方法

任务导入

　　某排污企业委托第三方检测机构测定该厂排放废水的总氮，作为检测人员，应依据什么标准、采用什么方法进行测定？

◁ 知识链接 ◎-◁

总氮是水体中氨氮、硝酸盐氮、亚硝酸盐氮等无机氮和有机氮的总和，是衡量水体受污染程度及富营养化程度的重要指标之一。

生活污水、农田排水或含氮工业废水排入水体，使水中有机氮和各种无机氮含量增加。湖泊、水库中含有超标的氮类物质时，会造成浮游植物繁殖茂盛，出现富营养化；同时，过量的氮还会促使生物和微生物加速繁殖，造成水中溶解氧降低，水质迅速恶化。某些含氮物质对人和其他生物有毒害作用。

◁ 任务实施 ▤▤

一、行业标准

我国现行的测定水体中总氮的标准见表 2-20。常见的总氮分析方法对比见表 2-21。

表 2-20　水体中总氮的测定标准

序号	标准号	标准名称
1	HJ 636—2012	水质　总氮的测定　碱性过硫酸钾消解紫外分光光度法
2	HJ 668—2013	水质　总氮的测定　流动注射-盐酸萘乙二胺分光光度法
3	HJ 667—2013	水质　总氮的测定　连续流动-盐酸萘乙二胺分光光度法
4	HJ/T 199—2005	水质　总氮的测定　气相分子吸收光谱法

表 2-21　总氮分析方法对比

方法	连续流动-盐酸萘乙二胺分光光度法	流动注射-盐酸萘乙二胺分光光度法	气相分子吸收光谱法	碱性过硫酸钾消解紫外分光光度法
适用的水体	适用大部分水体	适用大部分水体	主要适用于地表水	适用大部分水体
量程	0.16~10mg/L	0.12~10mg/L	0.2~100mg/L	0.2~7mg/L
市面运用	少	少	实验室测试	主流测试方法
维护量	大	大	大	少
测量成本	大	大	大	少
测定周期	长	长	长	较短

二、实操步骤

以下以《水质　总氮的测定　碱性过硫酸钾消解紫外分光光度法》（HJ 636—2012）手工监测方法测定总氮最常用的方法为例，介绍手工监测总氮的方法。

1. 测定原理

在 120~124℃下，碱性过硫酸钾溶液使样品中含氮化合物的氮转化为硝酸盐，采用紫外分光光度法于波长 220nm 和 275nm 处，分别测定吸光度 A_{220} 和 A_{275}，按式（2-9）计算校正吸光度 A，总氮（以 N 计）含量与校正吸光度 A 成正比。

$$A = A_{220} - 2A_{275} \tag{2-9}$$

2. 试剂

除非另有说明，分析时均使用符合国家标准的分析纯试剂，实验用水为无氨水。

① 无氨水。每升水中加入 0.10mL 浓硫酸蒸馏，收集馏出液于具塞玻璃容器中。也可使用新制备的去离子水。

② 氢氧化钠（NaOH）。含氮量应小于 0.0005%，氢氧化钠中含氮量的测定方法见 HJ 636—2012 中附录 A。

③ 过硫酸钾（$K_2S_2O_8$）。含氨量应小于 0.0005%，过硫酸钾中含氨量的测定方法见 HJ 636—2012 中附录 A。

④ 硝酸钾（KNO_3）：基准试剂或优级纯。在 105～110℃下烘干 2h，在干燥器中冷却至室温。

⑤ 浓盐酸：ρ（HCl）＝1.19gmL。

⑥ 浓硫酸：ρ（H_2SO_4）＝1.84gmL。

⑦ 盐酸溶液：（1+9）。

⑧ 硫酸溶液：（1+35）。

⑨ 氢氧化钠溶液：ρ（NaOH）＝200g/L。称取 20.0g 氢氧化钠溶于少量水中，稀释至 100mL。

⑩ 氢氧化钠溶液：ρ（NaOH）＝20g/L。量取氢氧化钠溶液 10.0mL，用水稀释至 100mL。

⑪ 碱性过硫酸钾溶液。称取 40.0g 过硫酸钾溶于 600mL 水中（可置于 50℃ 水浴中加热至全部溶解）；另称取 15.0g 氢氧化钠溶于 300mL 水中。待氢氧化钠溶液温度冷却至室温后，混合两种溶液定容至 1000mL，存放于聚乙烯瓶中，可保存一周。

⑫ 硝酸钾标准贮备液：$\rho(N)$＝100mg/L。称取 0.7218g 硝酸钾溶于适量水中，移至 1000mL 容量瓶中，用水稀释至标线，混匀。加入 1～2mL 三氯甲烷作为保护剂，在 0～10℃暗处保存，可稳定 6 个月。也可直接购买市售有证标准溶液。

⑬ 硝酸钾标准使用液：$\rho(N)$＝10.0mg/L。量取 10.00mL 硝酸钾标准贮备液至 100mL 容量瓶中，用水稀释至标线，混匀，临用现配。

3. 仪器和设备

① 紫外分光光度计：具 10mm 石英比色皿。

② 高压蒸气灭菌器：最高工作压力不低于 1.1～1.4kg/cm^2（1kg/cm^2＝98.0665kPa），最高工作温度不低于 120～124℃。

③ 具玻璃磨口塞比色管：25mL。

④ 一般实验室常用仪器和设备。

4. 样品

（1）样品的采集和保存

参照 HJ/T 91 和 HJ/T 164 的相关规定采集样品。

将采集好的样品贮存在聚乙烯瓶或硬质玻璃瓶中，用浓硫酸调节 pH 值至 1～2，常温下可保存 7d。贮存聚乙烯瓶中，－20℃冷冻，可保存一个月。

（2）试样的制备

取适量样品用氢氧化钠溶液或硫酸溶液调节 pH 值至 5～9，待测。

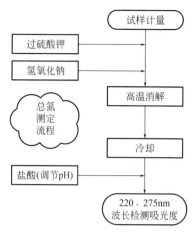

图 2-25　碱性过硫酸钾消解紫外分光光度法测总氮实验流程

5. 分析步骤

碱性过硫酸钾消解紫外分光光度法测定总氮的实验流程见图 2-25。

（1）校准曲线的绘制

分别量取 0.00、0.20mL、0.50mL、1.00mL、3.00mL 和 7.00mL 硝酸钾标准使用液于 25mL 具塞磨口玻璃比色管中，其对应的总氮（以 N 计）含量分别为 0.00、2.00μg、5.00μg、10.0μg、30.0μg 和 70.0μg。加水稀释至 10.00mL，再加入 5.00mL 碱性过硫酸钾溶液，塞紧管塞，用纱布和线绳扎紧管塞，以防弹出。将比色管置于高压蒸汽灭菌器中，加热至顶压阀吹气，关阀，继续加热至 120℃ 开始计时，保持温度在 120 ～ 124℃ 之间 30min。自然冷却、开阀放气，移去外盖，取出比色管冷却至室温，按住管塞将比色管中的液体颠倒混匀 2～3 次。

【注意】若比色管在消解过程中出现管口或管塞破裂，应重新取样分析。

每个比色管分别加入 1.0mL 盐酸溶液，用水稀释至 25mL 标线，盖塞混匀。使用 10mm 石英比色皿，在紫外分光光度计上，以水作参比，分别于波长 220nm 和 275nm 处测定吸光度。零浓度的校正吸光度 A_r、其他标准系列的校正吸光度 A_S 及其差值 A_r 按式（2-10）、式（2-11）和式（2-12）进行计算。以总氮（以 N 计）含量（μg）为横坐标，对应的 A_r 值为纵坐标，绘制校准曲线。

$$A_b = A_{b220} - 2A_{b275} \tag{2-10}$$

$$A_s = A_{s220} - 2A_{s275} \tag{2-11}$$

$$A_r = A_s - A_b \tag{2-12}$$

式中　A_b——零浓度（空白）溶液的校正吸光度；

A_{b220}——零浓度（空白）溶液于波长 220nm 处的吸光度；

A_{b275}——零浓度（空白）溶液于波长 275nm 处的吸光度；

A_s——标准溶液的校正吸光度；

A_{s220}——标准溶液于波长 220nm 处的吸光度；

A_{s275}——标准溶液于波长 275nm 处的吸光度；

A_r——标准溶液校正吸光度与零浓度（空白）溶液校正吸光度的差。

（2）测定

量取 10.00mL 试样于 25mL 具塞磨口玻璃比色管中，按照校准曲线的步骤进行测定。

【注意】试样中的含氮量超过 70μg 时，可减少取样量并加水稀释至 10.00mL。

（3）空白试验

用 10.00mL 水代替试样，按照步骤进行测定。

6. 结果计算与表示

（1）结果计算

参照式（2-10）～式（2-12）计算试样校正吸光度和空白试验校正吸光度差值 A_r，样品中总氮的质量浓度按式（2-13）进行计算。

$$\rho = \frac{(A_r - a)f}{bV} \quad\quad\quad (2\text{-}13)$$

（2）结果表示

当测定结果小于 1.00mg/L 时，保留到小数点后两位；大于等于 1.00mg/L 时，保留三位有效数字。

7. 注意问题

溶解性有机物对紫外光有较强的吸收，虽使用了双波长测定扣除法予以校正，但不同样品的干扰强度和特性不同，"$2A_{275}$"校正值仅是经验性的；同时，有机氮未能完全转化为硝态氮，对测定结果有影响，也使得"$2A_{275}$"值带有不确定性。样品消化完全者，$2A_{275}$ 值接近空白值。

溶液中许多阳离子和阴离子对紫外光都有一定的吸收，其中碘离子相对于总氮含量的 2.2 倍以上，溴离子相对于总氮含量的 3.4 倍以上有干扰。

总氮与凯氏氮不同样品中 $NO_3^- \text{-N}$ 含量差异较大时，其值亦有较大差异。

课后作业

1. 测定水中总氮，是在碱性过硫酸钾介质中，_____℃进行消解。

2. 测定总氮，是将水样中的无机氮和有机氮氧化为硝酸盐后，于波长_____nm 和_____nm 处测定吸光度。

3.（单选题）根据《水质　总氮的测定　碱性过硫酸钾消解紫外分光光度法》，用 220nm 下吸光度减去 275nm 吸光度的（　　）倍，以得到校正吸光度。

A. 1　　　　　　B. 2　　　　　　C. 3　　　　　　D. 4

4.（判断题）手工法测定总氮时，结果不会出现负值的情况。（　　）

任务二　TN 自动监测设备、方法

任务导入

根据某市生态环境主管部门最新公布的《××××年××市重点排污单位名录》，某啤酒厂为重点排污单位，根据《排污单位自行监测技术指南　磷肥、钾肥、复混肥料、有机肥料和微生物肥料》（HJ 1088—2020），需对其废水总排放口排放废水的总氮进行自动监测。总氮自动监测应如何进行？

任务实施

一、仪器原理

在 120～124℃下，碱性过硫酸钾溶液使样品中含氮化合物的氮转化为硝酸盐，采用紫外分光光度法于波长 220nm 和 275nm 处，分别测试吸光度 A_{220} 和 A_{275}，按下述公式计算校正吸光度 A，总氮（以 N 计）含量与校正吸光度 A 成正比。

$$A = A_{220} - 2A_{275}$$

硝酸盐在 220nm 处有最大吸收，水样中的有机物也在 220nm 波长有吸收，需要将有机物干扰除去。由于硝酸盐在 275nm 下几乎没有吸收，但有机物在 275nm 处还是有吸收，所以用 220nm 下吸光度减去 275nm 吸光度的 2 倍，可以得到校正吸光度 A。

二、仪器组成

1. 一般构造

必须满足以下各项要求：

① 结构合理，产品组装坚固、零部件紧固无松动。

② 在正常的运行状态下，可平稳工作，无安全隐患。

③ 各部件不易产生机械、电路故障，构造无安全隐患。

④ 具有不因水的浸湿、结露等而影响自动分析仪运行的性能。

⑤ 便于维护、检查作业，无安全隐患。

⑥ 显示器无污点、损伤。显示部分的字符笔画亮度均匀、清晰；无暗角、黑斑、彩虹、气泡、暗显示、隐划、不显示、闪烁等现象。

2. 构造

总氮自动分析仪的构成包括计量单元、反应器单元、检测单元、试剂贮存单元（根据需要）以及显示记录单元等。

（1）计量单元：指计量一定量的试样及试剂并送入反应器单元的部分，由试样导入管、试剂导入管、试样计量器、试剂计量器等部分构成。

① 试样导入管：由不被试样侵蚀的塑料、玻璃、橡胶等材质构成，为了准确地将试样导入计量器，试样导入管应备有泵或试样贮槽（罐）。

② 试剂导入管：由玻璃或性能优良、耐试剂侵蚀的塑料、橡胶等材质构成，为了准确地将试剂导入计量器，试剂导入管应备有泵。

③ 试样计量器：由不被试样侵蚀的玻璃、塑料等材质构成，能准确计量试样加入量。

④ 试剂计量器：由玻璃或性能优良、耐试剂侵蚀的塑料等材质构成，能准确计量试剂加入量。

（2）反应器单元：指进行试样消解氧化部分，由反应槽、加热器等构成。

① 反应槽：由耐热性、耐试剂侵蚀性良好的硬质玻璃等构成，其形状易于清洗操作。

② 加热器：在环境温度为 25℃情况下，具有当试剂加入 10min 后，能使反应槽内液体温度上升 85℃以上；当试剂加入 15min 后，能使反应槽内液体温度上升 95℃以上的加热特性。

（3）检测单元：包括终点指示器（如紫外可见分光光度计）以及信号转换器构成。信号转换器具有将测定值转换成电信号输出的功能，其构造可调整测定范围。

（4）试剂贮存单元：由碱性过硫酸钾溶液，硝酸钾标准溶液，NaOH 溶液等的贮存槽组成，所用材质具有不受各贮存试剂侵蚀的性能。各贮存槽贮存的试剂量能保证运行 1 周以上。

（5）显示记录单元：具有将总氮测定值按比例转换成直流电压或电流输出，或将测定值显示或记录下来的功能。

（6）附属装置：根据需要，自动分析仪可配置试样稀释和自动清洗等装置。

总氮自动分析仪内部结构图如图 2-26 所示。

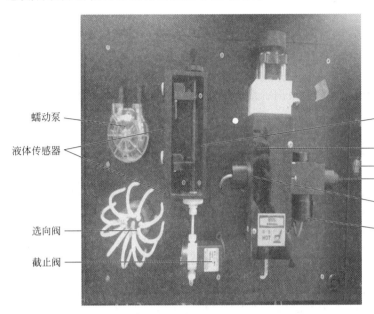

蠕动泵

液体传感器

选向阀

截止阀

计量模块

消解/测定模块

电源开关

光源

比色接收

参比接收

图 2-26　总氮自动分析仪内部结构图

M2-9　总氮自动分析仪内部结构图

三、出厂性能要求

根据《**总氮水质自动分析仪技术要求**》（HJ/T 102—2003），总氮水质自动分析仪应满足表 2-22 所列性能要求：

表 2-22　总氮水质自动分析仪的性能指标

项目	性能
重复性误差	±10%
零点漂移	±5%
量程漂移	±10%
直线性	±10%
MTBF	≥720h/次
实际水样比对实验	±10%
电压稳定性	指示值的变动在±10%以内
绝缘阻抗	5MΩ 以上

此外，系统具有设定、校对和显示时间功能，包括年、月、日和时、分。

当系统意外断电且再度上电时，系统能自动排出断电前正在测定的试样和试剂、自动清洗各通道、自动复位到重新开始测定的状态。若系统在断电前处于加热消解状态，再次通电后系统能自动冷却，之后自动复位到重新开始测定的状态。

当试样或试剂不能导入反应器时，系统能通过蜂鸣器报警并显示故障内容。同时，停止运行直至系统被重新启动。

四、运行比对监测

根据《水污染源在线监测系统（COD_{Cr}、NH_3-N 等）运行技术规范》（HJ 355—2019）标准要求，总氮水质自动分析仪运行时，每月至少进行 1 次实际水样比对试验，试验结果应满足表 2-23 中规定的性能指标要求，实际水样比对试验的结果不满足表 2-23 中规定的性能指标要求时，应对仪器进行校准和标准溶液验证后再次进行实际水样比对试验。

如第二次实际水样比对试验结果仍不符合表 2-23 规定时，仪器应进入维护状态，同时此次实际水样比对试验至上次仪器自动校准或自动标样核查期间所有的数据按照 HJ 356 的相关规定执行。

仪器维护时间超过 6h 时，应采取人工监测的方法向相应环境保护主管部门报送数据，数据报送每天不少于 4 次，间隔不得超过 6h。

实际水样比对时，手工监测应采取的国家环境监测分析方法标准为：《水质　总氮的测定　碱性过硫酸钾消解紫外分光光度法》（HJ 636—2012）。

表 2-23　TN 水质自动分析仪运行技术指标

技术指标要求	试验指标限值	样品数量要求
采用浓度约为现场工作量程上限值 0.5 倍的标准样品	±10%	1
实际水样总氮＜2mg/L（用浓度为 1.5mg/L 的标准样品替代实际水样进行测试）	±0.3mg/L	比对试验总数应不少于 3 对。当比对试验数量为 3 对时应至少有 2 对满足要求；4 对时应至少有 3 对满足要求；5 对以上时至少需 4 对满足要求
实际水样总氮≥2mg/L	±15%	

进行实际水样比对试验时，应注意以下几点：

1. 测量原理差异

某些厂商采用 A_{220nm} 吸光度值，或采用 $A_{220nm} \sim A_{254nm}$ 吸光度值进行总氮含量分析，与实验室国标方法不一致；而 A_{275} 波长下有机物浓度对吸光度有较大影响，因此当水样中有机物浓度高时，国标测量方法测量值偏低。

2. 消解方式及测定过程不同

实验室国标方法采用高温高压消解，在线水质分析仪采用紫外氧化消解、氧化剂加热消解等方式，对复杂水样氧化效率会有一定差异；总氮水样消解后可能出现沉淀，实验室可吸取氧化后的上清液进行紫外分光光度法测定。

3. 水样浊度

在实验室国标法测量时，可采取浊度-色度补偿法去除浊度影响，或者通过消解液过滤法和离心法去除影响。在线水质分析仪测量值高于实验室测量值，并与浊度值具有一定的相关性。

4. 水样一致性

用同一试样做对比实验。将取来的试样完全搅拌之后一分为二，进行仪表测试和手工分析测试的对比试验。

5. 水质干扰

试样中的悬浊物可能含有很多的 TN、TP，例如藻类、浮游生物等动植物细胞中含有 TN、TP，可能影响测试结果。在做对比试验时，提取的测试试样中的悬浊物浓度应是同样的。

笔记

6. 在线仪表管路残留

上次测试残留的水样影响下次测量。高浓度标液残留影响低浓度标液。记忆效应。扫描二维码可查看视频。

M2-10 总氮、总磷自动分析仪常见故障分析及处理

 课后作业

1. 目前，市场上总氮在线分析仪的测量原理通常基于（　　）。

A.《地表水环境质量标准》（GB 3838—2002）

B.《总氮水质自动分析仪技术要求》（HJ/T 102—2003）

C.《水质　总氮的测定　碱性过硫酸钾消解紫外分光光度法》（HJ 636—2012）

D.《水质　总氮的测定　流动注射-盐酸萘乙二胺分光光度法》（HJ 668—2013）

2. 总氮采用双波长测定的原因是（　　）。

A. 消除溶解性有机物干扰　　　　B. 温度补偿

C. 消除氯化物干扰　　　　　　　D. 消除金属离子干扰

3. 总氮水质分析仪量程漂移是（　　）。

A. ±2%　　　　　B. ±5%　　　　　C. ±10%　　　　　D. ±15%

项目 七

磷酸盐

项目导读

本项目重点介绍水污染自动监测常规指标磷酸盐，包括定义、手工监测方法、自动监测方法和运营维护等。

项目学习目标

知识目标 掌握水样中磷酸盐的测定原理和意义。

能力目标 学会离子色谱法测水样磷酸盐的操作技术；掌握采用连续流动-钼酸铵分光光度法测定磷酸盐的操作；掌握仪器原理与操作、新工艺、新方法；能够开展磷酸盐自动监测仪的运营维护。

素质目标 培养爱岗敬业、诚实守信的水污染自动监测运营职业道德；培养科学严谨、精益求精的生态环保工匠精神；培养团结协作、顾全大局的团队精神。

项目实施

该项目共有两个任务。通过该项目的学习，达到手工监测磷酸盐和运行维护自动监测仪器的目的。

任务一 认知磷酸盐指标及其手工监测方法

任务导入

某排污企业委托第三方检测机构测定该厂排放废水的磷酸盐，作为检测人员，应依据什么标准。采用什么方法进行测定？

知识链接

一、磷酸盐概述

磷酸盐是元素磷自然产生的形态，在多种磷酸盐矿物中可以找到。元素的磷或是磷化物是很难发现的（只有极少量在陨石中可以找到）。磷酸盐可分为正磷酸盐、缩合磷酸盐（焦磷酸盐、偏磷酸盐）。正磷酸是三元酸，有三种正磷酸盐；焦磷酸是四元酸，有四种焦磷酸盐；偏磷酸盐通常是聚成环状的化合物，通式是（MPO_3）$_n$，常见的有二聚偏磷酸盐（六元环）和四聚偏磷酸盐（八元环），多聚偏磷酸盐不具备确定的晶体结构，又称磷酸盐玻璃体。磷酸根离子可生成特征的磷钼酸铵黄色沉淀，可用于分析检定。

📝 笔记

二、检测磷酸盐的意义

磷和氮是生物生长必需的营养元素，水质中含有适度的营养元素会促进生物和微生物生长，令人关注的是磷对湖泊、水库、海湾等封闭状水域，或者水流迟缓的河流富营养化具有特殊的作用。

由于人为因素，在水域中的磷逐渐富集，伴随着藻类异常增殖，使水质恶化的过程称为"富营养化"。在这个过程中，由于藻类大量增殖和腐烂、分解，会损耗水中的溶解氧，有害于鱼类等水生动物的生长，藻类大量增殖逐渐降低水的透明度，并使湖水带有腥味。随着水理化性质的变化，降低了水资源在饮用、游览和养殖等方面的利用价值。浅水湖泊发生严重的富营养化往往导致湖泊沼泽化。

为了保护水质，控制危害，在环境监测中磷酸盐已被列入正式的监测项目。各国都制定了磷的环境标准和排放标准。

三、离子色谱法测定磷酸盐的方法原理

样品中以各种形式存在的正磷酸盐随强碱性淋洗液进入阴离子色谱柱，以磷酸根（PO_4^{3-}）的形式被分离出来后，用电导检测器检测。根据保留时间定性，用外标法定量。

四、干扰和消除

某些金属离子可能会影响磷酸盐的测定，可采用阳离子交换柱（H型）去除；样品中有机物含量较高时，需用 C_{18} 柱去除干扰物质。

◀ 任务实施

我国现行的水质中磷酸盐测定的相关标准见表 2-24。

表 2-24　水质中磷酸盐测定的相关标准

序号	标准号	标准名称
1	HJ 669—2013	水质　磷酸盐的测定　离子色谱法
2	HJ 670—2013	水质　磷酸盐和总磷的测定　连续流动-钼酸铵分光光度法

以《水质　磷酸盐的测定　离子色谱法》（HJ 669—2013）为例，介绍手工监测磷酸盐的方法。

一、水质中磷酸盐的测定-离子色谱法适用范围

该法适用于地表水、地下水和降水中可溶性磷酸盐的测定。当进样体积为 $50\mu L$

时，本标准测定可溶性磷酸盐（以 PO_4^{3-} 计）的方法检出限为 0.007mg/L，测定下限为 0.028mg/L。

二、试剂和材料

除非另有说明，分析时均使用符合国家标准的分析纯试剂和电导率小于 $0.5\mu S/cm$ 并经过 $0.45\mu m$ 微孔滤膜过滤的去离子水或同等纯度的水。

① 氢氧化钾（KOH）：优级纯。

② 磷酸二氢钾（KH_2PO_4）：优级纯。在（105±5）℃下烘至恒重，于干燥器中保存。

③ 甲醇（CH_3OH）。

④ 氢氧化钾溶液：$c(KOH)=100mmol/L$。称取 5.610g 氢氧化钾（KOH）溶于适量水中，溶解后移至 100m 容量瓶，用水稀释至标线，混匀。该溶液为淋洗液的贮备液，贮存于聚乙烯瓶中。

⑤ 磷酸二氢钾标准贮备液：$\rho(PO_4^{3-})=1000mg/L$。称取 1.4329g 磷酸二氢钾（KH_2PO_4）溶于适量水中，溶解后移至 1000mL 容量瓶，用水稀释至标线，混匀。该溶液贮存于聚乙烯瓶中，在 4℃下可保存 6 个月。也可以购买市售有证标准溶液。

⑥ 磷酸二氢钾标准溶液：$\rho(PO_4^{3-})=10.0mg/L$。准确量取 1.00mL 磷酸二氢钾标准贮备液 $[\rho(PO_4^{3-})=1000mg/L]$ 于 100mL 容量瓶中，用水稀释至标线，混匀。该溶液在 4℃下可保存三个月。

⑦ 醋酸纤维微孔滤膜：孔径 $0.45\mu m$（可配合注射器使用）。

三、仪器和设备

（1）离子色谱仪

由离子色谱仪、操作软件及所需附件组成的分析系统。

① 色谱柱：阴离子分离柱和阴离子保护柱（高容量烷醇季胺基团阴离子交换柱）。

② 淋洗液控制器（淋洗液在线发生器）。

③ 阴离子抑制器。

④ 电导检测器。

（2）预处理柱

阳离子交换柱（H 型柱）、C18 固相萃取柱。

（3）注射器

5mL，20mL。

（4）一般实验室常用仪器和设备

四、样品

1. 水样保存

样品应经 $0.45\mu m$ 微孔滤膜过滤，其滤液不加任何保存剂，收集于聚乙烯或玻璃瓶内，在 0～4℃下可保存 48h。

2. 试样的制备

样品清洁，不存在重金属、有机物等干扰的水样，经现场过滤后，可直接进样。

【注意】（1）对于未知浓度的样品。在分析前先稀释100倍后进样，再根据所得结果选择适当的稀释倍数重新进样分析。

（2）有重金属干扰的样品，经现场过滤后，用阳离子交换柱去除。

五、分析步骤

1. 仪器参考条件

按照仪器说明书操作仪器。梯度淋洗参考条件见表 2-25。

表 2-25　梯度淋洗参考条件

T/min	$[OH^-]$/(mmol/L)
0～7	10
7～15	10～40
15～18.5	40
18.5～24	10

注：淋洗液流速为 1.0mL/min。

2. 校准

（1）标准系列的制备

分别准确量取 0.00、0.20mL、1.00mL、2.00mL、5.00mL、10.00mL 和 20.00mL 磷酸二氢钾标准液，用水稀释定容至100mL，混匀。标准系列中磷酸盐的浓度（以 PO_4^{3-} 计）分别为 0.000 、0.020mg/L、0.100mg/L、0.200mg/L、0.500mg/L、1.00mg/L 和 2.00mg/L。

（2）校准曲线的绘制

将上述标准系列分别通过醋酸纤维微孔滤膜（孔径 $0.45\mu m$）过滤，从低至高浓度依次进样，进样体积为 $50\mu L$，得到不同浓度磷酸盐的色谱图。以磷酸盐的浓度（以 PO_4^{3-} 计，mg/L）为横坐标，峰高或峰面积为纵坐标，绘制校准曲线。磷酸根离子的色谱图见图 2-27。

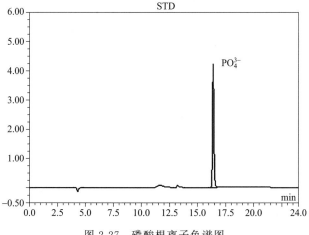

图 2-27　磷酸根离子色谱图

3. 测定

按照与绘制校准曲线相同的色谱条件和步骤，进行样品的测定。

4. 空白试验

用实验用水代替试样，按照测定步骤进行空白试验。

六、结果计算与表示

1. 结果计算

样品中磷酸盐的浓度（以 PO_4^{3-} 计，mg/L）按式（2-14）进行计算。

$$\rho = \frac{h - h_0 - a}{b} \times f \tag{2-14}$$

式中　ρ——样晶中磷酸盐的浓度，mg/L；

　　　h——样品中磷酸根的峰高（或峰面积）；

　　　h_0——空白样品中磷酸根的峰高（或峰面积）；

　　　b——回归方程的斜率；

　　　a——回归方程的截距；

　　　f——稀释倍数。

2. 结果表示

当样品含量小于 1mg/L 时，结果保留到小数点后三位；当样品含量大于等于 1mg/L 时，保留三位有效数字。

> **课后作业** 💡

1.（判断题）钼蓝法测定磷酸盐时，加药的顺序会影响测定结果。（　　）

2. 样品中以各种形式存在的正磷酸盐随强碱性淋洗液进入阴离子色谱柱，以磷酸根（PO_4^{3-}）的形式被分离出来后，用电导检测器检测。（　　）

3. 某些金属离子可能会影响磷酸盐的测定，可采用阳离子交换柱（H 型）去除。（　　）

4. 测定磷酸盐时，样品中若有机物含量较高时，需用 C18 柱去除干扰物质。（　　）

任务二　磷酸盐指标自动监测设备及方法

> **任务导入**

某水产养殖场废水的活性磷酸盐自动监测设备老化，小李需要为该设备更换阀门的密封圈。

> **知识链接** 🎯

一、仪器原理

1. 连续流动分析仪工作原理

试样与试剂在蠕动泵的推动下进入化学反应模块，在密闭的管路中连续流动，被气泡按一定间隔规律地隔开，并按特定的顺序和比例混合、反应，显色完全后进入流动检测池进行光度检测。

2. 化学反应原理

试样中的正磷酸盐在酸性介质中、锑盐存在下，与钼酸铵反应生成磷钼杂多酸，该化合物立即被抗坏血酸还原生成蓝色络合物，于波长 880nm 处测量吸光度。参考工作流程图见图 2-28。

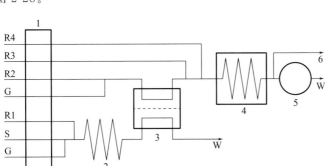

图 2-28　连续流动-钼酸铵分光光度法测定磷酸盐参考工作流程图

1—蠕动泵；2—混合反应圈；3—透析器（单元）；4—加热池（圈）4℃；5—流动检测池 50mm，880nm；
6—除气泡；S—试样，0.8m/min；G—空气；R1—酸试剂Ⅰ，0.32m/min；R2—表面活性
剂溶液，0.80m/min；W—废液；R3—钼酸铵溶液，0.23m/min；
R—4 抗坏-血酸溶液，0.23m/min

二、仪器组成

仪器的基本组成如图 2-29 所示，主要包含以下单元：

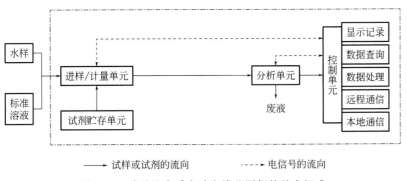

——→ 试样或试剂的流向　　----→ 电信号的流向

图 2-29　磷酸盐水质自动在线监测仪的基本组成

1. 进样计量单元

包括水样、标准溶液、试剂等导入部分（含水样通道和标准溶液通道）和计量部分。

2. 分析单元

由反应模块和检测模块组成，通过控制单元完成对待测物质的自动在线分析并将定值转换成电信号输出的部分。

3. 控制单元

包括系统控制的硬件和软件，实现进样、消解、排液等操作的部分。

任务实施

一、试剂和材料

除非另有说明，分析时均使用符合国家标准的分析纯试剂，实验用水为新鲜制备、电导率小于 $0.5\mu S/cm$（25℃）的去离子水。

① 硫酸（H_2SO_4）：$\rho(H_2SO_4)=1.84g/mL$。

② 氢氧化钠（NaOH）。

③ 过硫酸钾（$K_2S_2O_8$）。

④ 钼酸铵（$(NH_4)_6Mo_7O_{24}\cdot4H_2O$）。

⑤ 酒石酸锑钾（$K(SbO)C_4H_4O_6\cdot\frac{1}{2}H_2O$）。

⑥ 抗坏血酸（$C_6H_8O_6$）。

⑦ 磷酸二氢钾（KH_2PO_4）：优级纯，105℃±5℃干燥恒重，保存在干燥器中。

⑧ 焦磷酸钠（$Na_4P_2O_7\cdot10H_2O$）：密闭保存。

⑨ 5-磷酸吡哆醛（$C_8H_{10}NO_6P\cdot H_2O$）：纯度大于95%。2~8℃密闭保存。

⑩ 单（双）十二烷基硫酸盐二苯氧钠（FFD_6）：商品溶液，质量分数为45%~47%。

⑪ 次氯酸钠（NaClO）：商品溶液，含有效氯100~140g/L。

⑫ 酸试剂Ⅰ。量取14mL硫酸慢慢地加入到约800mL水中。冷却后，加入2mL FFD_6（10），加水稀释至1000mL，并混匀。

⑬ 酸试剂Ⅱ。量取160mL硫酸慢慢地加入到约800mL水中。冷却后，加入2mL FFD_6（10），加水稀释至100mLm并混匀。

⑭ 碱试剂。称取160g氢氧化钠溶于适量水中，冷却后，加入2mL FFD_6，加水稀释至100mL并混匀。

⑮ 过硫酸钾消解试剂。量取200mL硫酸加入到适量水中，加入12g过硫酸钾，溶解并冷却至室温，加水稀释至100mL并混匀。该溶液室温避光储存，可稳定1个月。

⑯ 钼酸铵溶液。量取40mL硫酸溶于800mL水中，冷却后，加入4.8g钼酸铵，加入2mL FFD_6，加水稀释至100mL并混匀。该溶液在4℃下保存，可稳定1个月。

⑰ 酒石酸锑钾贮备溶液。称取0.30g酒石酸锑钾，溶解于80mL水中，加水稀释至100mL并混匀，盛于棕色具塞玻璃瓶中。该溶液在4℃下保存，可稳定2个月。

⑱ 抗坏血酸溶液。称取18g抗坏血酸，溶解于800mL水中，加入20mL酒石酸锑钾贮备溶液，加水稀释至100m并混匀，盛于棕色具塞玻璃瓶中。该溶液在4℃下保存，可稳定7d。

⑲ 表面活性剂溶液。在1000mL水中加入2mL FFD_6混匀。该溶液在4℃下保存，可稳定7d。

⑳ 磷酸二氢钾标准贮备液：$\rho(P)$ 1000mg/L。称取磷酸二氢钾4.394g，溶解于适量水中，转移至1000mL容量瓶中，加入2.5mL硫酸，用水定容并混匀，贮存于具塞玻璃试剂瓶中。该溶液在4℃下，可贮存6个月。或直接购买市售有证标准溶液。

㉑ 磷酸二氢钾标准中间液：$\rho(P)=100.0mg/L$。量取10.00mL磷酸二氢钾标准贮备液于100mL容量瓶中，用水定容并混匀。该溶液在4℃下，可贮存3个月。

㉒ 磷酸二氢钾标准使用液Ⅰ：$\rho(P)=10.0mg/L$。量取10.00mL磷酸二氢钾标准中

间液（21）于100mL容量瓶中，用水定容并混匀。该溶液在4℃下，可贮存1个月。

㉓ 磷酸二氢钾标准使用液Ⅱ：$\rho(P)=2.50mg/L$。量取适量磷酸二氢钾标准贮备液，用水逐级稀释制备。临用时现配。

㉔ 焦磷酸钠标准贮备溶液：$\rho(P)=500mg/L$。称取3.600g焦磷酸钠（8），溶解于适量水中，转移至1000mL容量瓶中，用水定容并混匀。该溶液在4℃下，可贮存3个月。

㉕ 焦磷酸钠标准使用溶液（检验水解效率）：$\rho(P)=2.50mg/L$。量取适量焦磷酸钠贮备溶液，用水逐级稀释制备。临用时现配。

㉖ 磷酸吡哆醛标准贮备溶液：$\rho(P)=500mg/L$。称取0.8561g（按纯度100%计）5-磷酸吡哆醛⑨，溶解于适量水中，转移至200mL容量瓶中，用水定容并混匀，盛于棕色具塞玻璃瓶。该溶液在4℃下可贮存3个月。

㉗ 磷酸吡哆醛标准使用溶液（检验紫外消解效率）：$\rho(P)=2.50mg/L$。量取适量5-磷酸吡哆醛贮备溶液㉖，用水逐级稀释制备。临用时现配。

㉘ 清洗溶液（次氯酸钠溶液）：量取适量的市售次氯酸钠溶液⑪，用水稀释成有效氯含量约1.3%的溶液。

二、仪器和设备

① 连续流动分析仪：自动进样器（配置匀质部件），化学分析单元（即化学反应模块，由多通道蠕动泵、歧管、泵管、混合反应圈、紫外消解装置、透析器、加热圈等组成），检测单元（检测池光程为50mm），数据处理单元。

② 分析天平：精度为0.0001g。

③ 一般实验室常用仪器和设备。

三、样品

在采样前，用水冲洗所有接触样品的器皿，样品采集于清洗过的聚乙烯或玻璃瓶中。用于测定磷酸盐的水样，取样后于0~4℃暗处保存，可稳定24h。

【注意】对于含磷量较少的样品（磷酸盐浓度≤0.1mg/L），不可用聚乙烯瓶贮存，冷冻保存状态除外。

四、分析步骤

1. 仪器调试

按仪器说明书安装分析系统、设定工作参数、操作仪器。开机后，先用水代替试剂，检查整个分析流路的密闭性及液体流动的顺畅性。待基线稳定后（约20min），系统开始进试剂，待基线再次稳定后，进行后继内容。

磷酸盐的测定一般情况下采用磷酸盐分析模块，工作流程见图2-28。

2. 校准

（1）校准系列的制备

① 磷酸盐校准曲线：分别移取适量的磷酸二氢钾标准使用液Ⅰ（$\rho(P)=10.0mg/L$），用水稀释定容至100mL，制备6个浓度的标准系列。磷酸盐浓度分别为：0.00、0.05mg/L、0.10mg/L、0.25mg/L、0.50mg/L和1.00mg/L。

② 总磷校准曲线：分别移取适量的磷酸二氢钾标准中间液（$\rho(P)=100.0\text{mg/L}$）和磷酸二氢钾标准使用液 I（$\rho(P)=10.0\text{mg/L}$），用水稀释定容至100mL，制备6个浓度的标准系列。总磷浓度分别为：0.00、0.05mg/L、0.50mg/L、1.00mg/L、2.50mg/L 和 5.00mg/L。

【注意】当分析清洁地表水时，可适当减小线性范围。

（2）校准曲线的绘制

量取适量标准系列溶液置于样品杯中，由进样器按程序依次取样、测定。以测定信号值（峰高）为纵坐标，对应的磷酸盐或总磷质量浓度（以P计）为横坐标，绘制校准曲线。

3. 测定

按照与绘制校准曲线相同的条件，进行试样的测定。

【注意】若样品磷酸盐或总磷含量超出校准曲线范围，应取适量样品稀释后上机测定。

4. 空白试验

用实验用水代替试样，按照测定步骤进行空白试验。

五、结果计算与表示

1. 结果计算

样品中磷酸盐的质量浓度（以P计，mg/L）按照式（2-15）进行计算。

$$\rho=\frac{y-a}{b}\times f \qquad\qquad (2\text{-}15)$$

式中　ρ——样品中磷酸盐的质量浓度，mg/L；

　　　y——测定信号值（峰高）；

　　　a——校准曲线方程的截距；

　　　b——校准曲线方程的斜率；

　　　f——稀释倍数。

2. 结果表示

当测定结果小于1.00mg/L时，结果保留到小数点后第二位；测定结果大于或等于1.00mg/L时，结果保留三位有效数字。

❮ 课后作业

1. 连续流动-钼酸铵分光光度法测定水质磷酸盐的方法原理是什么？

2. 简述磷酸盐水质自动在线监测仪的基本组成。

3. 在采样前，用水冲洗所有接触样品的器皿，样品采集于清洗过的聚乙烯或玻璃瓶中。用于测定磷酸盐的水样，取样后于0~4℃暗处保存，可稳定24h。（　　　）

M2-11　水样磷酸盐浓度的测定考核

项目 八
总磷

项目导读

本项目重点介绍水污染自动监测常规指标总磷的定义、手工监测方法、自动监测方法和运营维护等。

项目学习目标

知识目标 掌握水质总磷的测定原理和意义。

能力目标 够掌握过硫酸钾-钼蓝法测水质总磷的操作技术；掌握总磷测定流动注射-钼酸铵分光光度法；掌握仪器原理与操作；能够开展总磷自动监测仪的运营维护。

素质目标 培养爱岗敬业、诚实守信的水污染自动监测运营职业道德；培养科学严谨、精益求精的生态环保工匠精神；培养团结协作、顾全大局的团队精神。

项目实施

该项目共有两个任务。通过该项目的学习，能操作总磷的手工监测方法和运行维护自动监测仪器。

任务一　认知总磷指标及其手工监测方法

任务导入

由于监测水质的需要，需测定某条河流的总磷指标。拟用手工监测方法对该条河流的总磷指标进行测定，并说明详细过程。

知识链接 ◎

一、总磷概述

磷在自然界中分布很广，与氧的化合能力较强，因此在自然界中没有单质磷，它以磷酸盐形式存在于矿物中。在地壳中平均含量为 1050mg/kg。在天然水和废水中，磷几乎都以各种磷酸盐的形式存在。它们分别为正磷酸盐、缩合磷酸盐（焦磷酸盐、偏磷酸盐和多磷酸盐）和有机结合的磷酸盐，存在于溶液和悬浮物中。在淡水和海水中的平均含量分别为 0.02mg/L 和 0.088mg/L。

这些形式的磷酸盐有其各自不同的来源：在水处理过程中往往加入少量某种缩合磷酸盐；洗衣水及其他洗涤用水中含有缩合磷酸盐，因这些物质是许多高效洗涤剂的主要成分之一；处理锅炉用水广泛使用磷酸盐；农业用肥料和农药中含有正磷酸盐和有机磷，当施于农业或者培植土时，会被暴雨径流和融雪带入地表水中，有机磷常常由人体废物和残留物带入污水中；有机磷酸盐主要在生物过程中形成，也可能由生物处理过程中正磷酸转化而来。

1. 检测总磷的意义

磷和氮是生物生长必需的营养元素，水质中含有适度的营养元素会促进生物和微生物生长，令人关注的是磷对湖泊、水库、海湾等封闭状水域，或者水流迟缓的河流富营养化具有特殊的作用。

由于人为因素，在水域中的磷逐渐富集，伴随着藻类异常增殖，使水质恶化的过程称为"富营养化"。在这个过程中，由于藻类大量增殖和腐烂会分解损耗水中的溶解氧，有害于鱼类等水生动物的生长，藻类大量增殖逐渐降低水的透明度，并使湖水带有腥味。随着水理化性质的变化，降低了水资源在饮用、游览和养殖等方面的利用价值。浅水湖泊发生严重的富营养化往往导致湖泊沼泽化。

为了保护水质，控制危害，在环境监测中总磷已被列入正式的监测项目。各国都制定了磷的环境标准和排放标准。

2. 检测分析方法的评述

总磷检测由两步组成：第一步，可由氧化剂过硫酸钾、硝酸过氯酸、硝酸硫酸、硝酸镁或者紫外照射，将水样中不同形态的磷转化成磷酸盐；第二步，测定正磷酸，从而求得总磷含量。

磷酸根分析方法是基于酸性条件下，磷酸根同钼酸铵（或同时存在酒石酸锑钾）生成磷钼杂多酸。磷钼杂多酸用还原剂抗坏血酸或者氯化亚锡还原成蓝色的络合物（简称钼蓝法），也可以用碱性染料生成多元有色络合物，直接进行分光光度测定。由于磷钼杂多酸内磷与钼组成之比为 1:2，通过测定钼而间接求得磷钼杂多酸中磷酸根含量能起放大作用，从而提高了磷分析的灵敏度，通常称这种测定磷的方法为间接法。

上述反应同时含有钒酸铵时，能生成黄色磷钼钒多元杂多酸络合物，借此进行分光光度计测定，该法也称钒钼黄法。它的显色范围宽，在 0.2～1.6 的酸性介质均能显色，色泽极其稳定。此法干扰少，绝大多数阳离子及阴离子对测定没有影响。干扰的消除方法有：本身有色泽的离子如铬、镍、钴可以用试剂空白抵消；硫化物干扰用溴水氧化消除；多量的铌、钽、钛、锆可加入氟化铁和过量钼酸铵掩蔽。氟化物、钍、铋、硫代硫酸盐、硫氰酸盐引起负干扰，只有水样加热时二氧化硅和砷酸盐产生正干扰。但方法的灵敏度远比钼蓝法低，因此一般仅应用于工业废水中高含量磷的分析。

表 2-26 为总磷的测定技术标准。

表 2-26　总磷的测定技术标准

标准/技术规范	标准号及名称	适用范围	测量范围
分析检测标准	《水质　总磷的测定　流动注射-钼酸铵分光光度法》（HJ 671—2013）	地表水、地下水、生活污水与工业废水	0.02～1mg/L
	《水质　磷酸盐和总磷的测定连续流动-钼酸铵分光光度法》（HJ 670—2013）	地表水、地下水、生活污水和工业废水	0.04～5mg/L
	《水质　总磷的测定　钼酸铵分光光度法》（GB 11893—89）	地表水、污水、工业废水	0.01～0.6mg/L
自动分析仪技术规范	《总磷水质自动分析仪技术要求》（HJ/T 103—2003）	规定了地表水、工业废水和市政污水总磷水质自动分析仪的技术性能要求和性能试验方法，适用于该类仪器的研制生产和性能检验	

二、样品的获取和保存

磷的水样不稳定，最好采集后立即进行分析，这样试样变化较小。如果分析不能在采集后立即进行，可每升试样加浓硫酸 1mL 进行防腐，再贮于棕色玻璃瓶里放置于冰箱内。若仅仅分析总磷，则试样没有必要防腐。

由于磷酸盐可能会吸附于塑料瓶壁上，故不可用塑料瓶贮存，所有玻璃容器都要用稀的热盐酸冲洗，再用蒸馏水冲洗数次。

三、过硫酸钾-钼蓝法

1.过硫酸钾消解

（1）原理

过硫酸钾溶液在高压釜内经 120℃加热，产生如下反应。

$$K_2S_2O_8 + H_2O \longrightarrow 2KHSO_4 + \frac{1}{2}O_2$$

从而将水中存在的有机磷、无机磷和悬浮磷氧化成正磷酸。

（2）试剂

5%过硫酸钾溶液，溶解 5g 过硫酸钾于水中，并稀释至 100mL。

（3）步骤

① 吸取 25.0mL 混匀水样（必要时，酌情少取水样，并加水至 25mL，使含磷量不超过 30μg）于 50mL 具塞刻度管中，加过硫酸钾溶液 4mL，加塞后管口包一小块纱布并用线扎紧，以免加热时玻璃塞冲出。将具塞刻度管放在大烧杯中，置于高压蒸汽消毒器或压力锅中加热，待锅内压力达 1.1kgf/cm^2（1kgf＝98.0665kPa，相应温度为 120℃）时，调节电炉温度使保持此压力 30min 后，停止加热，待压力表指针降至零后取出放冷。如溶液浑浊，则用滤纸过滤，洗涤后定容。

② 试剂空白和标准溶液系列也经同样的消解操作。

（4）应用范围　过硫酸钾消解方法具有操作简单、结果稳定的优点，适用于绝大多数的地表水和一部分工业废水。仅下列三种水不适合：

① 未经处理的工业废水；

② 含有大量铁、铝、钙等金属盐和有机物的废水；

③ 贫氧水。

2. 钼蓝分光光度法

（1）方法原理

在酸性条件下，正磷酸盐与钼酸铵、酒石酸锑氧钾反应，生成磷钼杂多酸，被还原剂抗坏血酸还原，则变成蓝色络合物，通常即称磷钼蓝。

（2）干扰及消除

砷含量大于 2mg/L 时有干扰，可用硫代硫酸钠除去。硫化物含量大于 2mg/L 时有干扰，在酸性条件下通氮气可以除去。六价铬大于 50mg/L 时有干扰，用亚硫酸钠除去。亚硝酸盐大于 1mg/L 有干扰，用氧化消解或加氨磺酸均可以除去。铁浓度为 20mg/L 时可使结果偏低 5%；铜浓度达 10mg/L 不干扰；氟化物小于 70mg/L 也不干扰。水中大多数常见离子对显色的影响可以忽略。

（3）方法的适用范围

本方法的最低检出浓度为 0.01mg/L（吸光度 $A = 0.01$ 时所对应的浓度）；测定上限为 0.6mg/L。

适用于测定地表水、生活污水及化工、磷肥、机加工金属表面磷化处理、农药、钢铁、焦化等行业的工业废水中的正磷酸盐。

（4）仪器

分光光度计。

（5）试剂

① （1+1）硫酸。

② 10%抗坏血酸溶液。溶解 10g 抗坏血酸于水中，并稀释至 100mL。该溶液贮存在棕色玻璃瓶，在约 4℃可稳定几周。如颜色变黄，则弃去重配。

③ 钼酸盐溶液。溶解 13g 钼酸铵于 100mL 水中。溶解 0.35g 酒石酸锑氧钾于 100mL 中。在不断搅拌下，将钼酸铵溶液徐徐加到 300mL（1+1）硫酸中，加酒石酸锑氧钾溶液并混合均匀，贮存在棕色的玻璃瓶中于约 4℃保存，至少稳定 2 个月。

④ 浊度-色度补偿液。混合两份体积的（1+1）硫酸和一份体积的 10%抗坏血酸溶液。此溶液当天配制。

⑤ 磷酸盐贮备溶液。将优级纯磷酸二氢钾于 110℃干燥 2h，在干燥器中放冷。称取 0.2197g 溶于水，移入 1000mL 容量瓶中。加（1+1）硫酸 5mL，用水稀释至标线。此溶液每毫升含 50.0μg 磷（以 P 计）。

⑥ 磷酸盐标准溶液。吸取 10.00mL 磷酸盐贮备液于 250mL 容量瓶中，用水稀释至标线。此溶液每毫升含 2.00μg 磷。临用时现配。

（6）步骤

① 标准曲线的绘制。取数支 50mL 具塞比色管，分别加入磷酸盐标准使用液 0、0.50mL、1.00mL、3.00mL、5.00mL、10.0mL、15.0mL，加水至 50mL。

a.显色：向比色管中加入 1mL 10%抗坏血酸溶液，混匀，30s 后加 2mL 钼酸盐溶液充分混合，放置 15min。

b.测量：用 10mm 或 30mm 比色皿，于 700nm 波长处，以零浓度溶液为参比，测量吸光度。

② 样品测定。分取适量经滤膜过滤或消解的水样（使含磷量不超过 30μg）加入 50mL 比色管中，用水稀释至标线。以下按绘制校准曲线的步骤进行显色和测量。减去空白试验的吸光度，并从校准曲线上查出含磷量。

（7）注意事项

① 如试样中色度影响测量吸光度时，需做补偿校正。在 50mL 比色管中，分取与样品测定相同量的水样，定容后加入 3mL 浊度补偿液，测量吸光度，然后从水样的吸光度中减去校正吸光度。

② 室温低于 13℃时，可在 20～30℃水浴中显色 15min。

③ 操作所用的玻璃器皿可用（1＋1）盐酸浸泡 2h，或用不含磷酸盐的洗涤剂刷洗。

④ 比色皿用后应以稀硝酸或铬酸洗液浸泡片刻，以除去吸附的钼蓝有色物。

任务实施

我国现行的水质中总磷测定相关标准见表 2-27。

表 2-27 水质中总磷测定相关标准

序号	标准号	标准名称
1	HJ 671—2013	水质　总磷的测定　流动注射-钼酸铵分光光度法
2	HJ 670—2013	水质　磷酸盐和总磷的测定　连续流动-钼酸铵分光光度法
3	HJ/T 103—2003	总磷水质自动分析仪技术要求
4	GB 11893—89	水质　总磷的测定　钼酸铵分光光度法

以《水质　总磷的测定　钼酸铵分光光度法》（GB 11893—89）为例，介绍手工监测总磷的方法（图 2-30）。

图 2-30　水质　总磷的测定　钼酸铵分光光度法实验流程

一、方法原理

在中性条件下用过硫酸钾（或硝酸-高氨酸）使试样消解，将所含磷全部氧化为正磷酸盐。在酸性介质中，正磷酸盐与钼酸铵反应，在锑盐存在下生成磷钼杂多酸后，立即被抗坏血酸还原，生成蓝色的络合物。

二、适用范围

① 总磷包括溶解的、颗粒的、有机的和无机磷。

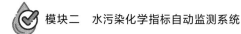

② 本法适用于地面水、生活污水和工业废水。

③ 取 25mL 试料，本标准的最低检出浓度为 0.01mg/L，测定上限为 0.6mg/L。

④ 在酸性条件下，砷、铬、硫干扰测定。

三、实验试剂

见表 2-28。

表 2-28　《水质　总磷的测定　钼酸铵分光光度法》（GB 11893—89）所需试剂

编号	试剂名称	规格	备注
试剂 1	硫酸（H_2SO_4）	密度为 1.84g/mL	
试剂 2	硝酸（HNO_2）	密度为 1.4g/mL	
试剂 3	高氯酸（$HClO_4$）	优级纯，密度为 1.68g/mL	
试剂 4	硫酸（H_2SO_4）	（1+1）	
试剂 5	硫酸	约 $c(H_2SO_4)=1mol/L$	将 27mL 硫酸（密度为 1.84g/mL）加入到 973mL 水中
试剂 6	氢氧化钠（NaOH）	1mol/L 溶液	将 40g 氢氧化钠溶于水并稀释至 1000mL
试剂 7	氢氧化钠（NaOH）	6mol/L 溶液	将 240g 氢氧化钠溶于水并稀释至 1000mL
试剂 8	过硫酸钾	50g/L 溶液	将 5g 过硫酸钾（$K_2S_2O_8$）溶解于水，并稀释至 100mL
试剂 9	抗坏血酸	100g/L 溶液	溶解 10g 抗坏血酸（$C_6H_8O_6$）于水中，并稀释至 100mL。 此溶液贮于棕色的试剂瓶中，在冷处可稳定几周。如不变色可长时间使用
试剂 10	钼酸盐溶液		溶解 13g 钼酸铵 $[(NH_4)_6Mo_7O_{24} \cdot 4H_2O]$ 于 100mL 水中。溶解 0.35g 酒石酸锑钾 $[KSbC_4H_4O_7 \cdot \frac{1}{2}H_2O]$ 于 100mL 水中，在不断搅拌下把钼酸铵溶液徐徐加到 300mL 硫酸（1+1）中，加酒石酸锑钾溶液并且混合均匀。此溶液贮存于棕色试剂瓶中，在冷处可保存两个月
试剂 11	浊度-色度补偿液		混合两个体积硫酸（1+1）和一个体积抗坏血酸溶液（100g/L）。 使用当天配制
试剂 12	磷标准贮备溶液		称取 0.2197g±0.001g 于 110℃ 干燥 2h 在干燥器中放冷的磷酸二氢钾（KH_2PO_4），用水溶解后转移至 1000mL 容量瓶中，加入大约 800mL 水，加 5mL 硫酸（1+1）用水稀释至标线并混匀。1.00mL 此标准溶液含 50.0μg 磷。 本溶液在玻璃瓶中可贮存至少六个月
试剂 13	磷标准使用溶液		将 10.0mL 的磷标准贮备溶液转移至 250mL 容量瓶中，用水稀释至标线并混匀。1.00mL 此标准溶液含 2.0μg 磷。 使用当天配制
试剂 14	酚酞	10g/L 溶液	0.5g 酚酞溶于 50mL 95% 乙醇中

注：除非另有说明，分析时均使用符合国家标准的分析纯试剂。

四、实验仪器

实验所需仪器见表2-29。

表 2-29 实验所需仪器

编号	名称	要求
仪器 1	医用手提式蒸气消毒器或一般压力锅	108～137kPa
仪器 2	具塞（磨口）刻度管	250mL
仪器 3	分光光度计	

注：所有玻璃器皿均应用稀盐酸或稀硝酸浸泡。

五、采样和样品

1. 样品 a 的制备

采取 500mL 水样，加入 1mL 硫酸（密度为 1.84g/mL）调节样品的 pH 值，使之低于或等于 1，或不加任何试剂于冷处保存。

【注意】含磷址较少的水样，不要用塑料瓶采样，因易磷酸盐吸附在塑料瓶壁上。

2. 试样 b 的制备

取 25mL 样品 a 于 250mL 具塞（磨口）刻度管中，取时应仔细摇匀，以得到溶解部分和悬浮部分均具有代表性的试样。如样品中含磷浓度较高，试样体积可以减少。

六、分析步骤

1. 空白试样

按规定进行空白试验，用纯净水代替试样，并加入与测定时相同体积的试剂。

2. 测定

（1）消解

① 过硫酸钾消解：向试样 b 中加 4mL 过硫酸钾（试剂 8），将具塞刻度管的盖塞紧后，用小块布和线将玻璃塞扎紧（或用其他方法固定），放在大烧杯中置于高压蒸气消毒器（仪器 1）中加热，待压力达 107kPa，相应温度为 120℃时，保持 30min 后停止加热。待压力表读数降至零后，收出放冷。然后用水稀释至标线。

【注意】如用硫酸保存水样。当用过硫酸钾消解时，需先将试样调至中性。

② 硝酸-高氯酸消解：取 25mL 试样（样品 a）于锥形瓶中，加数粒玻璃珠，加 2mL 硝酸（试剂 2）在电热板上加热浓缩至 10mL。冷后加 5mL 硝酸（试剂 2），再加热浓缩至 10mL，放冷。加 3mL 高氯酸（试剂 3），加热至高氯酸冒白烟，此时可在锥形瓶上加小漏斗或调节电热板温度，使消解液在锥形瓶内壁保持回流状态，直至剩下 3～4mL，放冷。

加水 10mL，加 1 滴酚酞指示剂（试剂 14）。滴加氢氧化钠溶液（试剂 6 或试剂 7）至刚呈微红色，再滴加硫酸溶液（试剂 5）使微红色刚好退去，充分混匀。移至具塞刻度管中（仪器 2），用水稀释至标线。

【注意】

① 用硝酸-高氯酸消解需要在通风橱中进行。高氯酸和有机物的混合物经加热易发生危险，需将试样先用硝酸消解，然后再加入硝酸-高氧酸进行消解。

② 绝不可把消解的试样蒸干。

③ 如消解后有残渣时，用滤纸过滤至具塞刻度管中，并用水充分清洗锥形瓶及滤纸，一并移到具塞刻度管中。

④ 水样中的有机物用过硫酸钾氧化不能完全破坏时，可用此法消解。

（2）发色

分别向各份消解液中加入 1mL 抗坏血酸溶液（试剂 9）混匀，30s 后加 2mL 钼酸盐溶液（试剂 10）充分混匀。

【注意】

① 如试样中含有浊度或色度时，需配制一个空白试样（消解后用水稀释至标线）然后向试料中加入 3mL 浊度-色度补偿液（试剂 11），但不加抗坏血酸溶液和钼酸盐溶液。然后从试料的吸光度中扣除空白试料的吸光度。

② 砷大于 2mg/L 干扰测定，用硫代硫酸钠去除。硫化物大于 2mg/L 干扰测定，通氮气去除。铬大于 50mg/L 干扰测定，用亚硫酸钠去除。

（3）分光光度法测量

水样在室温下放置 15min 后，使用 30mm 比色皿，在 700nm 波长下，以水做参比，测定吸光度。扣除空白试验的吸光度后，从绘制的工作曲线上查得磷的含量。

【注意】如显色时室温低于 13℃，可在 20～30℃水浴上显色 15min 即可。

（4）工作曲线的绘制

取 7 支具塞刻度管（仪器 2）分别加入 0.0，0.50mL，1.00mL，3.00mL，5.00mL，10.0mL，15.0mL 磷酸盐标准溶液（试剂 14）。加水至 25mL。然后按测定步骤进行处理。以水做参比，测定吸光度。扣除空白试验的吸光度后，和对应的磷含量绘制工作曲线。

七、结果的表示

总磷含量以 ρ（mg/L）表示，按式（2-16）计算：

$$\rho = \frac{m}{V} \tag{2-16}$$

式中　m——试样测得含磷量，μg；

　　　V——测定用试样体积，mL。

课后作业

1～6 题为判断题，7～9 题为选择题。

1. 测定水中总磷时，为防止水中含磷化合物的变化，水样要在微碱性条件下保存。（　　）

2. 测定水中总磷时，可用 Na_2SO_3 消除砷的干扰。（　　）

3. 测定总磷的水样可以储存贮于塑料瓶中。（　　）

4. 过硫酸钾消解-钼蓝法测定总磷时，标准溶液系列不需要消解操作。（　　）

5. 钼蓝法测定磷酸盐时，加药的顺序会影响测定结果。（   ）

6. 用于测定总磷的水样不能用塑料瓶贮存。（   ）

7. 测定水中总磷时，采取 500mL 水样后，加入 1mL 浓硫酸调节 pH 值使之低于或等于（   ）。

A. 7　　　　　　　　B. 10　　　　　　　　C. 1　　　　　　　　D. 5

8. 测总磷的比色皿用后应该用稀的（   ）浸泡。

A. 硫酸　　　　　　　B. 盐酸　　　　　　　C. 硝酸　　　　　　　D. 氢氟酸

9. 钼酸铵分光光度法测定水中总磷时，所有玻璃器皿均应用（   ）浸泡。

A. 稀硫酸或稀铬酸　　　　　　　　　　B. 稀盐酸或稀硝酸

C. 稀硝酸或稀硫酸　　　　　　　　　　D. 稀盐酸或稀铬酸

10. 试述过硫酸钾-钼蓝法测定总磷的操作步骤。

任务二 总磷指标自动监测设备及方法

任务导入

某污水处理厂正准备对总磷自动监测设备运行维护，假若你是该厂工作人员应如何开展该项工作？

知识链接

一、仪器原理

1. 流动注射分析仪工作原理

在封闭的管路中，一定体积的试样注入连续流动的载液中，试样和试剂在化学反应模块中按特定的顺序和比例混合、反应，在非完全反应的条件下，进入流动检测池进行光度检测。

2. 化学反应原理

在酸性条件下，试样中各种形态的磷经 125℃ 高温和高压水解，再与过硫酸钾溶液混合进行紫外消解，全部被氧化成正磷酸盐，在锑盐的催化下正磷酸盐与钼酸铵反应生成磷钼酸杂多酸。该化合物被抗坏血酸还原生成蓝色络合物，于波长 880nm 处测量吸光度。参考工作流程图见图 2-31。

二、仪器组成

1. 一般构造

必须满足以下各项要求。

① 结构合理，产品组装坚固、零部件紧固无松动。

② 在正常的运行状态下，可平稳工作，无安全隐患。

③ 各部件不易产生机械、电路故障，构造无安全隐患。

笔记

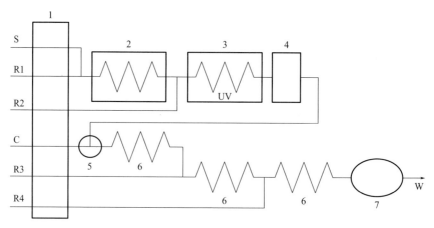

图 2-31　流动注射-钼酸铵分光光度法测定总磷参考工作流程图

1—蠕动泵；2—加热池（125℃）；3—紫外消解装置（UV254nm）；4—除气泡；5—注入阀；
6—反应（混合）圈；7—检测池 10mm，880nm；S—试样；R1—硫酸溶液 I；R2—过硫
酸钾消解溶液；R3—显色剂；R4—还原剂；C—硫酸载液；W—废液

④ 具有不因水的浸湿、结露等而影响自动分析仪运行的性能。

⑤ 便于维护、检查作业，无安全隐患。

⑥ 显示器无污点、无损伤。显示部分的字符笔画亮度均匀、清晰；无暗角、黑斑、彩虹、气泡、暗显示、隐画、不显示、闪烁等现象。

2. 构造

总磷自动分析仪的构成包括采样部分、计量单元、反应器单元、检测单元、试剂贮存单元（根据需要）以及显示记录、数据处理、信号传输等单元。

（1）采样部分

有完整密闭的采样系统。

（2）计量单元

指计量一定量的试样及试剂并送入反应器单元的部分，由试样导入管、试剂导入管、试样计量器、试剂计量器等部分构成。

① 试样导入管：由不被试样侵蚀的塑料、玻璃、橡胶等材质构成，为了准确地将试样导入计量器，试样导入管应备有泵或试样贮槽（罐）。

② 试剂导入管：由玻璃或性能优良、耐试剂侵蚀的塑料、橡胶等材质构成，为了准确地将试剂导入计量器，试剂导入管应备有泵。

③ 试样计量器：由不被试样侵蚀的玻璃、塑料等材质构成，能准确计量进入反应单元的试样量。

④ 试剂计量器：由玻璃或性能优良、耐试剂侵蚀的塑料等材质构成，能准确计量试剂加入量。

（3）反应器单元

指进行试样消解氧化部分，由反应槽、加热器等构成。

① 反应槽：由耐热性、耐试剂侵蚀性良好的硬质玻璃等构成，其形状易于清洗操作。

② 加热器：在环境温度为 25℃情况下，具有当试剂加入 10min 后，能使反应槽内液体温度上升 85℃以上；当试剂加入 15min 后，能使反应槽内液体温度上升 95℃以上的加热特性。

（4）检测单元

由终点指示器、信号转换器等构成。

① 终点指示器（如紫外可见分光光度计）。

② 信号转换器：具有将测定值转换成电信号输出的功能，其构造可调整测定范围。

（5）试剂贮存单元

由过硫酸钾溶液、磷标准溶液、抗坏血酸溶液、钼酸铵等的贮存槽组成，所用材质具有不受各贮存试剂侵蚀的性能。贮存的试剂量能保证运行 1 周以上。

（6）显示记录单元

具有将总磷测定值按比例转换成直流电压或电流输出，或将测定值显示或记录下来的功能。

（7）数据传输装置

有完整的数据采集、传输系统。

（8）附属装置

根据需要，自动分析仪可配置试样稀释和自动清洗等装置。

三、出厂性能要求

根据《总磷水质自动分析仪技术要求》（HJ/T 103—2003），总磷自动分析仪出厂时应满足以下性能指标，见表 2-30。

表 2-30　总磷自动分析仪的性能指标

项目	性能	试验方法
重复性误差	±10%	在 HJ/T 103—2003 中 8.1 的试验条件下，测定零点校正液 6 次，各次指示值作为零值。在相同条件下，测定电极法量程校正液 6 次，以各次测量值（扣除零值后）计算相对标准偏差
零点漂移	±5%	采用零点校正液，连续测定 24h。利用该段时间内的初期零值（最初的 3 次测定值的平均值），计算最大变化幅度相对于量程值的百分率
量程漂移	±10%	采用量程校正液，于零点漂移试验的前后分别测定 3 次，计算平均值。由减去零点漂移成分后的变化幅度，求出相对于量程值的百分率
直线性	±10%	将分析仪校正零点和量程后，导入直线性试验溶液，读取稳定后的指示值。求出该指示值对应的总磷浓度与直线性试验溶液的总磷浓度之差相对于量程值的百分率
MTBF（平均无故障连续运行时间）	≥720h/次	采用实际水样，连续运行 2 个月，记录总运行时间（h）和故障次数（次），计算平均无故障连续运行时间（MTBF）≥720h/次（此项指标可在现场进行考核）
实际水样比对实验	±10%	选择 5 种或 5 种以上实际水样，分别以自动监测仪器与国标方法 GB 11894 对每种水样的高、中、低三种浓度水平进行比对实验，每种水样在高、中、低三种浓度水平下的比对实验次数应分别不少于 15 次，计算该水样相对误差绝对值的平均值（A）。比对实验过程应保证自动分析仪与国家推荐方法测试水样的一致性

续表

项目	性能	试验方法
电压稳定性	指示值的变动在±10％以内	采用量程校正液，在指示值稳定后，加上高于或低于规定电压10％的电源电压时，读取指示值。分别测定3次，计算各测定值与平均值之差相对于量程值的百分率
绝缘阻抗	5MΩ 以上	在关闭自动分析仪电路状态时，采用国家规定的阻抗计测量（直流500V绝缘阻抗计）电源相与机壳（接地端）之间的绝缘阻抗

系统具有设定、校对和显示时间功能，包括年、月、日和时、分。

当系统意外断电且再度上电时，系统能自动排出断电前正在测定的试样和试剂、自动清洗各通道、自动复位到重新开始测定的状态。若系统在断电前处于加热消解状态，再次通电后系统能自动冷却，之后自动复位到重新开始测定的状态。

当试样或试剂不能导入反应器时，系统能通过蜂鸣器报警并显示故障内容。同时，停止运行直至系统被重新启动。

四、仪器安装及要求

总磷分析仪安装场地要求有放置仪器的监测站房，并且具备220V AC电源、接地电阻 $R \leqslant 10\Omega$、多功能插座。上水取样距离不大于15m，落差不大于6m。下水管路从站房到排口应保持一定的坡降以便排液顺畅。为确保冬季取样及排水正常，上下水管路应具有防冻设施。现场安装示意如图2-32所示。

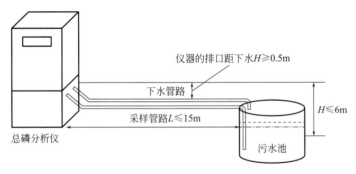

图 2-32　现场安装示意

五、仪器定期维护

为了仪器的正常运行，操作人员需要定期对其进行以下维护。

① 视当地水样的水质情况，定期清洗采样过滤头及管路，并经常检查采样头的位置情况以确保采样头采水顺利、通畅。

② 视使用情况定期清洗采样溢流杯及采样管。采样管的清洗可以把它插入稀酸里，然后在手动方式里按"1"键提取稀酸进行水样管路的清洗。然后用蒸馏水再次清洗水样管路。

③ 视使用情况定期拆卸清洗反应室与比色室。拆卸时戴好防护手套以免被反应

液等残液烧伤，一手捏住与反应室连接的过渡黑管，一手将反应室轻轻竖直向上取出。拆卸前先排空各管路。

④ 仪器运行时请关好前后门，不要干烧反应室以免炸裂。

⑤ 仪器应避免阳光直射，避免强磁场、强烈振动的环境。

⑥ 及时补充反应液、氧化剂、还原剂、蒸馏水，并同时在参数设置里修改试剂余量。更换反应液时，小心操作，防止化学烧伤。

⑦ 仪器的各蠕动泵泵管的有效使用寿命为 4 个月（6~8 次/天），到期需及时更换。更换泵管时应严格遵守泵头和泵管的安装方法，使用泵钥匙，泵管严禁扭曲，不按规定安装泵管将缩短其使用寿命。

⑧ 根据 GB 8978—1996 污水综合排放标准中规定的采样频率，工业废水按生产周期确定监测频率。生产周期在 8h 以内的，每 2h 采样一次；生产周期大于 8h 的，每 4h 采样一次。其他污水采样，24h 不少于 2 次。所以建议分析周期为 2~8 次/天。

⑨ 关机或停止使用之前，在手动方式下用蒸馏水多次清洗反应室、比色室，然后向反应室、比色室中加入适量蒸馏水。

任务实施

以《水质　总磷的测定　流动注射-钼酸铵分光光度法》（HJ 671—2013）为例，介绍手工监测总磷的方法。

一、试剂和材料

除非另有说明，分析时均使用符合国家标准的分析纯试剂。实验用水为新鲜制备、电导率小于 0.5μS/cm（25℃）的去离子水。除标准溶液外，其他溶液和实验用水均用氦气或超声除气，见表 2-31。

表 2-31　实验所需试剂

编号	试剂名称	规格	备注
试剂 1	硫酸	$\rho(H_2SO_4)=1.84g/mL$	
试剂 2	过硫酸钾		
试剂 3	钼酸铵		
试剂 4	酒石酸锑钾		
试剂 5	氢氧化钠		
试剂 6	抗坏血酸		
试剂 7	十二烷基硫酸钠		
试剂 8	氯化钠		
试剂 9	磷酸二氢钾	优级纯，105℃+5℃ 干燥恒重，保存在 干燥器中	
试剂 10	焦磷酸钠		密闭保存
试剂 11	5-磷酸吡哆醛	纯度大于 95%	2~8℃密闭保存

续表

编号	试剂名称	规格	备注
试剂 12	乙二胺四乙酸四钠		
试剂 13	硫酸溶液 I	$c(H_2SO_4)=2mol/L$	将 106.5mL 硫酸（试剂 1）慢慢加至 800mL 水中，冷却后，用水稀释至 1000mL
试剂 14	硫酸溶液 II	$c(H_2SO_4)=0.028mol/L$	将 1.5mL 硫酸（试剂 1）加至 1000mL 水中
试剂 15	过硫酸钾消解溶液		将 26g 过硫酸钾（试剂 2）加至 800mL 水中，溶解后用水稀释至 1000mL 并混匀。该溶液室温避光保存，可稳定 1 个月
试剂 16	钼酸铵溶液		称取 40.0g 钼酸铵（试剂 3）溶于 800mL 水中，溶解后用水稀释至 1000mL 并混匀，贮存于聚乙烯瓶中。该溶液在 4℃ 下保存，可稳定 2 个月
试剂 17	酒石酸锑钾贮备液		称取 3.0g 酒石酸锑钾（试剂 4）溶于 800mL 水中，溶解后用水稀释至 1000mL 并混匀，贮存于深色聚乙烯瓶中。该溶液在 4℃ 下保存，可稳定 2 个月
试剂 18	显色剂		将 213mL 钼酸铵溶液（试剂 16）和 72mL 酒石酸锑钾溶液（试剂 17）加入约 500mL 水中，再加入 22.8g 氢氧化钠（试剂 5），溶解后用水稀释至 1000mL 并混匀。该溶液在 4℃ 下保存，可稳定 1 个月
试剂 19	还原剂		称取 70.0g 抗坏血酸（试剂 6）溶于 800mL 水中，再加入 1.0g 十二烷基硫酸钠（试剂 7），溶解后用水稀释至 1000mL 并混匀。该溶液在 4℃ 下保存，可稳定 2 周
试剂 20	硫酸载液		将 40mL 硫酸（试剂 1）慢慢加入到 800mL 水中。冷却后，加入 5g 氯化钠（试剂 8）和 1.0g 十二烷基硫酸钠（试剂 7），用水稀释至 1000mL 并混匀。该溶液可稳定 1 周
试剂 21	磷酸二氢钾标准贮备液	$\rho(P)=1000mg/L$	称取 4.394g 磷酸二氢钾（试剂 9）溶于水中，溶解后转移至 1000mL 容量瓶中，加入 2.5mL 硫酸（试剂 1），用水定容并混匀。贮存于具塞玻璃瓶中，该溶液在 4℃ 下保存，可稳定 6 个月。或直接购买市售有证标准溶液。或直接购买市售有证标准溶液
试剂 22	磷酸二氢钾标准使用溶液 I	$\rho(P)=10.00mg/L$	量取适量磷酸二氢钾标准贮备液（试剂 21），用水逐级稀释制备。该溶液在 4℃ 下，可贮存 1 个月
试剂 23	磷酸二氢钾标准使用溶液 II	$\rho(P)=0.50mg/L$	量取适量磷酸二氢钾标准贮备液（试剂 21），用水逐级稀释制备。临用时现配 注：如果样品用硫酸（试剂 1）固定保存，则标准溶液也需要采用硫酸基体制备，即用硫酸溶液（试剂 14）代替水配制标准溶液
试剂 24	焦磷酸钠标准贮备液	$\rho(P)=500mg/L$	称取 3.600g 焦磷酸钠（试剂 10）溶于水中，移入 1000mL 容量瓶中，用水定容并混匀。该溶液在 4℃ 下密闭贮存，可稳定 3 个月

续表

编号	试剂名称	规格	备注
试剂 25	焦磷酸钠标准使用溶液	$\rho(P)=0.50mg/L$	量取适量焦磷酸钠标准贮备液（试剂 24），用水逐级稀释制备。该溶液在 4℃下可稳定 1 周
试剂 26	5-磷酸吡哆醛标准贮备液	$\rho(P)=500mg/L$	称取 0.8561g（按纯度 100％计）5-磷酸吡哆醛（试剂 11）溶解于适量水中并转移至 200mL 容量瓶中，用水定容并混匀，盛于棕色具塞玻璃瓶。该溶液在 4℃下，可贮存 3 个月
试剂 27	5-磷酸吡哆醛标准使用溶液	$\rho(P)=0.50mg/L$	量取适量 5-磷酸吡哆醛标准贮备液（试剂 26），用水逐级稀释制备。临用时现配
试剂 28	色度浊度补偿液		将 72mL 酒石酸锑钾贮备液（试剂 17）加入约 500mL 水中，再加入 22.8g 氢氧化钠（试剂 5），溶解后用水稀释至 1000mL。该溶液可稳定 1 周
试剂 29	NaOH-EDTA 清洗液		称取 65g 氢氧化钠（试剂 5）和 6g 乙二胺四乙酸四钠（试剂 12）溶解于 1000mL 水中
试剂 30	氮气		纯度≥99.99％

注：除非另有说明，分析时均使用符合国家标准的分析纯试剂。

二、仪器和设备

① 流动注射分析仪：自动进样器、化学分析单元（即化学反应模块、通道。由蠕动泵、注入阀、反应管路、预处理盒等部件组成）、检测单元（流通池检测波长 880nm）及数据处理单元。预处理盒包括加热池和紫外消解装置。

② 天平：精度为 0.0001g。

③ 超声波机：频率 40kHz。

④ 一般实验室常用仪器和设备。

三、样品

在采样前，用水冲洗所有接触样品的器皿，样品采集于清洗过的聚乙烯或玻璃瓶中。采集后应立即加入硫酸（试剂 1）至 pH≤2，常温可保存 24h。可于−20℃冷冻，保存期 1 个月。

含磷量较少的样品（总磷浓度≤0.1mg/L），不宜用聚乙烯瓶贮存，冷冻保存状态除外。

四、分析步骤

1. 仪器的调试

按仪器说明书安装分析系统、调试仪器、设定工作参数。按仪器规定的顺序开机后，以纯水代替所有试剂，检查整个分析流路的密闭性及液体流动的顺畅性。待基线稳定后（约 20min），系统开始进试剂，待基线再次稳定后，进行后续环节。

2. 校准

（1）标准系列的制备

分别量取适量的磷酸二氢钾标准使用溶液Ⅰ（试剂22），用水稀释定容至100mL，制备6个浓度点的标准系列。总磷质量浓度分别为：0.000、0.020mg/L、0.100mg/L、0.200mg/L、0.500mg/L和1.00mg/L。

（2）校准曲线的绘制

量取适量标准系列，分别置于样品杯中，由进样器按程序依次从低浓度到高浓度取样、测定。以测定信号值（峰面积）为纵坐标，对应的总磷质量浓度（以P计，mg/L）为横坐标，绘制校准曲线。

3. 测定

按照与绘制校准曲线相同的条件，进行试样的测定。

【注意】若样品总磷含量超出校准曲线范围，应取适量样品稀释后上机测定。

4. 空白试验

用适量实验用水代替试样，按照测定步骤进行空白试验。

五、结果计算与表示

1. 结果计算

样品中总磷的质量浓度（以P计，mg/L）按照式（2-17）进行计算。

$$\rho = \frac{y-a}{b} \times f \tag{2-17}$$

式中　ρ——样品中总磷的质量浓度，mg/L；

　　　y——测定信号值（峰面积）；

　　　a——校准曲线方程的截距；

　　　b——校准曲线方程的斜率；

　　　f——稀释倍数。

2. 结果表示

当测定结果小于1.00mg/L时，测定结果保留至小数点后三位；大于或等于1.00mg/L时，测定结果保留三位有效数字。

课后作业

1.（判断题）间歇排放期间，总磷水质自动分析仪根据厂家的实际排水时间确定应获得的监测值，监测数据数不少于污水累计排放小时数。（　　　）

2.（判断题）气敏电极法是水质自动分析仪测定总磷的方法之一。（　　　）

3.试述总磷在线分析仪维护方法。

4.总磷分析仪器设备的操作步骤是什么？

项目 九

铬

项目导读

本项目重点介绍水污染自动监测常规指标铬的定义、手工监测方法、自动监测方法和运营维护等。

项目学习目标

知识目标 掌握水质铬测定的原理和意义。

能力目标 掌握火焰原子吸收分光光度法测水样中铬的操作技术；掌握采用连续流动-钼酸铵分光光度法测定铬的操作；掌握仪器原理与操作、新工艺、新方法；能够开展铬自动监测仪的运营维护。

素质目标 培养爱岗敬业、诚实守信的水污染自动监测运营职业道德；培养科学严谨、精益求精的生态环保工匠精神；培养团结协作、顾全大局的团队精神。

项目实施

该项目有两个任务。通过该项目的学习，能操作磷酸盐手工监测和运行维护自动监测仪器。

任务一　认知铬指标及其手工监测方法

任务导入

某排污企业委托第三方检测机构测定该厂排放废水的铬指标，作为检测人员，应依据什么标准、采用什么方法进行测定？

知识链接

一、概述

铬是银灰色、质脆而硬的金属，在自然界中主要形成铬铁矿。铬的最高氧化态是

+6，还有+3、+2，以氧化数为+3的化合物最稳定，所以铬的化合物常见的是三价和六价。在水体中，六价铬一般是以 CrO_4^{2-}、$HCrO_4^-$、$Cr_2O_7^{2-}$ 三种阴离子形式存在。在水溶液中存在着以下平衡：

$$Cr_2O_7^{2-} + H_2O \rightleftharpoons 2HCrO_4^- \rightleftharpoons 2H^+ + 2CrO_4^{2-}$$

如水溶液中酸、碱度变化，则平衡移动。六价铬的钠、钾、铵盐均溶于水。三价铬常以 Cr^{3+}、$Cr(OH)^{2+}$、$Cr(OH)^{2+}$ 等阳离子形式存在。三价铬的碳酸盐、氢氧化物均难溶于水。

铬的工业污染源主要是含铬矿石的加工、金属表面的处理、皮革鞣制、印染、照相材料等行业。

铬是生物体必需的微量元素之一。铬的毒性与其存在的状态有极大的关系。六价铬具有强烈的毒性，已确认是致癌物，并能在体内积蓄。由于六价铬有强氧化性，对皮肤相和黏膜有剧烈的腐蚀性。通常认为六价格的毒性比三价铬高 100 倍，但即使是六价铬，不同的化合物毒性也不相同。

当水中六价铬的浓度为 1mg/L 时，水呈浓黄色并有涩味。三价铬的浓度为 1mg/L 时，水的浊度明显增加。三价铬化合物对鱼的毒性比六价铬为大。铬在水体中，受 pH 值、有机物、氧化还原物质、温度以及硬度等条件的影响，三价铬与六价铬化合物在水体中可相互转化。铬混入下水道，则使最终处理场的活性污泥或生物滤池机能下降。由于铬的污染源很多，而且毒性较强，所以是一项重要的水质污染控制指标。

天然水中一般不含铬；海水中铬的平均浓度为 $0.05\mu g/L$；美国饮用水中六价骼的浓度为 $3\sim40\mu g/L$，平均值为 $3.2\mu g/L$；饮用水中三价铬含量更低。

水中铬的测定方法主要有分光光度法、原子吸收法、气相色谱法、中子活化分析法等。

1. 分光光度法

国外标准方法和我国的统一方法均采用二苯氨基脲（即二苯碳酰二肼，简写 DPC）作显色剂，直接显色测定水中六价铬。

测定水中总铬，是在酸性或碱性条件下，用高锰酸钾将三价铬氧化成六价，再用二苯氨基脲显色测定。除用高锰酸钾做氧化剂外，还可以用 Ce（Ⅳ）在常温下将三价铬氧化成六价铬。

2. 原子吸收光谱法

又分为直接火焰法和无火焰原子化法。如直接测定，定量范围是 $2\sim20mg/L$，Cd^{2+}、Pb^{2+}、Zn^{2+}、Fe^{3+} 有干扰。经萃取富集，直接火焰法可测至 $0.4\mu g/L$，无火焰原子化法可测至 $0.02\mu g/L$。测得的是总铬的含量，如测 Cr^{6+}，需先将 Cr^{3+} 和 Cr^{6+} 分离。

3. 发射光谱法

此方法手续繁杂且精密度差。如以电感耦合高频等离子焰炬作光源，可直接测定。

仪器分析方法各有长处，但由于受到条件限制，难于推广，因此常用的测定水中铬的方法是分光光度法和原子吸收法。

二、水样的采集与保存

由于铬易被器壁吸附，以前多采用硝酸酸化保存水样。对清洁地表水和标准的蒸馏水，如不加任何固定剂，水样较稳定，五天之内变化不大。如加酸固定，水样极不稳定，两天后回收率仅20%。对受污染的水样，加酸固定后则不易检出六价铬。这是由于在酸性条件下，水样中或多或少存在着 H_2S、SO_3^{2-} 等无机或有机的还原性物质，使 Cr^{6+} 极易被还原成 Cr^{3+}。另外，如电镀含氰废水，常加入次氯酸钠分解氰化物，过量的次氯酸钠会把 Cr^{3+} 氧化成 Cr^{6+}。所以推荐测定 Cr^{6+} 的水样，在弱碱性 pH=8 条件下保存。此时 Cr^{6+} 的氧化还原电位大大降低，可与还原剂共存而不反应。废水样品调节 pH 值为 8，置于冰箱内保存，可保存 7d，但也要尽快分析。

测定总铬的水样，如在碱性条件下保存，会形成 $Cr(OH)_3$，增加器壁吸附的可能，所以仍需加酸保存。

采集铬水样的容器，可用玻璃瓶和聚乙烯瓶。器皿在使用前必须用浓度为 6mol/L 的盐酸洗涤。内壁不光滑的器皿不能使用，防止铬被吸附和被还原。

如果只要求测溶解的金属含量，取样时用 $0.45\mu m$ 滤膜过滤。过滤后，用浓硝酸将滤液酸化至 pH 值小于 2。如测总铬，水样不经过滤，直接酸化。

三、分离与预处理技术

光度法测定六价铬的干扰如下。

1. 浊度的干扰

水样浊度大，会干扰比色测定。可用除不加显色剂外的水样作参比测定。

2. 悬浮物的干扰

水样中悬浮物可用滤纸或熔结玻璃漏斗过滤后，用水充分洗涤滤出物，合并滤液和洗液后测定。

3. 重金属离子的干扰

（1）Fe^{3+} 的干扰

在稀硫酸介质中，Fe^{3+} 与二苯碳酰二肼显色剂形成黄棕色络合物，一般 Fe^{3+} 含量大于 1.0mg/L 干扰测定。如有 Fe^{3+} 存在，最好在显色后 30min 内测定。因随着时间的延续 Fe^{3+} 的干扰增强。消除干扰的方法如下。

① 化学掩蔽法。加入磷酸与 Fe^{3+} 形成稳定的无色络合物，从而消除 Fe^{3+} 的干扰，同时磷酸也和其他金属离子络合，避免一些盐类析出而产生浑浊。加入磷酸后，如显色酸度过大，则吸光度显著下降。所以如 Fe^{3+} 含量高，用磷酸掩蔽能力差。也有报道在显色前加入氢氟酸，可消除 Fe^{3+} 的干扰。

$$Fe^{3+} + 6F^- \longrightarrow FeF_6^{3-}$$

加入水杨酸作掩蔽剂可掩蔽 Fe^{3+}、Al^{3+} 和 Cr^{3+} 的干扰。

用化学掩蔽法均是在酸性条件下。如水样中共存有有机、无机还原性物质，则水样中的 Cr^{6+} 易被还原成 Cr^{3+}，从而使结果偏低。

② 溶剂萃取法。在 1mol/L 硫酸酸度下，用铜铁灵-氯仿（或乙醚、乙酸乙酯）萃取水样，可去除铜、铁、铝、钒的干扰。这些金属离子的铜铁灵盐经萃取转移至有机相被弃去，残留的铜铁灵用酸消解，以破坏有机物，再经氧化测铬。此方法仅能用于测定总铬时消除金属离子的干扰，手续繁杂，非必要时不用。如测六价铬，用此法去除金属离子干扰，则需在萃取前先将 Cr^{3+} 分离掉。

另外，用三辛胺萃取水样，其中 Fe^{3+} 含量少于 $500\mu g$ 不被萃取可和 Cr^{6+} 分离。

（2）V^{5+} 的干扰

用二苯碳酸二肼直接显色测定 Cr^{6+} 时，V^{5+} 与显色剂生成黄棕色络合物而干扰测定。V^{5+} 大于 $4mg/L$（Cr^{6+} 含量为 $0.1mg/L$）即干扰测定。但显色后 $15min$，色度自行褪去。因此可在显色后 $15min$ 再测定吸光值。

（3）Hg_2^{2+}、Hg^{2+} 的干扰

Hg_2^{2+}、Hg^{2+} 也与显色剂反应生成蓝紫色络合物，但在反应酸度下此反应不灵敏。Hg^{2+} 含量为 $40mg/L$（Cr^{6+} 含量为 $0.2mg/L$）未见干扰。当其大量存在时，可加入少量盐酸，形成 $HgCl_2$ 或络离子 $HgCl_4^{2-}$ 而消除干扰。

（4）Mo^{6+} 的干扰

Mo^{6+} 与显色剂形成紫红色络合物，在测定铬的反应酸度下，此反应不灵敏。超过 $40mg/L$ 时，可加入草酸或草酸铵掩蔽。

（5）其他金属离子

Cu^{2+} $200mg/L$、Al^{3+} $800mg/L$、Co^{2+} $200mg/L$、Ni^{2+} $200mg/L$、Pb $16mg/L$ 不干扰测定。

4. 氯和活性氯的干扰

氯化物的存在可使显色剂与 Fe^{3+} 形成的络合物颜色变深。活性氯的存在，使 Cr^{6+} 被氧化可加入亚硝酸钠和尿素消除干扰。

5. 有机及无机还原性物质的干扰

还原性物质的存在，在酸性条件下，使 Cr^{6+} 还原成 Cr^{3+} 去除干扰的方法有如下几种。

① 当水样中含铬量为 $0.4\times10^{-6}mol/L$ 时，可调节溶液 pH 为 8，加入 $4mL$ 2% DPC-丙酮溶液，放置 $5min$，再酸化显色。这样可去除 S^{2-} $8\times10^{-6}mol/L$、SO_3^{2-} $4\times10^{-6}mol/L$、$S_2O_3^{2-}$ $4\times10^{-6}mol/L$、NO_2^- $8\times10^{-6}mol/L$、$C_2O_4^{2-}$ $80\times10^{-6}mol/L$、羟胺 $80\times10^{-6}mol/L$ 的干扰。

② 水样经沉淀分离掉 Cr^{3+} 后，用高锰酸钾氧化，以去除还原性物质的干扰。

③ 先加入过硫酸铵氧化还原性物质后再测定。

④ NO_2^- 存在可加入 $1\sim3$ 滴叠氮化钠溶液去除，也可用尿素分解。

6. 其他干扰

高锰酸盐干扰测定，可预先用叠氮化钠除去。

Cl^-、Br^-、CNS^-、PO_4^{3-}、HPO_2^-、SO_4^{2-}、NO_3^-、HCO_3^-、$B_4O_7^{2-}$、I^-、甲酸钠等不干扰测定。

酒石酸不干扰测定，若同时有微量铁（$5\mu g$）存在时，显色络合物颜色明显褪去。因为铁起催化作用，使酒石酸还原 Cr^{6+}。

四、二苯碳酰二肼分光光度法测定六价铬

1. 方法原理

显色机理说法不一，有资料报道认为机理如下。

① 六价铬将显色剂二苯碳酰二肼氧化成苯肼羧基偶氮苯，而其本身被还原成三价铬。

$$O \begin{array}{c} NH-NH-C_6H_5 \\ \\ NH-NH-C_6H_5 \end{array} \xrightarrow{\ Cr^{6+}\ } O \begin{array}{c} NH-NH-C_6H_5 \\ \\ N=N-C_6H_5 \end{array}$$

② 苯肼羧基偶氮苯与 Cr^{3+} 形成紫红色化合物。此反应的摩尔比是 3∶2（Cr∶DPC），生成的紫红色化合物在 540nm 波长处有最大吸收，反应的摩尔吸光系数为 $4×10^4$。方法的最小检出量为 $0.2\mu g$。如取 50mL 水样，使用 30mm 光程的比色皿，方法的最低检出浓度为 0.004mg/L。使用 10mm 比色皿，测定上限浓度为 1.0mg/L。

2. 显色剂的配制

据资料报道，显色剂的配制有以下三种。

① 0.5%DPC-丙酮溶液 DPC 在丙酮中比在乙醇中更稳定，且溶解度大。

② 0.2%DPC-乙醇溶液称取 0.2g DPC，溶解于 100mL 无水乙醇中加入（1+9）硫酸 400mL 溶解。测定时可直接加入显色剂，不必再加酸。

③ 配制显色剂时加入苯二甲酸酐称取 4g 苯二甲酸酐溶于 100mL 无水乙醇中（水浴微温），待完全溶解后，加入 0.2g DPC，搅拌至全溶。加入苯二甲酸酐的目的是提高显色剂的酸度，在弱氧化性物质存在下，DPC 可不被氧化，此显色剂置于暗处，可保存 30～40d。

如显色剂放置时间过长，变成橙红色，则已失效，不可再用。

3. 显色条件

显色酸度高，显色快，但色泽不稳定；酸度低，显色慢。适宜酸度为 0.12～0.24mol/L （$1/2H_2SO_4$），以 0.2mol/L 为佳。如大于 0.3mol/L，显色后很快褪色控制显色酸度多用硫酸，因在盐酸介质中，显色剂更易与 Fe^{3+} 形成黄棕色络合物，使 Fe^{3+} 的干扰更为严重。如用磷酸介质，加入 1.5mL（1+1） H_3PO_4 显色，显色时间延长，但可掩蔽 50mg/L Fe^{3+} 的干扰。

因二苯碳酰二肼与 Cr^{6+} 形成的紫红色化合物，其反应摩尔比为 3∶2，所以当显色剂用量不够时，Cr^{6+} 会进一步氧化二苯碳酰二肼而生成二苯卡巴肼，此时溶液无色。一般控制在 1mol 的 Cr^{6+} 加入 1.5～2.0mol DPC。

有色络合物稳定时间和显色酸度及 Cr^{6+} 浓度有关。Cr^{6+} 浓度低，显色后稳定时间短。在正常酸度范围内，有色络合物可稳定 10min 至几小时。加入显色剂后要立即摇匀，防止 Cr^{6+} 对显色剂的进一步氧化，使测定值偏低。

4. 操作注意事项

（1）为使方法的测定范围宽，可配制两种浓度的铬标准使用液（$1.00\mu g/mL$ 和 $5.00\mu g/mL$）。如取 50.0mL 水样，两者定量范围分别为 0.004～0.3mg/L 和 0.02～1.0mg/L。当 Cr^{6+} 计含量低于 0.1mg/L，结果以二位有效数字表示；Cr^{6+} 含量高于 0.1mg/L，结果以三位有效数字表示。

（2）二苯碳酰二肼显色剂的结晶应为无色，它在空气中放置，即被氧化，出现粉红色以至棕黄色。购置的试剂一般均有颜色，所以要做空白试验。如试剂颜色过深，则空白试验值高。故显色剂应避光保存，不宜久贮。

五、分光光度法测定总铬

为测定总铬，需将水样中的三价铬氧化成六价后，用二苯碳酰二肼分光光度法测定。只有强氧化剂如过硫酸铵、高锰酸钾等才能将 Cr^{3+} 氧化为 Cr^{6+}。

根据氧化条件不同，可分为酸性高锰酸钾法和碱性高锰酸钾法。碱性高锰酸钾法操作手续繁。水样中如含悬浮物用碱性高锰酸钾法氧化后，经过滤可除去。Fe^{3+} 在碱性条件下形成氢氧化铁沉淀，与二氧化锰同时过滤除去，以消除少量 Fe^{3+} 的干扰。

1. 酸性高锰酸钾法

（1）原理

在酸性条件下，用高锰酸钾将三价铬氧化成六价，过量的高锰酸钾用亚硝酸钠还原，而过量亚硝酸钠又被尿素分解。其反应方程式如下：

$$5Cr_2(SO_4)_3 + 6KMnO_4 + 16H_2O \longrightarrow 10H_2CrO_4 + 6MnSO_4 + 3K_2SO_4 + 6H_2SO_4$$
$$2HMnO_4 + 5NaNO_2 + 2H_2SO_4 \longrightarrow 2MnSO_4 + 5NaNO_3 + 3H_2O$$
$$2NaNO_2 + CO(NH_2)_2 + H_2SO_4 \longrightarrow Na_2SO_4 + 3H_2O + CO_2 \uparrow + 2N_2 \uparrow$$

（2）氧化条件

酸度在 0.5mol/L 以下即可，但如高于 0.2mol/L，吸光值有所下降，所以控制在 0.2mol/L 为佳，氧化煮沸时间，一般为 5~10min。

（3）过量氧化剂的消除

前已述及，用亚硝酸钠还原过的氧化剂高锰酸钾，也可用叠氮化钠（NaN_2）作还原剂，但应注意叠氮化钠是易爆试剂。

为防止亚硝酸钠还原六价铬，应在溶液中先加入尿素。当亚硝酸钠还原高锰酸钾后，过量的亚硝酸钠即与尿素反应。加入亚硝酸钠的量必须控制，加入时要边加边充分摇匀。

2. 碱性高锰酸钾法

（1）原理

在碱性条件下，用高锰酸钾氧化六价铬，过量的高锰酸钾用乙醇除去。

$$Cr(SO_4)_3 + 2KMnO_4 + 8NaOH \longrightarrow 2Na_2CrO_4 + 2MnO_2 \downarrow + 2Na_2SO_4 + K_2SO_4 + 4H_2O$$
$$4KMnO_4 + 4KOH \longrightarrow 4K_2MnO_4 + 2H_2O + O_2 \uparrow$$
$$K_2MnO_4 + C_2H_5OH \longrightarrow MnO_2 \downarrow + CH_3CHO + K_2O + H_2O$$

（2）操作注意事项

① 加入高锰酸钾的量，应使溶液在煮沸过程中保持紫红色为最好。如高锰酸钾加入量过多，用乙醇还原时，可生成大量的 MnO_2 沉淀，此时过滤较慢，另外沉淀可能吸附少量的六价铬，使结果偏低。

② 加入乙醇还原剩余的高锰酸钾时，要待锥形瓶稍冷后沿瓶壁加入，以防爆沸。还原后再煮沸，以除去过量的乙醇。

③ 由于氧化过程中形成 MnO_2 沉淀，可吸附少量六价铬。必须用热水反复洗涤沉淀 4~5 次，使六价铬尽量洗下来。但同时注意溶液总体积不得超过 50mL。

④ 为便于过滤，使 MnO_2 沉淀颗粒大，可加入少量 MgO。但 MgO 加入量要一致且不可多加，因为 MgO 也会吸附六价铬。

⑤ 当水样中含有大量的碱土金属，在碱性条件下，产生大量沉淀，可能吸附六价铬而使结果偏低。故在此情况下，最好采用酸性高锰酸钾法。

◁ 任务实施 📚

我国现行的水质铬的测定相关标准见表 2-32。

表 2-32　水质中常规指标铬的测定相关标准

序号	标准号	标准名称
1	HJ 757—2015	水质　铬的测定　火焰原子吸收分光光度法
2	HJ 908—2017	水质　六价铬的测定　流动注射-二苯碳酰二肼光度法
3	HJ 798—2016	总铬水质自动在线监测仪技术要求及检测方法

以《水质　铬的测定　火焰原子吸收分光光度法》（HJ 757—2015）为例，介绍手工监测铬的方法。

一、适用范围

本标准规定了测定水中铬的火焰原子吸收分光光度法。

本标准适用于水和废水中高浓度可溶性铬和总铬的测定。

当取样体积与试样制备后定容体积相同时，本方法测定铬的检出限为 0.03mg/L，测定下限为 0.12mg/L。

二、方法原理

试样经过滤或消解后喷入富燃性空气-乙炔火焰，在高温火焰中形成的铬基态原子对铬空心阴极灯或连续光源发射的 357.9nm 特征谱线产生选择性吸收，在一定条件下，其吸光度值与铬的质量浓度成正比。

三、干扰和消除

① 1mg/L 的 Fe 和 Ni、2mg/L 的 Co、5mg/L 的 Mg、20mg/L 的 Al、100mg/L 的 Ca 对铬的测定有负干扰，加入氯化铵可以消除上述金属离子的干扰；20mg/L 的 Cu 和 Zn、500mg/L 的 Na 和 K 对铬的测定没有干扰，加入氯化铵对上述金属离子的测定无影响。

② 当存在的基体干扰不能用上述方法消除时，可采用标准加入法消除其干扰。

四、试剂和材料

除非另有说明，分析时均使用符合国家标准的分析纯试剂，实验用水为去离子水或同等纯度的水。

① 盐酸：$\rho(HCl)=1.19g/mL$，优级纯。

② 盐酸溶液：（1+1），用盐酸①配制。

③ 硝酸：$\rho(HNO_3)=1.42g/mL$，优级纯。

④ 硝酸：$\rho(HNO_3)=1.42g/mL$。

⑤ 硝酸溶液：（1+9），用硝酸④配制。

⑥ 过氧化氢：$w(H_2O_2)=30\%$。

⑦ 氯化铵（NH_4Cl）。

⑧ 氯化铵溶液：$\rho(NH_4Cl)=100g/L$。准确称取 10g 氯化铵⑦，用少量水溶解后

全量转移到 100mL 容量瓶中，用水定容至标线，摇匀。

　　⑨ 重铬酸钾（K_2Cr_2O）：基准试剂。

　　⑩ 铬标准贮备液：$\rho(Cr) = 1000mg/L$。准确称取预先在 120℃±2℃ 烘干 2h 并恒重的 0.2829g 重铬酸钾⑨，用少量水溶解后全量转移到 100mL 容量瓶中，加入 0.5mL 硝酸③，用水定容至标线，摇匀。室温暗处保存于聚乙烯瓶或硼硅酸盐玻璃瓶中并使 pH 值在 1～2 之间，可保存 1 年。或购买市售有证标准物质。

　　⑪ 铬标准使用液：$\rho(Cr) = 50.0mg/L$。移取 5.00mL 铬标准贮备液至 100mL 容量瓶中，加入 0.1mL 硝酸，用水稀释至标线。可保存 1 个月。

　　⑫ 燃气：乙炔，纯度≥99.6％。

　　⑬ 助燃气：空气，进入燃烧器之前应经过适当过滤以除去其中的水、油和其他杂质。

　　⑭ 滤膜：孔径为 $0.45\mu m$ 的醋酸纤维或聚乙烯滤膜。

五、仪器和设备

　　① 火焰原子吸收分光光度计及相应的辅助设备。

　　② 光源：铬空心阴极灯或具有 357.9nm 的连续光源。

　　③ 微波消解仪：微波功率为 600～1500W；温控精度能达到 ±2.5℃；配备微波消解罐。

　　④ 温控电热板：温控范围为 20～200℃。

　　⑤ 样品瓶：500mL，聚乙烯瓶或硬质玻璃瓶。

　　⑥ 一般常用实验室仪器和设备。

六、样品

1. 样品的保存

（1）可溶性铬样品

样品采集后尽快用 $0.45\mu m$ 的滤膜过滤，弃去初始的滤液。收集所需体积的滤液于样品瓶中。每 100mL 滤液中加入 1mL 硝酸，14 天内测定。

（2）总铬样品

样品采集后加入硝酸酸化至 pH≤2，14 天内测定。

2. 试样的制备

（1）可溶性铬试样

量取一定体积的水样于 50mL 容量瓶中，加入 5mL 氯化铵溶液和 3mL 盐酸溶液，用水稀释至标线。

（2）总铬试样

① 电热板消解法。量取 50.0mL 混合均匀的水样于 150mL 烧杯或锥形瓶中，加入 5mL 硝酸，置于温控电热板上，盖上表面皿或小漏斗，保持电热板温度 180℃，不沸腾加热回流 30min，移去表面皿，蒸发至溶液为 5mL 左右时停止加热。待冷却后，再加入 5mL 硝酸，盖上表面皿，继续加热回流。如果有棕色的烟生成，重复这一步骤（每次加入 5mL 硝酸），直到不再有棕色的烟生成，将溶液蒸发至 5mL 左右。待上述溶液冷却后，缓慢加入 3mL 过氧化氢，继续盖上表面皿，并保持电热板温度

95℃，加热至不再有大量气泡产生，待溶液冷却，继续加入过氧化氢，每次为1mL，直至只有细微气泡或大致外观不发生变化，移去表面皿，继续加热，直到溶液体积蒸发至约5mL。溶液冷却后，用适量水淋洗内壁至少3次，转移至50mL容量瓶中，加入5mL氯化铵溶液和3mL盐酸溶液用水稀释至标线。

② 微波消解法。样品消解参照 HJ 678 的相关方法执行，消解液转移到50mL容量瓶中，加入5mL氯化铵溶液和1mL盐酸溶液，用水稀释定容至标线。低浓度样品也可用电热板加热浓缩，转移至25mL容量瓶中，加入2.5mL氯化铵溶液和0.5mL盐酸溶液，用水稀释定容至标线。

3. 空白试样的制备

可溶性铬空白试样，用水代替样品，按照制备可溶性铬样品的步骤制备。

总铬空白试样，用水代替样品，按照制备总铬试样的步骤制备。

七、分析步骤

1. 仪器调试

依据仪器操作说明书调节仪器至最佳工作状态，参考测量条件见表2-33。

表 2-33　参考测量条件

测定波长/nm	357.9
通带宽度/nm	0.2
燃烧器高度/mm	10
火焰类型	空气-乙炔火焰，富燃还原型

注 1. 点燃空气、乙炔火焰后，应使燃烧器温度达到热平衡后方可进行测定。

2. 火焰类型和燃烧器高度对于测定铬的灵敏度有很大影响。因此，应严格控制乙炔和空气的比例，调节燃烧器高度。

2. 标准曲线的建立

分别移取0.00、0.50mL、1.00mL、2.00mL、3.00mL、4.00mL、5.00mL铬标准使用液于50mL容量瓶中，分别加入5mL氯化铵溶液和3mL盐酸溶液，用水定容至标线，摇匀。标准系列质量浓度分别为0、0.50mg/L，1.00mg/L，2.00mg/L，3.00mg/L，4.00mg/L和5.00mg/L。按照前述的测量条件，由低质量浓度到高质量浓度依次测量标准系列溶液的吸光度。

以铬的质量浓度（mg/L）为横坐标，以其对应的扣除零浓度后的吸光度为纵坐标，建立标准曲线。

3. 试样测定

按照与标准曲线相同步骤测量试样的吸光度。

4. 空白试验

按照与试样测定相同步骤测量空白试样的吸光度。

八、结果计算与表示

1. 结果计算

样品中铬的质量浓度按式（2-18）进行计算。

$$\rho=\frac{(\rho_1-\rho_0)V_1f}{V}\qquad\qquad(2\text{-}18)$$

式中　ρ——样品中可溶性铬或总铬的质量浓度，mg/L；

　　　ρ_1——由标准曲线得到的试样中可溶性铬或总铬的质量浓度，mg/L；

　　　ρ_0——由标准曲线得到的空白试样中可溶性铬或总铬的质量浓度，mg/L；

　　　V_1——试样制备后定容体积，mL；

　　　V——取样体积，mL；

　　　f——稀释倍数。

2. 结果表示

测定结果小于1mg/L时，保留小数点后两位，测量结果大于等于1mg/L时，保留三位有效数字。

课后作业

1. 二苯碳酰二肼分光光度法测定六价铬时，显色酸度高，显色快。（　　）

2. 采用二苯碳酰二肼做显色剂，直接显色测定水中六价铬。（　　）

3. 测定水中总铬，是在酸性或碱性条件下，用高锰酸钾将三价铬氧化成六价，再用二苯氨基脲显色测定。（　　）

4. 测定水中六价铬可采用二苯碳酰二肼分光光度法测定。（　　）

5. 铬的毒性与其存在的状态有极大的关系，（　　）铬具有强烈的毒性。

A. 二价　　　　　　　B. 三价　　　　　　　C. 六价　　　　　　　D. 零价

6. 碱性高锰酸钾法测总铬时，过量的高锰酸钾采用（　　）除去。

A. 乙醇　　　　　　　B. 亚硝酸钠　　　　　　C. 尿素　　　　　　　D. 草酸钠

7. 测定某化工厂的铬含量，其取样点应是（　　）。

A. 工厂总排污口　　　　　　　　　　　B. 车间排污口

C. 可随意取样　　　　　　　　　　　　D. 取样方便的地方

8. 如何分别测定水样中的六价铬和总铬？

任务二　铬指标自动监测设备及方法

任务导入

根据某市生态环境主管部门最新公布的《××××年××市重点排污单位名录》，某厂为重点排污单位，需对其废水总排放口排放废水的铬指标进行自动监测。作为第三方自动监测设备运营公司技术人员，应如何对铬指标进行自动监测？

知识链接

一、仪器原理

在封闭的管路中，将一定体积的试样注入连续流动的酸性载液中，试样与试剂在化学反应模块中按特定的顺序和比例混合，在非完全反应的条件下，试样中的六价铬与二苯碳酰二肼生成紫红色化合物，进入流动检测池，于540nm波长处测量吸光度。在一定的范围内，试样中六价铬的浓度与其对应的吸光度呈线性关系。参考工作流程见图2-33。

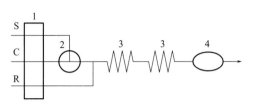

图 2-33　流动注射二苯碳酰二肼光度法测定六价铬参考工作流程图
1—蠕动泵；2—注入阀；3—反应环；4—检测池（540nm）；S—试样；
C—载液；R—显色剂；W—废液

二、仪器组成

① 预消解单元：通过具备自动计量功能的采样装置将待测样品、混合酸、过硫酸钾或高锰酸钾等试剂导入反应室内，试剂在反应室内被加热消解，消解完毕后快速冷却。

② 进样/计量单元：包括试样、试剂导入部分和试样、试剂计量部分。

③ 分析单元：具有将测定值转换成电信号输出的功能，通过控制单元，完成对样品的自动在线分析。同时还应包括针对零点和量程的校准功能。

④ 控制单元：包括系统控制硬件和软件，具有数据采集、处理、显示存储与数据输出等功能。

三、技术要求

1. 基本要求

① 仪器应在醒目处标识产品铭牌，内容应包含生产单位、生产日期、产品编号、量程范围、功率、工作环境条件等内容，应符合 GB/T 13306 的要求。

② 显示器应无污点、损伤。所有显示界面应为中文，且字符均匀、清晰，屏幕无暗角、黑斑、彩虹、气泡、闪烁等现象，能根据显示屏提示进行全程序操作，说明功能的文字、符号和标志端正。

③ 机箱外壳应由耐腐蚀材料制成，表面无裂纹、变形、污浊、毛刺等现象，表面涂层均匀，无腐蚀、生锈、脱落及磨损现象。产品组装坚固、零部件无松动。按键、开关、门锁等控制灵活可靠。

④ 仪器的电源引入线与机壳之间的绝缘电阻应符合 GB/T 15479 的要求。

⑤ 主要部件均应具有相应的标识或文字说明。

⑥ 应在仪器醒目位置标识分析流程图。

2. 功能要求

（1）预消解单元

① 经氧化反应后应能去除悬浮物、色度的影响。

② 反应室应由耐热性、耐侵蚀性的材料构成，结构应易于搅拌和清洗。

③ 具有自动加热装置和温度传感器，并可以设置样品消解的温度和时间。

④ 具有自动冷却装置。

（2）进样/计量单元

① 应由防腐蚀的材料构成，不会因试剂或实际废水的腐蚀而影响测定结果。

② 计量部分应保证试剂和实际废水样品进样的准确性，并在使用说明书中明确该仪器管路内部所能通过的悬浮物的最大粒径。

③ 具备内部管路自清洗功能，防止不同样品之间的交叉污染。

（3）分析单元

① 应由防腐蚀的材料构成，结构应易于清洗。

② 测定值输出信号应稳定。在 HJ 798—2016 规定的测定范围内，性能指标符合表 2-31 的要求。

③ 具备自动进行零点和量程校准功能，能够设置自动校准周期，以保证测量数据的准确性。

（4）控制单元

① 具备故障信息反馈功能（超量程报警、试剂余量不足报警、计量部件故障报警等）。

② 数据处理系统应具有数据和运行日志采集、存储、处理、显示和输出等功能，应能存储至少 12 个月的原始数据和运行日志，并具备二级操作管理权限，一般操作人员只可查询相应日志和仪器设置参数。

③ 应具备自动标样核查和自动校准功能，当自动标样核查不通过时进行自动校准，并将结果记入运行日志。

④ 应具备日常校准、参数变更的自动记录、保存和查询功能。

⑤ 应具备高低量程自动切换的功能，量程切换时不影响监测数据的正常显示和信号的正常输出。

⑥ 应具备对不同测试数据添加标识。人工维护：M；故障：D；校验：C；标样核查：SC。

⑦ 具有模拟量和数字量输出接口，通过数字量接口实现双向通信。

3. 安全要求

① 绝缘阻抗：电源输入端对机壳绝缘电阻≥20MΩ。

② 抗电强度：电源的相线与地的抗电强度能承受交流电压 1500V、频率 50Hz、时间为 1min 的试验，不得出现报警、击穿、飞弧等现象。

四、出厂性能要求

根据《总铬水质自动在线监测仪技术要求及检测方法》（HJ 798—2016），总铬水质自动分析仪出厂时应满足以下性能要求，如表 2-34 所示。

表 2-34　总铬水质自动在线监测仪的性能指标

项目	技术指标	试验方法
精密度	≤5%	按照（HJ 798—2016）试验条件（6.2），重复 6 次测定零点校正液（6.3.2），以指示值的平均值作为零值。在相同条件下，测定量程值的 20% 和 80% 两个不同浓度的量程校正液（6.3.4），重复测定 6 次，以各次测量值（扣除零值后）计算相对标准偏差，以相对标准偏差最大者作为精密度

项目	技术指标	试验方法
示值误差	±5%	按照（HJ 798—2016）试验条件（6.2），测定量程值的20%和80%的两个不同浓度的量程校正液（6.3.4），各测定6次，分别计算相对误差，以相对误差最大者作为示值误差
零点漂移	量程的±5%	采用（HJ 798—2016）零点校正液（6.3.2），连续测定24h。利用该时间内的初期零值（最初的3次测定值的平均值），计算最大变化幅度相对于量程值的百分率
量程漂移	量程的±5%	采用（HJ 798—2016）量程校正液（6.3.4），于零点漂移试验的前后分别测定3次，分别计算平均值。用零点漂移试验前测量平均值减去零点漂移试验后测量平均值相对于量程值的百分率
直线性	±5%	经零点校正和量程校正后，导入（HJ 798—2016）量程中间溶液（6.3.5），读取稳定后的指示值。计算该指示值与量程中间溶液浓度之差相对于量程值的百分率
检出限	≤0.01mg/L	按照HJ 168要求，在确定相同的分析条件下重复n（$n \geq 7$）次空白试验（或空白加标试验），计算n次平行测定的标准偏差S
环境温度稳定性	±10%	将仪器置于恒温室内，采用（HJ 798—2016）量程校正液（6.3.4）为检测范围上限值20%和80%的标准溶液，依次在20℃、5℃、20℃、40℃、20℃五个恒温条件下放置3小时后的测量结果。以20℃条件下三个测定值的平均值为参考值，计算5℃、40℃两种条件下第一次测定值与参考值的相对误差，取相对误差的最大值作为仪器环境温度稳定性的判定值
电压稳定性	±5%	采用（HJ 798—2016）量程校正液（6.3.4），在指示值稳定后，加上高于或低于规定电压10%的电源电压时，读取指示值。分别进行3次测定，计算各测定值与平均值之差相对于量程值的百分率，取三次计算值的最大值为电压稳定性
离子干扰	±15%	铬的工业废水主要来自电镀、制革、印染以及铬盐工业。离子干扰主要考虑三价铁、二价铁、铜、汞、钼和钒。将单一干扰离子分别加入到浓度为检测范围上限50%的铬量程校正液（HJ 798—2016）（6.3.4）中，干扰离子浓度和种类按照表2的要求。仪器连续测量3次各混合溶液，计算3次测量结果的平均值，取测量值的相对误差为该离子对仪器干扰的判定值
记忆效应	±10%	仪器连续测量3次浓度值为检测范围上限值20%的铬量程校正液（HJ 798—2016）（6.3.4）后（测试结果不作考核），再依次测量浓度值为检测范围上限值80%和20%的铬量程校正液（6.3.4）各3次，分别计算两个铬量程校正液（6.3.4）第一次测定值的相对误差，取较大的相对误差作为仪器记忆效应的判定值
标样加入实验	80%~120%	取实际水样做标样加入试验。仪器连续测量水样3次并计算测定值的平均值，同样体积水样加入标准溶液后仪器连续测量3次并计算测定值的平均值
实际水样比对试验	±15%	选择≤0.1mg/L（低浓度）、1~2mg/L（中浓度）和接近最大量程（高浓度）的水样，分别用总铬水质自动在线监测仪和依照GB 7466进行测定。对每个浓度水平的水样均应进行比对试验，每种水样用总铬水质自动在线监测仪测定次数不少于10次，用GB 7466测定次数不少于3次。计算实际水样比对试验相对误差（A）。其中实际水样比对试验的相对误差（A）应满足本表的要求
最小维护周期	≥168h	仪器以1h为周期对实际水样进行连续测量，从测量开始记时，测量过程中不对仪器进行任何形式的人工维护（包括更换试剂、校准仪器、维修仪器等），直到仪器不能保持正常测量状态或连续三次测量结果相对误差均超过10%，同时期间各台仪器的数据有效率应达到90%以上，记录总运行时间（h）为仪器的最小维护周期

笔记

113

续表

项目	技术指标	试验方法
一致性	≤10%	在最小维护周期期间，抽取三台仪器获得多组数据 $C_{i,j}$（其中 i 是仪器编号，j 是时段编号），计算第 j 时段三台仪器测试数据的相对标准偏差 CM_j，再按照（HJ 798—2016）公式（4）计算数据的一致性 CM
转化率	≥90%	将总铬标准样品、混合酸、过硫酸钾或高锰酸钾等试剂导入反应室内，试剂在反应室内被加热消解，消解完毕后快速冷却。根据测试结果计算转化率
分析时间	≤60min	以仪表开始启动运行采取样品到仪表分析出测量结果所需时间表示

任务实施

一、试剂和材料

除非另有说明，分析时均使用符合国家标准的分析纯试剂，实验用水为新制备的去离子水或蒸馏水。

① 氢氧化钠（NaOH）。

② 二苯碳酰二肼（$C_{13}H_{14}N_4O$）。

③ 硫酸锌（$ZnSO_4 \cdot 7H_2O$）。

④ 丙酮（C_3H_6O）。

⑤ 硫酸：$\rho(H_2SO_4)=1.84g/mL$，优级纯。

⑥ 磷酸：$\rho(H_3PO_4)=1.69g/mL$，优级纯。

⑦ 重铬酸钾（$K_2Cr_2O_7$）：优级纯。于 110℃烘干 2h 后，置于干燥器中冷却备用。

⑧ 氢氧化钠溶液：$\rho(NaOH)=4g/L$。

⑨ 氢氧化钠溶液：$\rho(NaOH)≈50g/L$。

⑩ 六价铬标准贮备液：$\rho=100mg/L$。准确称取 0.1415g 重铬酸钾⑦，溶于适量水中，溶解后移至 500mL 容量瓶中，用水定容至标线，摇匀。该溶液于 1～5℃密闭冷藏保存，可稳定 1 年。或直接购买市售有证标准溶液。

⑪ 六价铬标准使用液：$\rho=1.00mg/L$。分取适量六价铬标准贮备液⑩逐级稀释至 1.00mg/L。该溶液于 1～5℃密闭冷藏保存，可稳定 5d。

⑫ 显色剂。将 40mL 硫酸⑤和 40mL 磷酸⑥缓慢加入 700mL 水中，冷却待用。称取 0.40g 二苯碳酰二肼②溶于 200mL 丙酮④中，搅拌直至完全溶解，将其加入。上述硫酸-磷酸混合溶液，移至 1000mL 容量瓶中，用水定容至标线，摇匀，贮于棕色瓶中。该溶液于 1～5℃密闭冷藏保存，可稳定 1 个月，变色后不能使用。

⑬ 色度校正液。除不加显色剂二苯碳酰二肼②外，其他试剂用量和配制方法同显色剂⑫。需要时配制。

⑭ 硫酸锌溶液：$\rho(ZnSO_4 \cdot 7H_2O)≈100g/L$。

⑮ 载液：实验用水。

⑯ 氮气：纯度 99.9%。

⑰ 氩气：纯度≥99.9%。

⑱ 水系微孔滤膜：孔径 0.45μm。

二、仪器和设备

① 流动注射仪：包括自动进样器、化学反应模块（注入阀、反应通道及流通检测池）、蠕动泵及数据处理系统。

② 分析天平：感量为 0.0001g。

③ 超声波清洗器：超声频率 40kHz，超声功率 500W。

④ 注射器：20mL。

⑤ 微孔滤膜过滤器：装有 0.45μm 水系微孔滤膜⑱。

⑥ 一般实验室常用仪器和设备。

三、样品

1. 样品采集和保存

采集样品的体积不得少于 250mL。样品采集后，加入适量的氢氧化钠溶液⑧，调节样品 pH 值至 8~9，并在采集后 24h 内测定。

2. 试样的制备

① 对于不含悬浮物、无色的样品可直接测定。

② 对于含悬浮物、有色的样品，采用锌盐沉淀分离法预处理。取 50.0mL 样品于 150mL 烧杯中，加入 0.1mL 硫酸锌溶液⑭后摇匀，再加 0.05mL 氢氧化钠溶液⑨，摇匀后静置。待样品产生的絮状沉淀沉降后，用微孔滤膜过滤器⑤过滤，弃去初滤液，收集后续滤液置于样品管中待测。若无沉淀可适当增加硫酸锌和氢氧化钠溶液的加入量（体积比为 2:1）。

【注意】 如滤液有色，应保留足够试样供色度校正使用。

3. 空白试样的制备

取实验用水代替样品，按照与试样的制备相同的步骤进行实验室空白试样的制备。

四、分析步骤

1. 仪器调试

实验用水、载液和显色剂等均须脱气后上机。可采用氩气⑯或氩气⑰吹扫脱气，也可将试剂瓶置于超声波清洗器③中超声 20~30min 脱气。按仪器说明书安装分析系统、设定工作参数、操作仪器。开机后，先用实验用水代替显色剂⑫，检查整个分析流路的密闭性及液体流动的顺畅性，待基线稳定后，将实验用水更换为显色剂⑫，待基线再次稳定后，进行后继操作。

2. 校准

分别移取适量六价铬标准使用液至 100mL 容量瓶中，用水定容至标线，摇匀，配制标准系列溶液，六价铬浓度分别为：0、0.005mg/L、0.010mg/L、0.050mg/L、0.200mg/L、0.400mg/L、0.600mg/L。量取适量标准系列溶液，分别置于样品管中，按设定的仪器条件从低浓度至高浓度依次进行测定，得到不同浓度六价铬的吸光度（峰面积）。以各标准系列溶液中六价铬的质量浓度（mg/L）为横坐标，以其对应的吸光度（峰面积）为纵坐标，建立校准曲线。

3. 试样测定

① 按照与建立校准曲线相同的测定条件，进行试样的测定。如果试样浓度高于校准曲线最高点，应对试样进行稀释。

② 试样经上述预处理方式预处理后仍有色度时，需进行色度校正。用色度校正液⑬替换显色剂⑫，待基线平稳后测定试样。

4. 空白试验

按照与试样测定相同的步骤进行实验室空白试样的测定。

五、结果计算与表示

1. 结果计算

样品中六价铬的质量浓度（mg/L），按式（2-19）进行计算。

$$\rho = (\rho_1 - \rho_0)D \tag{2-19}$$

式中　ρ——样品中六价铬的质量浓度，mg/L；

　　ρ_1——由校准曲线得到的试样中六价铬的质量浓度，mg/L；

　　ρ_0——色度校正时，由校准曲线得到的试样色度相当于六价铬的质量浓度，不进行色度校正时，取值为0；

　　D——试样的稀释倍数。

2. 结果表示

当测定结果小于1.00mg/L时，保留小数点后三位；当测定结果大于等于1.00mg/L时，保留三位有效数字。

＜ 课后作业

1. 以下（　　）不是流动注射六价铬分析仪的特点。
A. 分析速度快　　　　　B. 进样量小
C. 精密度不高　　　　　D. 载流液可以循环利用，降低了二次污染。
2. 简述流动注射-二苯碳酰二肼光度法测定六价铬工作原理。
3. 简述流动注射-二苯碳酰二肼光度法测定六价铬的仪器组成。

项目 ➕

镉

本项目重点介绍水污染自动监测常规指标镉的定义、手工监测方法、自动监测方法和运营维护等。

🌐 项目学习目标

知识目标 掌握水质镉的测定原理和意义。

能力目标 能够掌握火焰原子吸收分光光度法测水样中镉的操作技术。掌握采用双硫腙分光光度法测定镉的操作，掌握仪器原理与操作、新工艺、新方法，能够开展镉自动监测仪的运营维护。

素质目标 培养爱岗敬业、诚实守信的水污染自动监测运营职业道德；培养科学严谨、精益求精的生态环保工匠精神；培养团结协作、顾全大局的团队精神。

📚 项目实施

该项目共有两个任务。通过该项目的学习，达到操作磷酸盐手工监测和运行维护自动监测仪器的目的。

任务一　认知镉指标及其手工监测方法

‹ 任务导入

某监测站需要对某河流某断面的镉指标进行监测，作为检测人员，应依据什么标准、采用什么方法进行测定？

‹ 知识链接 ◎⇥

一、镉的概述

镉是人体非必需元素，在自然界中常以化合物状态存在，一般含量很低，正常环境状态下，不会影响人体健康。在自然界中镉常与锌、铅共生。当环境受到镉污染后，镉可在生物体内富集，通过食物链进入人体引起慢性中毒。镉被人体吸收后，在体内形成镉硫蛋白，选择性地蓄积于肝、肾中。其中，肾脏可吸收进入人体内近 1/3 的镉，是镉中毒的"靶器官"。其他脏器如脾、胰、甲状腺和毛发等也有一定量的蓄积。由于镉损伤肾小管，病者出现糖尿、蛋白尿和氨基酸尿。特别具使骨骼的代谢受阻，造成骨质疏松、萎缩、变形等一系列症状。

二、双硫腙分光光度法测定水质中镉的适用范围

1. 样品类型
本标准适用于测定天然水和废水中微量镉。

2. 范围
本方法适用于测定镉的浓度范围在 $1\sim50\mu g/L$ 之间，镉的浓度高于 $50\mu g/L$ 时，可对样品作适当稀释后再进行测定。

3. 检出限
当使用光程长为 20mm 比色皿，试样体积为 100mL 时，检出限为 $1\mu g/L$。

4. 灵敏度
本方法用氯仿萃取，在最大吸光波长 518nm 测量时，其摩尔吸光系数为 $8.56\times10^4 L/mol\cdot cm$。

三、原理

在强碱性溶液中，镉离子与双硫腙生成红色络合物，用氯仿萃取后，于 518nm 波长处进行分光光度测定，从而求出镉的含量。

任务实施

我国现行的水质中常规指标镉的测定相关标准见表 2-35。

表 2-35　水质中常规指标镉的测定相关标准

序号	标准号	标准名称
1	GB 7471—87	水质　镉的测定　双硫腙分光光度法
2	GB 7475—87	水质　铜、锌、铅、镉的测定　原子吸收分光光度法
3	HJ 763—2015	镉水质自动在线监测仪技术要求及检测方法

以《水质　镉的测定　双硫腙分光光度法》（GB 7471—87）为例，介绍手工监测常规指标镉的方法。

一、试剂

本标准所用试剂除另有说明外，均为分析纯试剂。试验中均应用不含镉的水或同等纯度的去离子水配制所有的试液和溶液。无镉水，用全玻璃蒸馏器对一般蒸馏水进行重蒸馏。

① 硝酸（HNO_3）：$\rho = 1.4g/mL$。

a. 硝酸：2%（V/V）溶液。取 20mL 硝酸用水稀释到 1000mL。

b. 硝酸：0.2%（V/V）溶液。取 2mL 硝酸用水稀释到 1000mL。

② 盐酸（HCl）：$\rho = 1.18g/mL$。

a. 盐酸：6mol/L 溶液。取 500mL 盐酸用水稀释到 1000mL。

③ 氨水（$NH_3 \cdot H_2O$）：$\rho = 0.90g/mL$。

氨水：（1+100）溶液。取 10mL 氨水用水稀释到 1000mL。

④ 高氯酸（$HClO_4$）：$\rho = 1.75g/mL$。

⑤ 氯仿（$CHCl_3$）。

⑥ 氢氧化钠（NaOH）：6mol/L 溶液。溶解 240g 氢氧化钠于煮沸放冷的水中并稀释到 1000mL。

⑦ 盐酸羟胺：20%（m/V）溶液。称取 20g 盐酸羟胺（$NH_2OH \cdot HCl$）溶于水中并稀释至 100mL。

⑧ 40%氢氧化钠-1%氰化钾溶液。称取 400g 氢氧化钠和 10g 氰化钾（KCN）溶于水中并稀释至 1000mL，贮存于聚乙烯瓶中。

【注意】 此溶液剧毒，因氰化钾是剧毒药品，因此称量和配制溶液时要特别小心，取时要戴橡胶手套，避免沾污皮肤。禁止用嘴通过移液管来吸取氰化钾溶液。

⑨ 40%氢氧化钠-0.05%氰化钾溶液。称取 400g 氢氧化钠和 0.5g 氰化钾溶于水中并稀释至 1L，贮存于聚乙烯瓶中。

⑩ 双硫腙：0.2%（m/V）氯仿贮备液。称取 0.5g 双硫腙（$C_{13}H_{12}N_4S$）溶于 250mL 氯仿中，贮于棕色瓶中，放置在冰箱内。如双硫腙试剂不纯，可用下述步骤提纯：称取 0.5g 双硫腙溶于 100mL 氯仿中，滤去不溶物，滤液置分液漏斗中，每次用 20mL 氨水（1+100 溶液）提取五次，此时双硫腙进入水层，合并水层，然后用盐酸（6mol/L 溶液）中和，再用 250mL 氯仿分三次提取，合并氯仿层，将此双硫腙氯仿溶液放入棕色瓶中，保存于冰箱内备用。

⑪ 双硫腙：0.01%（m/V）氯仿溶液。临用前将双硫腙溶液用氯仿稀释 20 倍。

⑫ 双硫腙 0.002%氯仿溶液。临用前将双硫腙氯仿溶液用氯仿稀释约 5 倍，稀释后溶液的透光率为 40%±1%（用 10mm 比色皿，在波长 518nm 处以氯仿调零测量）。

⑬ 酒石酸钾钠：50%（m/V）溶液。称取 100g 四水酒石酸钾钠（$C_4H_4O_6KNa \cdot 4H_2O$）溶于水中，稀释至 200mL。

⑭ 酒石酸：2%（m/V）溶液。称取 20g 酒石酸（$C_4H_6O_6$）溶于水中，稀释至 1L，贮于冰箱内。

⑮ 镉标准贮备溶液。称取 0.1000g 金属镉（Cd，99.9%）于 100mL 烧杯中，加 10mL 盐酸（6mol/L 溶液）及 0.5mL 硝酸，温热至完全溶解，定量移入 1000mL 容量瓶中，用水稀释至标线，此溶液每毫升含 100μg 镉，贮存在聚乙烯瓶中。

⑯ 镉标准溶液：吸取 5.00mL 镉标准贮备溶液放入 500mL 容量瓶中，加入 5mL 盐酸，再用水稀释至标线，摇匀，贮存于聚乙烯瓶中，此溶液每毫升含 1.00μg 镉。

⑰ 百里酚蓝：0.1%（m/V）溶液。溶解 0.10g 百里酚蓝于 100mL 乙醇中。

二、仪器

所用玻璃器皿，包括取样瓶，在使用前应先用盐酸溶液（6mol/L 溶液）浸泡，然后用自来水和去离子水彻底冲洗洁净。

　　① 分光光度计：具 10mm 和 30mm 光程氏色皿。

　　② 分液漏斗：125mL 和 250mL，最好带聚氟乙烯活塞。

三、采样和样品

1. 实验室样品

　　按照国家标准规定，根据待测水的类型提出的要求进行采样，采用聚乙烯瓶贮存样品。在使用前应先用硝酸溶液［2%（V/V）溶液］浸泡 4h，然后用去离子水冲洗干净。水样采集后，每 1000mL 水样中立即加入 2.0mL 硝酸加以酸化（pH 约为1.5）。

2. 试样

　　除非证明水样的消化处理是不必要的（例如不含悬浮物的地下水、清洁地面水可直接进行测定），否则要按下述两种情况对水样进行预处理：

　　① 比较浑浊的地面水，每 100mL 水样加入 1mL 硝酸，置于电热板上微沸消解10min，冷却后用快速滤纸过滤，滤纸用硝酸［0.2%（V/V）溶液］洗涤数次，然后用硝酸［0.2%（V/V）溶液］稀释到一定体积，供测定用。

　　② 含悬浮物和有机质较多的地面水或废水，每 100mL 水样加入 5mL 硝酸，在电热板上加热，消解到 10mL 左右，稍冷却，再加入 5mL 硝酸和 2mL 高氯酸后，继续加热消解，蒸至近干。冷却后用硝酸［0.2%（V/V）溶液］（温热）溶解残渣，冷却后，用快速滤纸过滤，滤纸用硝酸［0.2%（V/V）溶液］洗涤数次，滤液用硝酸［0.2%（V/V）溶液］稀释定容，供测定用。

　　每分析一批试样要平行做两个空白试验。

3. 试份

　　吸取含 1～10μg 镉的适量试样放入 250mL 分液漏斗中，用水补充至 100mL，加入 3 滴百里酚蓝乙醇溶液，用氢氧化钠溶液或盐酸（6mol/L 溶液）调节到刚好出现稳定的黄色，此时溶被的 pH 值为 2.8，备作测定用。

四、步骤

1. 测定

（1）显色萃取

　　① 向试份中加入 1mL 酒石酸钾钠溶液、5mL 氢氧化钠-氰化钾溶液及 1mL 盐酸羟胺溶液，每加入一种试剂后均需摇匀，特别是加入酒石酸钾钠溶液后须充分摇匀。

　　② 加入 15mL 双硫腙氯仿溶液，振摇 1min，此步骤应迅速进行操作。

　　③ 打开分液湿斗塞子放气（不要通过转动下面的活塞放气）。将氯仿层放入第二套已盛有 25mL 冷酒石酸溶液的 125mL 分液漏斗内，再用 10mL 氯仿洗涤第一套分液漏斗，摇动 1min 后，将氯仿层再放入第二套分液漏斗中，注意勿使水溶液进入第二套分液漏斗中。加入双硫腙以后，要立即进行以上两次萃取（双疏除镉和被氯仿饱和的强碱长时间接触后会分解）。摇动第二套分液漏斗 2min，然后弃去氯仿层。

　　④ 加入 5mL 氯仿于第二套分液漏斗中，摇动 1min，弃去氯仿层，分离越仔细越好。按次序加入 0.25mL 盐酸羟胺溶液和 15.0mL 双硫腙氯仿溶液及 5mL 氢氧化钠-

氰化钾溶液，立即摇动 1min，待分层后，将氯仿层通过一小团洁净脱脂棉滤入 30mm 比色皿中。

（2）吸光度的测量

立即在 518nm 的最大吸收波长处，以氯仿为参比测量氯仿层吸光度（注意第一次采用本方法时，应检验最大吸光度波长，以后的测定中均使用此波长）。由测量所得吸光度扣除空白试验吸光度值后，从校准曲线上查出镉量，然后按式（2-20）计算样品中的镉的含量。

2. 空白试验

按试份和测定的方法进行处理，但用 100mL 蒸馏水代替试份。

3. 校准

① 制备一组校准溶液：向一系列 250mL 分液漏斗中分别加入镉标准溶液 0、0.25mL、0.50mL、1.00mL、3.00mL、5.00mL，各加入适量蒸馏水以补充到 100mL，加入 3 滴百里酚蓝溶液，用氢氧化钠溶液调节到刚好出现稳定的黄色，此时溶液 pH 值为 2.8。

② 显色萃取：按显色萃取步骤进行操作。

③ 吸光度的测量：按前述步骤进行操作。

④ 校准曲线的绘制：从上一步中测得的吸光度扣除试剂空白（零浓度）的吸光度后，绘制 30mm 比色皿光程的吸光度对镉量的曲线。这条校准线应为通过原点的直线。

⑤ 定期检查校准曲线，特别在每次使用一批新试剂时要检查。

五、结果的表示

1. 计算方法

样品中镉的浓度 ρ（mg/L）由式（2-20）计算：

$$\rho = \frac{m}{V} \tag{2-20}$$

式中　m——从校准曲线上求得镉量，μg，

$\quad\quad$ V——用于测定的水样体积，mL。

结果以两位有效数字表示。

2. 精密度和准确度

三个实验室分析含镉 0.020mg/L 的统一分发的标准溶液，实验室内相对标准偏差 1.6%，实验室总相对标准偏差为 1.4 %，相对误差为 1.5%。

课后作业

1.（判断题）在《污水综合排放标准》中，总汞、总镉、总铬、六价铬、总镍、总氰化物、苯胺类都是第一类污染物。（　　　）

2. 简述双硫腙分光光度法测定水质中镉的原理。

3. 当环境受到镉污染后，镉可在生物体内富集，通过食物链进入人体引起慢性中毒。（　　　）

任务二　镉指标自动监测设备及方法

任务导入

根据某市生态环境主管部门最新公布的《××××年××市重点排污单位名录》，某厂为重点排污单位，需对其废水总排放口排放废水的镉指标等进行自动监测。镉指标自动监测应如何进行？

知识链接

一、仪器组成

仪器的基本组成如图 2-34 所示，主要包含以下单元。

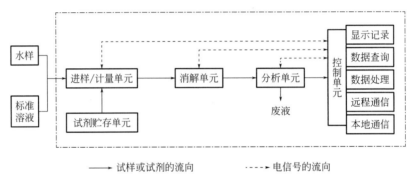

图 2-34　仪器的基本组成单元

① 进样/计量单元：包括水样、标准溶液、试剂等导入部分（含水样通道和标准溶液通道）和计量部分。

② 消解单元：将水样中镉单质及其化合物转化为镉离子的部分。

③ 分析单元：由反应模块和检测模块组成，通过控制单元完成对待测物质的自动在线分析，并将测定值转换成电信号输出的部分。

④ 控制单元：包括系统控制的硬件和软件，实现进样、消解、排液等操作的部分。

二、技术要求

1.基本要求

① 仪器在醒目处应标识产品铭牌，内容应包含生产单位、生产日期、产品编号、量程范围、功率、工作环境条件等内容，符合 GB/T 13306 的要求。

② 显示器应无污点、损伤。所有显示界面应为中文，且字符均匀、清晰，屏幕无暗角、黑斑、彩虹、气泡、闪烁等现象，能根据显示屏提示进行全程序操作。

③ 机箱外壳应由耐腐蚀材料制成，表面无裂纹、变形、污浊、毛刺等现象，表面涂层均匀，无腐蚀、生锈、脱落及磨损现象。

④ 产品组装应坚固、零部件无松动，按键、开关、门锁等部件灵活可靠。

⑤ 主要部件均应具有相应的标识或文字说明。

⑥ 应在仪器醒目位置标识分析流程图。

⑦ 仪器外壳应满足 GB 4208 规定的 IP52 防护等级的要求。

2. 性能要求

（1）进样/计量单元

① 应由防腐蚀和吸附性较低的材料构成，不会因试剂或待测物质的腐蚀或吸附而影响测定结果。

② 计量部分应保证水样、标准溶液、试剂等进样的准确性。

（2）消解单元

① 应采用高温、高压、紫外等消解方式，能够将水样中镉单质及其化合物全部转化为镉离子。

② 应采用防腐蚀耐高温材料，且易于清洗。

③ 应具有自动加热装置和温度传感器，可以设置消解时间和温度。

④ 应具有冷却装置和安全防护装置，可保持恒温或恒压。

（3）分析单元

① 反应模块应由防腐蚀的材料构成，且易于清洗。

② 检测模块的输出信号应稳定。

（4）控制单元

① 应具有异常信息（超量程报警、缺试剂报警、部件故障报警、超标报警等）反馈功能，宜采用声光电等方式报警。

② 应具有对进样/计量、消解和分析等单元的自动清洗功能。

③ 在意外断电再度通电后应能自动排出断电前正在测定的待测物质和试剂，自动清洗各通道并复位到重新开始测定的状态。若在断电前处于加热消解状态，再度通电后能自动冷却，并复位到重新开始测定的状态。

④ 数据处理系统应具有数据和运行日志采集、存储、处理、显示和输出等功能，应能存储至少 12 个月的原始数据和运行日志，并具备二级操作管理权限，一般操作人员只可查询相应日志和仪器设置参数。

⑤ 仪器数据单位为 mg/L 或 μg/L，并具有 mg/L 和 μg/L 单位相互转换功能。

⑥ 应具备自动标样核查和自动校准功能，当自动标样核查不通过时进行自动校准，并将结果记入运行日志。

⑦ 应具备日常校准、参数变更的自动记录、保存和查询功能。

⑧ 应具备高低量程自动切换的功能，量程切换时不影响监测数据的正常显示和信号的正常输出。Ⅰ型仪器低量程为 0.001～0.02mg/L，高量程为 0.02～0.1mg/L；Ⅱ型仪器低量程为 0.02～0.2mg/L，高量程为 0.2～1mg/L。

⑨ 应具备对不同测试数据添加标识，如人工维护：M；故障：D；校验：C；标样核查：SC。

⑩ 控制单元实现以上功能时均应提供通信协议，且满足 HJ/T 212 的要求。

⑪ 应具有数字量通信接口，通过数字量通信接口输出相关数据及运行日志，并可接收远程控制指令。

3. 安全要求

① 电源引入线与机壳之间的绝缘电阻应不小于 20MΩ。

笔记

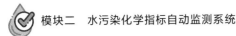

② 应设有漏电保护装置和过载保护装置，防止人身触电和仪器意外烧毁。

③ 应具有良好的接地端口。

④ 高温、高压、腐蚀、有毒和有害等危险部位应具有警示标识。

4. 性能指标（表 2-36）

Ⅰ型仪器最小维护周期应不小于 168h，Ⅱ型仪器最小维护周期应不小于 168h，期间Ⅰ型和Ⅱ型仪器所得数据有效率应不小于 90%。

表 2-36　镉水质自动在线监测仪的性能指标

性能指标	Ⅰ型	Ⅱ型
示值误差	±10%	±5%
定量下限	≤0.001mg/L	≤0.02mg/L
精密度	≤5%	≤5%
零点漂移	±5%	±5%
量程漂移	±10%	±10%
电压稳定性	±5%	±5%
环境温度稳定性	±10%	±10%
离子干扰	±30%	±30%
记忆效应	±10%	±10%
标样加入试验	80%~120%	75%~125%
实际水样比对检测	实际水样浓度≤0.005mg/L 时，绝对误差应在±0.001mg/L 以内；实际水样浓度>0.005mg/L 时，比对检测相对误差≤15%	≤15%
数据有效率	≥90%	≥90%
一致性	≤10%	≤10%
最小维护周期	≥168h	≥168h

◁ 任务实施

使用镉在线分析仪对相同的样品进行分析，以手工分析结果为真值计算镉在线分析仪的相对误差，若相对误差小于 10%，则认为在线分析仪的结果准确。

请同学们设计相关比对表格。

◁ 课后作业

1. 当总铜、总锌、总镉和总铅分析仪采样管路堵塞时，用（　　）清洗仪器管路。

A.5% HNO₃ 　　　B. 蒸馏水 　　　C.(1+1)HNO₃ 　　　D.(1+1)HCl

2. 采用自动监测设备测定镉指标时，应采用高温、高压、紫外等消解方式，将水样中镉单质及其化合物全部转化为镉离子。（　　）

3. 镉指标自动监测设备的分析单元模块应由防腐蚀的材料构成。（　　）

项目

汞

📄 项目导读

本项目重点介绍水污染自动监测指标水质汞的含义、手工监测方法、自动监测方法和运营维护等。

🌐 项目学习目标

知识目标 掌握水质汞的意义和测定原理。掌握水质汞测定的方法，掌握水质汞自动监测仪器原理与操作。

能力目标 学会水质汞的测定操作。能够对水质汞的自动监测仪进行运营维护。

素质目标 培养爱岗敬业、诚实守信的水污染自动监测运营职业道德；培养科学严谨、精益求精的生态环保工匠精神；培养团结协作、顾全大局的团队精神。

📚 项目实施

该项目共有两个任务。通过该项目的学习，会操作水质汞的手工监测和运行维护水质汞的自动监测仪器的目的。

任务一　认知汞指标及其手工监测方法

❮ 任务导入

小李需要向饮用水厂领导说明水质汞监测的重要性，并完成检测汞含量的计划。

❮ 知识链接 ◎

汞在水体中的存在形态与水体的氧化还原特性密切相关。汞在水体中的主要形态有零价的单质汞（Hg）、一价的汞（Hg^+）、二价的汞（Hg^{2+}）。在水体还原性较高的区域，汞不仅以硫络合物及沉淀存在，而且还可以还原为金属汞。在一般情况下，水体中的汞主要是金属汞、二氯化汞和氢氧化汞。

水中的汞对人体健康有极大的伤害，主要伤害肾脏和中枢神经系统。20世纪50年代，日本熊本县水俣市发生了震惊世界的公害事件。当地的许多居民都患了运动失调、四肢麻木、疼痛、畸胎等症状，人们把它称为水俣病。而且这种病还能遗传给子女。经调查发现，此病与当地工厂排出的废水中含有甲基汞有关，排出来的甲基汞富集在鱼体内，人们长期食用含高浓度有机汞的鱼类，也就将汞摄入体内而引起中毒。

为了防止汞中毒事件发生，根据《**中华人民共和国环境保护法**》所制定的《**生活饮用水卫生标准**》和《**农田灌溉水质标准**》，都规定汞含量不得超过 0.001mg/L。

我国现行的水体中汞含量的测定标准见表 2-37。

表 2-37　水体中汞含量的测定标准

序号	标准号	标准名称
1	GB/T 14204—1993	水质　烷基汞的测定　气相色谱法
2	GB/T 37906—2019	再生水水质汞的测定　测汞仪法
3	GB 7469—1987	水质　总汞的测定　高锰酸钾过硫酸钾消解法双硫腙分光光度法
4	SL 327.2—2005	水质　汞的测定　原子荧光光度法
5	SN/T 5104—2019	国境口岸饮用水中重金属（锌、镉、铅、铜、汞、砷）阳极溶出伏安检测方法
6	DZ/T 0064.26—2021	地下水质分析方法　第 26 部分：汞量的测定　冷原子吸收分光光度法
7	HJ/T 341—2007	水质　汞的测定　冷原子荧光法（试行）
8	HJ 597—2011	水质　总汞的测定　冷原子吸收分光光度法
9	HJ 694—2014	水质　汞、砷、硒、铋和锑的测定　原子荧光法
10	HJ 977—2018	水质　烷基汞的测定　吹扫捕集/气相色谱-冷原子荧光光谱法

  **任务实施**

以《**水质　总汞的测定　冷原子吸收分光光度法**》（HJ 597—2011）为例，介绍手工监测的方法。

一、方法原理

在加热条件下，用高锰酸钾和过硫酸钾在硫酸-硝酸介质中消解样品。消解后的样品中所含汞全部转化为二价汞，用盐酸羟胺将过剩的氧化剂还原，再用氯化亚锡将二价汞还原成金属汞。在室温下通入空气或氮气，将金属汞气化，载入冷原子吸收汞分析仪，于 253.7nm 波长处测定响应值，汞的含量与响应值成正比。

二、实验试剂

见表 2-38。

表 2-38　实验试剂

试剂名称	规格	备注
浓盐酸	优级纯	
重铬酸钾	优级纯	

试剂名称	规格	备注
浓硝酸	优级纯	
浓硫酸	优级纯	
硝酸溶液	(1+1)	量取 100mL 浓硝酸，缓慢倒入 100mL 水中
高锰酸钾溶液	50g/L	称取 50g 高锰酸钾（优级纯，必要时结晶精制）溶于少量水中。然后用水定容至 1000mL
过硫酸钾溶液	50g/L	称取 50g 过硫酸钾溶于少量水中。然后用水定容至 1000mL
盐酸羟胺溶液	200g/L	称取 200g 盐酸羟胺溶于适量水中，然后用水定容至 1000mL。该溶液常含有汞，应提纯。当汞含量较低时，采用巯基棉纤维管除汞法；当汞含量较高时，先按萃取除汞法除掉大量汞，再按巯基棉纤维管除汞法除尽汞
重铬酸钾溶液	0.5g/L	称取 0.5g 重铬酸钾溶于 950mL 水中，再加入 50mL 浓硝酸
汞标准贮备液	100mg/L	称取置于硅胶干燥器中充分干燥的 0.1354g 氯化汞（$HgCl_2$），溶于重铬酸钾溶液后，转移至 1000mL 容量瓶中，再用重铬酸钾溶液稀释至标线，混匀。也可购买有证标准溶液
稀释液		称取 0.2g 重铬酸钾溶于 900mL 水中，再加入 27.8mL 浓硫酸，用水稀释至 1000mL
仪器洗液		称取 10g 重铬酸钾溶于 9L 水中，加入 1000mL 浓硝酸
氯化亚锡溶液	200g/L	称取 20g 氯化亚锡（$SnCl_2 \cdot 2H_2O$）于干燥的烧杯中，加入 20mL 浓盐酸，微微加热。待完全溶解后，冷却，再用水稀释至 100mL。若含有汞，可通入氮气或空气去除

注：实验用水为无汞水，一般使用二次重蒸水或去离子水，也可使用加盐酸酸化至 pH=3，然后通过巯基棉纤维管除汞后的普通蒸馏水。

三、实验仪器

见表 2-39。

表 2-39 　实验仪器

名称	型号	数量
冷原子吸收汞分析仪	具空心阴极灯或无极放电灯	1 台
反应装置	总容积为 250mL、500mL，具有磨口、带莲蓬形多孔吹气头的玻璃翻泡瓶，或与仪器相匹配的反应装置	不少于 8 套
可调温电热板或高温电炉		不少于 4 套
锥形瓶、烧杯、移液管等		若干

四、实验步骤

1. 溶液配制

① 汞标准中间液：$\rho(Hg) = 10.0mg/L$。量取 10.00mL 汞标准贮备液至 100mL 容量瓶中。用重铬酸钾溶液稀释至标线，混匀。

②汞标准使用液Ⅰ：ρ（Hg）＝0.1mg/L。量取10.00mL汞标准中间液至1000mL容量瓶中。用重铬酸钾溶液稀释至标线，混匀。室温阴凉处放置，可稳定100d左右。

③汞标准使用液Ⅱ：ρ（Hg）＝10μg/L。量取10.00mL汞标准使用液Ⅰ至100mL容量瓶中。用重铬酸钾溶液稀释至标线，混匀。临用现配。

2. 样品的采集和保存

采集水样时，样品应尽量充满样品瓶，以减少器壁吸附。工业废水和生活污水样品采集量应不少于500mL，地表水和地下水样品采集量应不少于1000mL。

采样后应立即以每升水样中加入10mL浓盐酸的比例对水样进行固定，固定后水样的pH值应小于1，否则应适当增加浓盐酸的加入量。然后加入0.5g重铬酸钾，若橙色消失，应适当补加重铬酸钾，使水样呈持久的淡橙色，密塞，摇匀。在室温阴凉处放置，可保存1个月。

现场同时制作空白水样：往实验用水中加入等量的浓盐酸和重铬酸钾。

3. 高锰酸钾-过硫酸钾消解

将采集水样和空白水样按近沸保温法进行消解。

①样品摇匀后，量取100.0mL样品移入250mL锥形瓶中。若样品中汞含量较高，可减少取样量并稀释至100mL。

②依次加入2.5mL浓硫酸、2.5mL硝酸溶液和4mL高锰酸钾溶液，摇匀。若15min内不能保持紫色，则需补加适量高锰酸钾溶液，以使颜色保持紫色，但高锰酸钾溶液总量不超过30mL。然后加入4mL过硫酸钾溶液。

③插入漏斗，置于沸水浴中在近沸状态保温1h，取下冷却。

④测定前，边摇边滴加盐酸羟胺溶液，直至刚好使过剩的高锰酸钾及器壁上的二氧化锰全部褪色为止，待测。

【注意】当测定地表水或地下水时，量取200.0mL水样置于500mL锥形瓶中，依次加入5mL浓硫酸、5mL硝酸溶液和4mL高锰酸钾溶液，摇匀。其他操作按照上述步骤进行。

4. 仪器调试

按照仪器说明书进行调试。

5. 校准曲线的绘制

①高浓度校准曲线的绘制（适用于工业废水和生活污水的测定）。分别量取0.00、0.50mL、1.00mL、1.50mL、2.00mL、2.50mL、3.00mL和5.00mL汞标准使用液Ⅰ，于100mL容量瓶中，用稀释液定容至标线，总汞质量浓度分别为0.00、0.50μg/L、1.00μg/L、1.50μg/L、2.00μg/L、2.50μg/L、3.00μg/L和5.00μg/L。

将上述标准系列依次移至250mL反应装置中，加入2.5mL氯化亚锡溶液，迅速插入吹气头，由低浓度到高浓度测定响应值。以零浓度校正响应值为纵坐标，对应的总汞质量浓度（μg/L）为横坐标，绘制校准曲线。

②低浓度校准曲线的绘制（适用于地表水和地下水的测定）。分别量取0.00、0.50mL、1.00mL、2.00mL、3.00mL、4.00mL和5.00mL汞标准使用液Ⅱ，于200mL容量瓶中，用稀释液定容至标线，总汞质量浓度分别为0.000、0.025μg/L、0.050μg/L、0.100μg/L、0.150μg/L、0.200μg/L和0.250μg/L。

将上述标准系列依次移至500mL反应装置中，加入5mL氯化亚锡溶液，迅速插入吹气头，由低浓度到高浓度测定响应值。以零浓度校正响应值为纵坐标，对应的总汞质量浓度（$\mu g/L$）为横坐标，绘制校准曲线。

6. 测定

测定工业废水和生活污水样品时，将消解后的采集水样转移至 250mL 反应装置中，加入 2.5mL 氯化亚锡溶液，迅速插入吹气头，测定响应值。同时，将消解后的空白水样转移至 250mL 反应装置中，加入 2.5mL 氯化亚锡溶液，迅速插入吹气头，测定空白值。

测定地表水和地下水样品时，将消解后的采集水样转移至 500mL 反应装置中，加入 5mL 氯化亚锡溶液，迅速插入吹气头，测定响应值。同时，将消解后的空白水样转移至 500mL 反应装置中，加入 5mL 氯化亚锡溶液，迅速插入吹气头，测定空白值。

7. 数据处理及计算

（1）计算公式

样品中总汞的质量浓度 ρ（$\mu g/L$）按式（2-21）进行计算。

$$\rho = \frac{(\rho_1 - \rho_0)V_0}{V} \times \frac{V_1 + V_2}{V_1} \qquad (2\text{-}21)$$

式中　ρ——样品中总汞的质量浓度，$\mu g/L$；

ρ_1——根据校准曲线计算出试样中总汞的质量浓度，$\mu g/L$；

ρ_0——根据校准曲线计算出空白试样中总汞的质量浓度，$\mu g/L$；

V_0——标准系列的定容体积，mL；

V_1——采样体积，mL；

V_2——采样时向水样中加入浓盐酸体积，mL；

V——制备试样时分取样品体积，mL。

（2）结果表示

当测定结果小于 $10\mu g/L$ 时，保留到小数点后两位；大于等于 $10\mu g/L$ 时，保留三位有效数字。

课后作业

1. 提高冷原子荧光法测定汞的灵敏度的有效措施是（　　　）。

①增大载气流量；②增大测定样品用量；③提高光电倍增管或暗管的负高压；④用氩气代替氮气做载气；⑤提高测定溶液的温度。

A.① 　② 　③ 　　　　　　　　B.③ 　④ 　⑤

C.② 　③ 　④ 　　　　　　　　D.① 　② 　⑤

任务二　汞指标自动监测设备、方法

任务导入

小李要更换密封圈，需要了解设备的结构。

知识链接

仪器的基本组成如图 2-35 所示，主要包含以下单元：

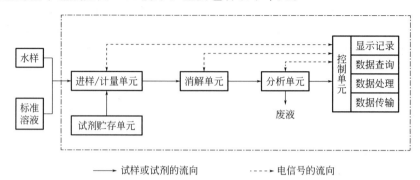

图 2-35　汞水质自动在线监测仪的基本组成

① 进样/计量单元：包括水样、标准溶液、试剂等导入部分（含水样通道和标准溶液通道）和计量部分。

② 消解单元：将水样中汞单质及其化合物转化为汞离子的部分。

③ 分析单元：由反应模块和检测模块组成，完成对待测物质的自动在线分析的部分。

④ 控制单元：包括系统控制的硬件和软件，控制仪器采样、测试等过程中各部件动作，将测定值转换成电信号输出，完成数据处理、传输的部分。

根据《汞水质自动在线监测仪技术要求及检测方法》（HJ 926—2017），汞水质自动在线监测仪应具备以下技术细节。

一、基本要求

① 仪器的标识应符合 GB/T 12519 规定的要求，应在适当的明显位置固定铭牌，其上应有如下标识：a. 制造厂名称、地址；b. 仪器名称、型号规格；c. 出厂编号；d. 制造日期；e. 检测范围、定量下限；f. 工作条件。

② 显示器应无污点、损伤。所有显示界面应为中文，且字符均匀、清晰，屏幕无暗角、黑斑、彩虹、气泡、闪烁等现象，能根据显示屏提示进行全程序操作。

③ 机箱外壳应由耐腐蚀材料制成，表面无裂纹、变形、污浊、毛刺等现象，表面涂层均匀，无腐蚀、生锈、脱落及磨损现象。

④ 产品组装应坚固、零部件无松动，按键、开关、门锁等部件灵活可靠。

⑤ 主要部件均应具有相应的标识或文字说明。

⑥ 应在仪器醒目位置标识分析流程图

⑦ 仪器外壳应满足 GB 4208 规定的 IP52 防护等级的要求。

二、性能要求

① 进样/计量单元。应由防腐蚀和吸附性较低的材料构成，不会因试剂或待测物质的腐蚀或吸附而影响测定结果；应保证水样、标准溶液、试剂等进样量的准确性。

② 试剂贮存单元。应能够贮存仪器所需的所有试剂，方便更换，存储温度 4～10℃，避光。

③ 消解单元。应采用高温、高压、紫外等消解方式，能够将水样中汞单质及其化合物全部转化为汞离子；应采用防腐蚀耐高温材料，且易于清洗；应具有自动加热装置和温度传感器，可以设置消解时间和温度；应具有冷却装置和安全防护装置，可保持恒温或恒压。

④ 分析单元。反应模块应由防腐蚀的材料构成，且易于清洗；检测模块的输出信号应稳定。

⑤ 控制单元。应具有异常信息（超量程、缺试剂、部件故障、超标等）反馈功能，宜采用声、光、电等方式报警；应具有对进样/计量、消解和分析等单元的自动清洗功能；在意外断电再度通电后应能自动排出断电前正在测定的待测物质和试剂，自动清洗各通道并复位到重新开始测定的状态。若在断电前处于加热消解状态，再度通电后能自动冷却，并复位到重新开始测定的状态；数据处理系统应具有数据和运行日志采集、存储、处理、显示和输出等功能，应能存储至少 12 个月的原始数据和运行日志，并具备二级操作管理权限，一般操作人员只可查询相应日志和仪器设置参数；仪器数据单位为 mg/L 或 μg/L，并具有 mg/L 和 μg/L 单位相互转换功能；应具备自动标样核查和自动校准功能，当自动标样核查不合格时，自动进行校准，并将结果记入运行日志；应具备日常校准、参数变更的自动记录、保存和查询功能；应具备对不同测试数据添加维护标识功能，如维护：M；故障：D；校验：C；标样核查：SC；数据传输应提供通信协议，且满足 HJ 212 的要求；应具有数字量通信接口，通过数字量通信接口输出相关数据及运行日志，并可接收远程控制指令。

三、安全要求

电源引入线与机壳之间的绝缘电阻应不小于 20MΩ；应设有漏电保护装置和过载保护装置，防止人身触电和仪器意外烧毁；应具有良好的接地端口；高温、高压、腐蚀、有毒和有害等危险部位应具有警示标识。

四、性能指标

Ⅰ型仪器的检测范围为：0.00005～0.002mg/L；Ⅱ型仪器的检测范围为：0.002～0.1mg/L。Ⅰ型和Ⅱ型仪器的性能指标应符合表 2-40 的要求。

表 2-40 汞水质自动在线监测仪的性能指标

性能指标	Ⅰ 型	Ⅱ 型
示值误差	±10%	±5%
定量下限	≤0.00005mg/L	≤0.002mg/L
精密度	≤5%	≤5%
零点漂移	≤2%	≤2%
量程漂移	≤10%	≤10%
电压稳定性	±5%	±5%

续表

性能指标	Ⅰ型	Ⅱ型
环境温度稳定性	±10%	±10%
离子干扰	±30%	±30%
记忆效应	±10%	±10%
加标回收率	80%～120%	75%～125%
实际水样比对检测	实际水样浓度≤0.0005mg/L 时，绝对误差不大于±0.0001mg/L； 实际水样浓度＞0.0005mg/L 时，相对误差≤15%	≤15%
数据有效率	≥90%	≥90%
一致性	≤10%	≤10%
最小维护周期	≥168h	≥168h

扫描二维码可查看汞在线分析仪介绍。

M2-12 汞在线分析仪介绍

任务实施

使用汞在线分析仪对相同的样品进行分析，以手工分析结果为真值计算汞在线分析仪的相对误差，若相对误差小于10%，则认为在线分析仪的结果准确。

请同学们设计相关比对表格。

课后作业

1. 简述冷原子荧光测汞仪的原理。

2. 简述冷原子吸收法和冷原子荧光法测定水样中的汞，在原理和分析仪器方面有何主要相同和不同之处。

项目

铅

📖 项目导读

本项目重点介绍水污染自动监测指标水质铅指标的定义、手工监测方法、自动监测方法和运营维护等。

🌐 项目学习目标

知识目标 掌握水质铅指标的意义和测定原理。掌握水质铅测定的方法，掌握水质铅自动监测仪器原理与操作。

能力目标 学会水质铅的测定操作。能够对水质铅的自动监测仪进行运营维护。

素质目标 培养爱岗敬业、诚实守信的水污染自动监测运营职业道德；培养科学严谨、精益求精的生态环保工匠精神；培养团结协作、顾全大局的团队精神。

📚 项目实施

该项目共有两个任务。通过该项目的学习，会操作水质铅指标的手工监测和运行维护水质铅指标的自动监测仪器。

任务一 认知铅指标及其手工监测方法

〈 任务导入

小李需要向饮用水厂领导说明水质铅监测的重要性。

〈 知识链接 🎯

水体中铅的存在形态主要有 Pb^{2+}、$Pb(OH)^+$、$Pb(OH)_2$、$Pb(OH)_3^-$、$Pb(OH)_4^{2-}$，各形态的浓度与水体的 pH 有关。

铅元素与有机物不同，它在水中不会被微生物降解，十分稳定。所以水中铅污染物可以通过食物链在生物体中逐步蓄积富集，或者被水中悬浮粒子吸附而沉入水底淤泥中。因此，水底淤泥中铅含量比较高。

铅是蓄积性毒物，铅在血液中可以以磷酸氢盐、蛋白复合物或铅离子的状态随血液循环而迁移，随后除少量在肝、脾、肾等组织及红细胞中存留外，大约有 90%～95%

的铅以比较稳定的不溶性磷酸铅储存于骨骼系统。此外，铅对神经系统的毒害最大。

在天然水体中，淡水含铅量为 $0.06\sim120\mu g/L$，中值为 $3\mu g/L$，海水中含铅量为 $0.03\sim13\mu g/L$，中值为 $0.1\mu g/L$。根据 GB 3838—2002，我国对地表水中铅含量限值为 $0.01mg/L$。

我国现行的水体中铅含量的测定标准见表 2-41。

表 2-41 水体中铅含量的测定标准

序号	标准代号	标准名称
1	GB/T 13896—1992	水质 铅的测定 示波极谱法
2	GB 7470—1987	水质 铅的测定 双硫腙分光光度法
3	GB 7475—1987	水质 铜、锌、铅、镉的测定 原子吸收分光光度法
4	HG/T 4326—2012	再生水中镍、铜、锌、镉、铅含量的测定 原子吸收光谱法
5	SL 327.4—2005	水质铅的测定 原子荧光光度法
6	DZ/T 0064.20—2021	地下水质分析方法 第 20 部分：铜、铅、锌、镉、镍和钴量的测定 螯合树脂交换富集火焰原子吸收分光光度法
7	DZ/T 0064.21—2021	地下水质分析方法 第 21 部分：铜、铅、锌、镉、镍、铬、钼和银量的测定 无火焰原子吸收分光光度法
8	DZ/T 0064.22—2021	地下水质分析方法 第 22 部分：铜、铅、锌、镉、锰、铬、镍、钴、钒、锡、铍及钛量的测定 电感耦合等离子体发射光谱法
9	DZ/T 0064.35—1993	地下水质分析方法 催化极谱法测定铅
10	DB 45/T1545—2017	水质中镉、铅、铜、砷含量的快速测定 阳极溶出伏安法

◁ 任务实施

以《水质 铜、锌、铅、镉的测定 原子吸收分光光度法》（GB 7475—87）为例，介绍手工监测的方法。

一、方法原理

将样品或消解处理过的样品直接吸入火焰，在火焰中形成的原子对特征电磁辐射产生吸收，将测得的样品吸光度和标准溶液的吸光度进行比较，确定样品中被测铅元素的浓度。

二、实验试剂

见表 2-42。

表 2-42 实验试剂

试剂名称	规格	备注
硝酸	优级纯	
硝酸	分析纯	
高氯酸	优级纯	

试剂名称	规格	备注
乙炔		用钢瓶气或由乙炔发生器供给，纯度不低于99.6%
空气		一般由气体压缩机供给，进入燃烧器以前应经过适当过滤，以除去其中的水、油和其他杂质
硝酸溶液	（1+1）	使用分析纯硝酸配制
硝酸溶液	（1+499）	使用优级纯硝酸配制
铅储备液	1000mg/L	称取1.000g光谱纯金属铅，准确到0.001g，用优级纯硝酸溶解，必要时加热，直至溶解完全，然后用水稀释定容至1000mL

三、实验仪器

见表2-43。

表2-43　实验仪器

名称	型号	数量
原子吸收分光光度计及相应的辅助设备	配有乙炔-空气燃烧器；光源选用空心阴极灯或无极放电灯	1台
100mL容量瓶		不少于6套
烧杯、移液管等一般实验室器皿		若干

注：实验用的玻璃或塑料器皿用洗涤剂洗净后，在（1+1）硝酸溶液中浸泡，使用前用水冲洗干净。

四、实验步骤

1. 溶液配制

铅标准中间液：$\rho(Pb)=100.0mg/L$。量取10.00mL铅储备液至100mL容量瓶中。用（1+499）硝酸溶液稀释至标线，混匀。

2. 工作曲线溶液配制

在100mL容量瓶中，分别加入0.5mL、1.00mL、3.00mL、5.00mL、10.0mL铅标准中间液，然后用（1+499）硝酸溶液稀释至标线。

3. 空白试验

在100mL容量瓶中，用（1+499）硝酸溶液代替样品，然后用（1+499）硝酸溶液稀释至标线。

4. 测量

在283.3nm特征谱线波长下，吸入（1+499）硝酸溶液，将仪器调零。吸入空白、工作标准溶液、样品，分别记录吸光度。

五、计算

根据扣除空白吸光度后的样品吸光度，在校准曲线上查出样品中的金属铅含量。

1. 计算公式

样品中金属铅浓度ρ（μg/L）按式（2-22）进行计算。

$$\rho = \frac{W \times 1000}{V}$$
(2-22)

式中 ρ——样品中总金属铅浓度，μg/L；

W——根据校准曲线计算出样品中的金属铅含量，mg；

V——取样体积，mL。

2. 结果表示

报告结果时，要指明测定的是溶解的金属还是金属总量。

课后作业

1.原子吸收分光光度法测定铅时，一般火焰类型用＿＿＿＿＿＿氧化型，使用的空心阴极灯是＿＿＿＿＿＿灯。

2.简述（1＋499）硝酸溶液的配制方法。

任务二 铅指标自动监测设备、方法

任务导入

小李需要检查饮用水厂水质铅监测仪准确性。

知识链接

仪器的基本组成如图 2-36 所示，主要包含以下单元。

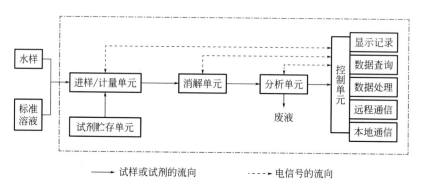

图 2-36 铅水质自动在线监测仪的基本组成

① 进样/计量单元：包括水样、标准溶液、试剂等导入部分（含水样通道和标准溶液通道）和计量部分；

② 消解单元：将水样中铅单质及其化合物转化为铅离子的部分；

③ 分析单元：由反应模块和检测模块组成，通过控制单元完成对待测物质的自动在线分析并将定值转换成电信号输出的部分；

④ 控制单元：包括系统控制的硬件和软件，实现进样、消解、排液等操作的部分。

根据《铅水质自动在线监测仪技术要求及检测方法》（HJ 762—2015），铅水质自动在线监测仪应具备以下技术细节。

一、基本要求

① 仪器在醒目处应标识产品铭牌，内容应包含生产单位、生产日期、产品号、量程范围、功率、工作环境条件等内容，符合 GB/T 13306 的要求。

② 显示器应无污点、损伤。所有显示界面应为中文，且字符均匀、清晰，屏幕无暗角、黑斑、彩虹、气泡、闪烁等现象，能根据显示屏提示进行全程序操作。

③ 机箱外壳应由耐腐蚀材料制成，表面无裂纹，变形、污浊、毛刺等现象，表面涂层均匀，无腐蚀、生锈、脱落及磨损现象。

④ 产品组装应坚固，零部件无松动，按键、开关、门锁等部件灵活可靠。

⑤ 主要部件均应具有相应的标识或文字说明。

⑥ 应在仪器醒目位置标识分析流程图

⑦ 仪器外壳应满足 GB 4208 规定的 IP52 防护等级的要求。

二、性能要求

① 进样/计量单元。应由防腐蚀和吸附性较低的材料构成，不会因试剂或待测物质的腐蚀或吸附而影响测定结果。同时，计量部分应保证水样、标准溶液、试剂等进样的准确性。

② 消解单元。应采用高温，高压、紫外等消解方式，能够将水样中铅单质及其化合物全部转化。为此，应采用防腐蚀耐高温材料，且易于清洗；应具有自动加热装置和温度传感器，可以设置消解时间和温度；应具有冷却装置和安全防护装置，可保持恒温或恒压。

③ 分析单元。反应模块应由防腐蚀的材料构成，且易于清洗。检测模块的输出信号应稳定。

④ 控制单元。应具有异常信息（如量程报警、缺试剂报警、部件故障报警、超标报警等）反馈功能，宜采用声光电等方式报警。应具有对进样计量、消解和分析等单元的自动清洗功能。在意外断电再度通电后应能自动排出断电前正在测定的待物质和试剂，自动清洗各通道并复位到重新开始测定的状态。若在断电前处于加热消解状态，再度通电后能自动冷却，并复位到重新开始测定的状态。

数据处理系统应具有数据和运行日志采集、存储、处理、显示和输出等功能，应能保存至少 12 个月的原始数据和运行日志，并具备二级操作管理权限，一般操作人员只可查询相应日志和仪器设置参数。仪器数据单位为 mg/L 或 g/L，并具有 mg/L 和 g/L 单位相互转换功能。应具备对不同测试数据落加维护标识，如人工维护：M；故障：D；校验：C；标样核查：SC。

应具备自动标样核查和自动校准功能，当自动标样核查不通过时进行自动校准并将结果记入运行日志。应具备日常校准、参数变更的自动记录，保存和查询功能。

应具备高低量程自动切换的功能，量程切换时不影响监测数据的正常显示和信号的正常输出，Ⅰ型仪器低量程为 0.005～0.2mg/L，高量程为 0.2～0.4mg/L；Ⅱ型仪器的低量程为 0.2～2mg/L，高量程为 2～4mg/L。

控制单元实现以上功能时均应提供通信协议，且满足 HJ/T 212 的要求。应具有数

笔记

字量通信接口，通过数字量通信接口输出相关数据及运行日志，并可接收远程控制指令。

三、安全要求

① 电源引入线与机器之间的绝缘电阻应不小于 20MΩ。
② 应设有漏电保护装置和过载保护装置，防止人身触电和仪器意外烧毁。
③ 应具有良好的接地口。
④ 高温、高压、腐蚀、有毒和有害等危险部位应具有警示标识。

四、性能指标

见表 2-44。

表 2-44　性能指标

性能指标	Ⅰ型	Ⅱ型
示值误差	±10%	±5%
定量下限	≤0.005mg/L	≤0.2mg/L
精密度	≤5%	≤5%
零点漂移	±5%	±5%
量程漂移	±10%	±10%
电压稳定性	±5%	±5%
环境温度稳定性	±10%	±10%
离子干扰	±30%	±30%
记忆效应	±10%	±10%
标样加入试验	80%～120%	75%～125%
实际水样比对检测	实际水样浓度≤0.050mg/L 时，绝对误差在 0.010mg/L 以内；实际水样浓度＞0.050mg/L 时，比对检测相对误差≤15%	≤15%
数据有效率	≥90%	≥90%
一致性	≤10%	＜10%
最小维护周期	≥168h	≥168h

＜ 任务实施 📚

使用铅在线分析仪对相同的样品进行分析，以手工分析结果为真值计算铅在线分析仪的相对误差，若相对误差小于 10%，则认为在线分析仪的结果准确。

请同学们设计相关比对表格。

＜ 课后作业 💡

1.简述总铅在线分析仪原理。
2.铅在线分析仪的反应模块应由防腐蚀的材料构成，且易于清洗。（　　）

项目 十三

砷

📑 项目导读

本项目重点介绍水污染自动监测指标水质砷的定义、手工监测方法、自动监测方法和运营维护等。

🌐 项目学习目标

知识目标 掌握水质砷的意义和测定原理。掌握水质砷测定的方法，掌握水质砷自动监测仪器原理与操作、新工艺、新方法。

能力目标 学会水质砷的测定操作。能够对水质砷的自动监测仪进行运营维护。

素质目标 培养爱岗敬业、诚实守信的水污染自动监测运营职业道德；培养科学严谨、精益求精的生态环保工匠精神；培养团结协作、顾全大局的团队精神。

📚 项目实施

该项目共有两个任务。通过该项目的学习，能操作水质砷的手工监测和运行维护水质砷的自动监测仪器的目的。

任务一 认知砷指标及其手工监测方法

‹ 任务导入

小李需要向饮用水厂领导说明水质砷监测的重要性。

‹ 知识链接 🎯

砷（As）广泛存在于自然界，其化合物三氧化二砷即为众所周知的剧毒物砒霜。国内外已有多项研究证明，摄入过量砷会使人类的致癌风险加大。世界卫生组织（WHO）和美国环境保护署（USEPA）将砷定为一种"已知的人类致癌物"，人体长期暴露于砷环境，可引起皮肤癌、肺癌、膀胱癌和肝癌等癌症。长期摄入砷含量超标的饮用水会引起机体慢性中毒，即砷中毒。砷中毒可引起皮肤、周围神经损伤、肝坏死或心血管疾病，严重的可导致皮肤癌和多种内脏癌。

目前摄入砷超标的水是最直接、最常见的砷暴露方式。因此，1993 年世界卫生组织（WHO）就对砷在饮用水中含量标准进行了修订，从 $50\mu g/L$ 降至 $10\mu g/L$。我国《生活饮用水卫生标准》（GB 5749—2006）也将饮水中砷的控制标准定为 $10\mu g/L$。

我国现行的监测水体中砷含量的检测标准见表 2-45。

表 2-45　水体中砷含量检测标准

序号	标准号	标准名称
1	DB45/T 1545—2017	水质中镉、铅、铜、砷含量的快速测定　阳极溶出伏安法
2	DZ/T 0064.10—2021	地下水质分析方法　第10部分：砷量的测定　二乙基二硫代氨基甲酸银分光光度法
3	DZ/T 0064.11—2021	地下水质分析方法　第11部分：砷量的测定　氢化物发生-原子荧光光谱法
4	GB 11900—1989	水质　痕量砷的测定　硼氢化钾-硝酸银分光光度法
5	GB 7485—1987	水质　总砷的测定　二乙基二硫代氨基甲酸银分光光度法
6	HJ 694—2014	水质　汞、砷、硒、铋和锑的测定　原子荧光法
7	SL 327.1—2005	水质　砷的测定　原子荧光光度法
8	SN/T 5104—2019	国境口岸饮用水中重金属（锌、镉、铅、铜、汞、砷）阳极溶出伏安检测方法

任务实施

以《水质总砷的测定　二乙基二硫代氨基甲酸银分光光度法》（GB 7485—1987）为例，介绍手工监测的方法。

一、方法原理

锌与酸作用，产生新生态氢。在碘化钾和氯化亚锡存在下，使五价砷还原为三价；三价砷被初生态氢还原成砷化氢（脒），用二乙基二硫代氨基甲酸银-三乙醇胺的氯仿液吸收脒，生成红色胶体银，在波长 530nm 处测量吸收液的吸光度。

二、实验试剂(表 2-46)

表 2-46　实验试剂

试剂名称	规格	备注
二乙基二硫代氨基甲酸银	分析纯	
三乙醇胺	分析纯	
氯仿	分析纯	
无砷锌粒	10～20 目	
盐酸	$\rho=1.19g/mL$	
硝酸	$\rho=1.40g/mL$	
硫酸	$\rho=1.84g/mL$	
砷储备溶液	100.0mg/L	将三氧化二砷（As_2O_3）在硅胶上预先干燥至恒重，准确称量 0.1320g，溶于 5mL 氢氧化钠溶液（2mol/L）中，溶解后加入 10mL 硫酸（基本单元 $1/2H_2SO_4$）溶液（2mol/L），转移至 1000mL 容量瓶中。用水稀释到刻度

续表

试剂名称	规格	备注
碘化钾溶液	150g/L	将15g碘化钾溶于水中并稀释到100mL。贮存在棕色玻璃瓶中。此溶液至少一个月内是稳定的
氯化亚锡溶液		将40g氯化亚锡（$SnCl_2 \cdot 2H_2O$）溶于40mL盐酸中。溶液澄清后，用水稀释到100mL。加数粒金属锡保存
硫酸铜溶液	150g/L	将15g硫酸铜（$CuSO_4 \cdot 5H_2O$）溶于水中并稀释到100mL
乙酸铅棉花		将10g脱脂棉浸于100mL乙酸铅溶液中，浸透后取出风干。其中，乙酸铅溶液（80g/L）配制过程如下：将8g乙酸铅 $[Pb(CH_3COO)_2 \cdot 3H_2O]$ 溶于水中并稀释到100mL

三、实验仪器（表2-47）

表2-47 实验仪器

名称	要求	数量
分光光度计	10mm比色皿	1台
砷化氢发生装置	砷化氢发生瓶：容量为150mL、带有磨口玻璃接头的锥形瓶； 导气管：一端带有磨口接头，并有一球形泡（内装乙酸铅棉花）一端被拉成毛细管，管口直径不大于1mm）； 吸收管：内径为8mm的试管，带有5.0mL刻度	不少于11套
电热炉		
100mL容量瓶		不少于6套
烧杯、移液管等一般实验室器皿		若干

注：在溶液转移和处置中要特别小心，整个操作应在良好通风环境中进行，并严防入口。

四、实验步骤

1. 吸收液的配制

将0.25g二乙基二硫代氨基甲酸银用少量氯仿溶成糊状，加入2mL三乙醇胺，再用氯仿稀释到100mL。用力振荡使尽量溶解。静置暗处24h后，倾出上清液或用定性滤纸过滤。贮于棕色玻璃瓶中。贮存在冰箱中是稳定的。

2. 水样预处理

移取50mL水样于砷化氢发生瓶中，加入4mL硫酸和5mL硝酸。在通风橱内煮沸消解至产生白色烟雾。如溶液仍不清澈，可再加5mL硝酸，继续加热至产生白色烟雾，直至溶液清澈为止（其中可能存在乳白色或淡黄色酸不溶物）。冷却后，小心加入25mL水，再加热至产生白色烟雾，赶尽氮氧化物，冷却后，加水使总体积为50mL。若预料砷的含量超过0.5mg/L，则需要先稀释水样。

3. 空白试验

移取50mL纯水于砷化氢发生瓶中，加入4mL硫酸和5mL硝酸。在通风橱内煮沸消解至产生白色烟雾。如溶液仍不清澈，可再加 5mL 硝酸，继续加热至产生白色烟雾，直至溶液清澈为止。冷却后，小心加入 25mL 水，再加热至产生白色烟雾，赶尽氮氧化物，冷却后，加水使总体积为 50mL。

4. 砷标准溶液配制

砷标准溶液：$\rho(As)=1.00mg/L$。取 10.00mL 砷储备溶液于 1000mL 容量瓶中，用水稀释到刻度。

5. 工作曲线溶液配制

往 8 个砷化氢发生瓶中，分别加入 0、1.00mL、2.50mL、5.00mL、10.00mL、15.00mL、20.00mL 及 25.00mL 砷标准溶液，并用水加到 50mL、然后加入 4mL 硫酸。

6. 显色

于砷化氢发生瓶中，加 4mL 碘化钾溶液，摇匀，再加 2mL 氯化亚锡溶液，混匀，放置 15min。

取 5.0mL 吸收液至吸收管中，插入导气管。

加 1mL 硫酸铜溶液和 4g 无砷锌粒于砷化氢发生瓶中，并立即将导气管与发生瓶连接，保证反应器密闭。

在室温下维持反应 1h，使胂完全释出。加氯仿将吸收体积补足到 5.0mL。

【注意】①砷化氢剧毒，整个反应应在通风橱内或通风良好的室内进行。②在完全释放砷化氢后，红色生成物在 2.5h 内是稳定的，应在此期间内进行分光光度测定。

7. 光度测定

用 10mm 比色皿，以氯仿为参比液，在 530nm 波长下测量吸收液的吸光度，减去空白试验所测得的吸光度，从校准曲线上查出试份中的含砷量。

校准曲线的绘制需要减去试剂空白（加入 0mL 砷标准溶液的工作曲线溶液）的吸光度，来修正对应的每个标准溶液的吸光度。以修正的吸光度为纵坐标，与之对应的标准溶液的砷含量（g）为横坐标作图。

【注意】要经常绘制校准曲线，至少在每次使用新试剂时，要绘制一次。

8. 计算

根据扣除空白吸光度后的样品吸光度，在校准曲线上查出样品中的砷含量。

（1）计算公式

样品中砷含量 ρ（mg/L），按式（2-23）进行计算。

$$\rho=\frac{m}{V} \tag{2-23}$$

式中　m——校准曲线查得的水样中砷含量，μg；

　　　V——水样体积，mL；

（2）结果表示

取平行测定结果的算术平均值为测定结果。报告砷的含量时，需根据有效数字的规则，结果以二位或三位有效数字表示。

课后作业

1. 原子荧光光谱法的仪器装置由＿＿＿＿＿＿、＿＿＿＿＿＿以及检测部分。检测部分包括＿＿＿＿＿＿、＿＿＿＿＿＿以及＿＿＿＿＿＿。

2.测定总砷时，加入碘化钾和氯化亚锡的目的是使_____砷还原为
_____。

任务二　砷指标自动监测设备及方法

任务导入

小李要更换密封圈，需要了解砷自动监测设备的结构。

知识链接

仪器的基本组成如图 2-37 所示，主要包含以下单元。

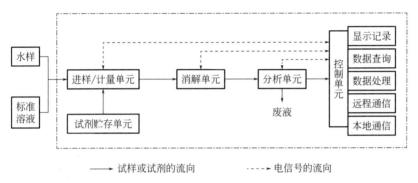

图 2-37　砷水质自动在线监测仪的基本组成

① 进样/计量单元：包括水样、标准溶液、试剂等导入部分（含水样通道和标准溶液通道）和计量部分。

② 消解单元：将水样中砷单质及其化合物转化为砷离子的部分。

③ 分析单元：由反应模块和检测模块组成，通过控制单元完成对待测物质的自动在线分析，并将测定值转换成电信号输出的部分。

④ 控制单元：包括系统控制的硬件和软件，实现进样、消解、排液等操作的部分。

根据《砷水质自动在线监测仪技术要求及检测方法》（HJ 764—2015），砷水质自动在线监测仪应具备以下技术细节。

一、基本要求

① 仪器在醒目处应标识产品铭牌，内容应包含生产单位、生产日期、产品编号、量程范围、功率、工作环境条件等内容，符合 GB/T 13306 的要求。

② 显示器应无污点、损伤。所有显示界面应为中文，且字符均匀、清晰，屏幕无暗角、黑斑、彩虹、气泡、闪烁等现象，能根据显示屏提示进行全程序操作。

③ 机箱外壳应由耐腐蚀材料制成，表面无裂纹、变形、污浊、毛刺等现象，表面涂层均匀，无腐蚀、生锈、脱落及磨损现象。

④ 产品组装应坚固、零部件无松动，按键、开关、门锁等部件灵活可靠。

⑤ 主要部件均应具有相应的标识或文字说明。

⑥ 应在仪器醒目位置标识分析流程图

⑦ 仪器外壳应满足 GB 4208 规定的 IP52 防护等级的要求。

二、性能要求

① 进样/计量单元。应由防腐蚀和吸附性较低的材料构成，不会因试剂或待测物质的腐蚀或吸附而影响测定结果。计量部分应保证水样、标准溶液、试剂等进样的准确性。

② 消解单元。应采用高温、高压、紫外等消解方式，能够将水样中砷单质及其化合物全部转化为砷离子。应采用防腐蚀耐高温材料，且易于清洗。应具有自动加热装置和温度传感器，可以设置消解时间和温度。应具有冷却装置和安全防护装置，可保持恒温或恒压。

③ 分析单元。反应模块应由防腐蚀的材料构成，且易于清洗。检测模块的输出信号应稳定。

④ 控制单元。应具有异常信息（超量程报警、缺试剂报警、部件故障报警、超标报警等）反馈功能，宜采用声光电等方式报警；应具有对进样计量、消解和分析等单元的自动清洗功能。在意外断电再度通电后应能自动排出断电前正在测定的待测物质和试剂，自动清洗各通道并复位到重新开始测定的状态。若在断电前处于加热消解状态，再度通电后能自动冷却，并复位到重新开始测定的状态。数据处理系统应具有数据和运行日志采集、存储、处理、显示和输出等功能，应能存储至少 12 个月的原始数据和运行日志，并具备二级操作管理权限，一般操作人员只可查询相应日志和仪器设置参数。

仪器数据单位为 mg/L 或 g/L，并需具有 mg/L 和 μg/L 单位相互转换功能。应具备自动标样核查和自动校准功能，当自动标样核查不通过时进行自动校准，并将结果记入运行日志。

应具备日常校准、参数变更的自动记录、保存和查询功能。

应具备高低量程自动切换的功能，量程切换时不影响监测数据的正常显示和信号的正常输出。Ⅰ型仪器低量程为 0.01~0.2mg/L，高量程为 0.2~0.6mg/L；Ⅱ型仪器的低量程为 0.2~1.0mg/L，高量程为 1~3mg/L。应具备对不同测试数据添加标识，如人工维护：M；故障：D校验；C；标样核。

控制单元实现以上功能时均应提供通信协议，且满足 HJ/T 212 的要求。应具有数字量通信接口，通过数字量通信接口输出相关数据及运行日志，并可接收远程控制指令。

三、安全要求

电源引入线与机器之间的绝缘电阻应不小于 20MΩ。应设有漏电保护装置和过载保护装置，防止人身触电和仪器意外烧毁。应具有良好的接地端口。高温、高压、腐蚀、有毒和有害等危险部位应具有警示标识。

四、性能指标

见表2-48。

表 2-48 性能指标

性能指标	Ⅰ型	Ⅱ型
示值误差	±5%	±5%
定量下限	≤0.01mg/L	≤0.2mg/L
精密度	≤5%	≤5%
零点漂移	±5%	±5%
量程漂移	±10%	±10%
电压稳定性	±5%	±5%
环境温度稳定性	±10%	±10%
离子干扰	±30%	±30%
记忆效应	±10%	±10%
标样加入试验	80%~120%	75%~125%
实际水样比对检测	实际水样浓度≤0.050mg/L时，绝对误差在±0.010mg/L以内； 实际水样浓度>0.050mg/L时，比对检测相对误差≤15%	≤15%
数据有效率	≥90%	≥90%
一致性	≤10%	<10%
最小维护周期	≥168h	≥168h

◀ 任务实施

使用砷在线分析仪对相同的样品进行分析，以手工分析结果为真值计算砷在线分析仪的相对误差，若相对误差小于10%，则认为在线分析仪的结果准确。

请同学们设计相关比对表格。

◀ 课后作业

1. 用原子荧光法测定砷时，试样必须用_____预先还原五价 As 至_____As，还原速度受_____影响，室温低于15℃时，至少应放置_____。

2. 原子荧光法的基本原理是什么？

项目 十四

铜

　　本项目重点介绍水污染自动监测指标水质铜的定义、手工监测方法、自动监测方法和运营维护等。

项目学习目标

　　知识目标　掌握水质铜的意义和测定原理。掌握水质铜测定的方法，掌握水质铜自动监测仪器原理与操作。

　　能力目标　学会水质铜的测定操作。能够对水质铜的自动监测仪进行运营维护。

　　素质目标　培养爱岗敬业、诚实守信的水污染自动监测运营职业道德；培养科学严谨、精益求精的生态环保工匠精神；培养团结协作、顾全大局的团队精神。

项目实施

　　该项目共有两个任务。通过该项目的学习，能操作水质铜的手工监测和运行维护水质铜的自动监测仪器。

任务一　认知铜指标及其手工监测方法

任务导入

　　小李需要向饮用水厂领导说明水质铜监测的重要性。

知识链接 🎯

　　铜（Cu）是生命体必需的微量元素。水中的铜主要来源有：从空气中沉降进入水体的悬浮物、农业灌溉或工业生产排放的含铜废液、渔业生产中使用的 $CuSO_4$ 等，也因此铜是水环境中重金属污染的重点控制元素之一。作为必需微量元素，铜存在于几十种酶中作为反应催化剂或氢载体且有多种生理功能对血液中血红蛋白的合成、细胞呼吸作用等具有重要影响。但当水中 Cu^{2+} 浓度超出限度，会对其水生动物造成危害作用甚至死亡。研究表明，随着 Cu^{2+} 增加到一定程度，中华鲟的抗氧化酶活性受抑制，致使活性氧的积累和对各种膜结构的损伤，最终导致死亡。

正常成年人体内铜含量一般为 $100\sim200mg/kg$，在肝脏及骨骼中约有 $50\%\sim70\%$，血液中有 $5\%\sim10\%$，少量铜作为酶发挥作用。中国营养学会结合资料拟定了不同年龄人群铜的摄入量（成人每人每天 2mg，可耐受最高摄入量 8mg/d）。

目前，我国铜含量相关标准如下：渔业水域水质标准＝地表水Ⅰ类 $10\mu g/L$＜农田灌溉用水水质标准水作类 $500\mu g/L$＜生活饮用水卫生标准＝地表水Ⅱ～Ⅴ类 $1000\mu g/L$。

我国现行的监测水体中铜含量的测定标准见表 2-49。

📖 笔记

表 2-49　水体中铜含量的测定标准

序号	标准号	标准名称
1	DB21/T 3081—2018	海水中铜、镉、铅、锌的连续测定　极谱法
2	DB45/T 1545—2017	水质中镉、铅、铜、砷含量的快速测定　阳极溶出伏安法
3	DZ/T 0064.19—1993	地下水质检验方法　催化极谱法测定铜
4	DZ/T 0064.20—2021	地下水质分析方法　第20部分：铜、铅、锌、镉、镍和钴量的测定　螯合树脂交换富集火焰原子吸收分光光度法
5	DZ/T 0064.21—2021	地下水质分析方法　第21部分：铜、铅、锌、镉、镍、铬、钼和银量的测定　无火焰原子吸收分光光度法
6	DZ/T 0064.22—2021	地下水质分析方法　第22部分：铜、铅、锌、镉、锰、铬、镍、钴、钒、锡、铍及钛量的测定　电感耦合等离子体发射光谱法
7	DZ/T 0064.83—2021	地下水质分析方法　第83部分：铜、锌、镉、镍和钴量的测定　火焰原子吸收分光光度法
8	GB 7475—1987	水质　铜、锌、铅、镉的测定　原子吸收分光光度法
9	HJ 486—2009	水质　铜的测定　2,9-二甲基-1,10-菲啰啉分光光度法
10	HJ 485—2009	水质　铜的测定　二乙基二硫代氨基甲酸钠分光光度法

◁ 任务实施 📚

以《水质　铜、锌、铅、镉的测定　原子吸收分光光度法》（GB 7475—87）为例，介绍手工监测的方法。

一、方法原理

将样品或消解处理过的样品直接吸入火焰，在火焰中形成的原子对特征电磁辐射产生吸收，将测得的样品吸光度和标准溶液的吸光度进行比较，确定样品中被测铜元素的浓度。

二、实验试剂（表 2-50）

表 2-50　实验试剂

试剂名称	规格	备注
硝酸	优级纯	
硝酸	分析纯	
高氯酸	优级纯	

续表

试剂名称	规格	备注
乙炔		用钢瓶气或由乙炔发生器供给，纯度不低于99.6%
空气		一般由气体压缩机供给，进入燃烧器以前应经过适当过滤，以除去其中的水、油和其他杂质
硝酸溶液	(1+1)	使用分析纯硝酸配制
硝酸溶液	(1+499)	使用优级纯硝酸配制
铜储备液	1000mg/L	称取1.000g光谱纯金属铜，准确到0.001g，用优级纯硝酸溶解，必要时加热，直至溶解完全，然后用水稀释定容至1000mL

三、实验仪器（表2-51）

表2-51　实验仪器

名称	型号	数量
原子吸收分光光度计及相应的辅助设备	配有乙炔-空气燃烧器；光源选用空心阴极灯或无极放电灯。	1台
100mL容量瓶		不少于6套
烧杯、移液管等一般实验室器皿		若干

注：实验用的玻璃或塑料器皿用洗涤剂洗净后，在（1+1）硝酸溶液中浸泡，使用前用水冲洗干净。

四、实验步骤

1. 溶液配制

铜标准中间液：$\rho(Cu)=50.0mg/L$。量取5.00mL铅储备液至100mL容量瓶中。用（1+499）硝酸溶液稀释至标线，混匀。

2. 工作曲线溶液配制

在100mL容量瓶中，分别加入0.5mL、1.00mL、3.00mL、5.00mL、10.0mL铜标准中间液，然后用（1+499）硝酸溶液稀释至标线。

3. 空白试验

在100mL容量瓶中，用（1+499）硝酸溶液代替样品，然后用（1+499）硝酸溶液稀释至标线。

4. 测量

在324.7nm特征谱线波长下，吸入（1+499）硝酸溶液，将仪器调零。吸入空白、工作标准溶液、样品，分别记录吸光度。

5. 计算

根据扣除空白吸光度后的样品吸光度，在校准曲线上查出样品中的金属铜含量。

（1）计算公式

样品中金属铜浓度 ρ（$\mu g/L$），按式（2-24）进行计算。

$$\rho=\frac{W \times 1000}{V}$$

（2-24）

式中　ρ——样品中总金属铜浓度，$\mu g/L$；

　　W——根据校准曲线计算出样品中的金属铜含量，mg；

　　V——取样体积，mL；

（2）结果表示

报告结果时，要指明测定的是溶解的金属还是金属总量。

课后作业

1. 采用 2,9-二甲基 1,10-菲啰啉分光光度法测定铜含量时，加入（　　）消除铬干扰。

A. 盐酸羟胺　　　　　B. 硫代硫酸钠　　　　C. 亚硫酸　　　　　D. 乙醇钠

2. 原子吸收法测定铜含量时，选用的光源为＿＿＿＿＿＿＿＿＿＿＿＿。

任务二　铜指标自动监测设备及方法

任务导入

小李要更换密封圈，需要了解铜水质自动在线监测设备的结构。

知识链接

仪器的基本组成如图 2-38 所示，主要包含以下单元。

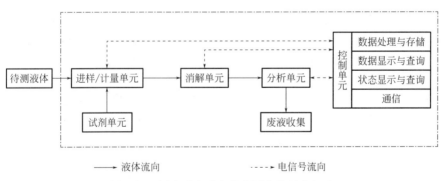

图 2-38　铜水质自动在线监测仪的基本组成

① 进样计量单元：包括水样、标准溶液、试剂等导入部分（含水样通道和标准溶液通道）和计量部分；

② 消解单元：将水样中铜单质及其化合物转化为铜离子的部分；

③ 分析单元：由反应模块和检测模块组成，通过控制单元完成对待测物质的自动在线分析并将定值转换成电信号输出的部分；

④ 控制单元：包括系统控制的硬件和软件，实现进样、消解、排液等操作的部分；

根据《铜水质自动在线监测仪技术要求》（DB44/T 1719—2015），铜水质自动在线监测仪应具备以下技术细节。

一、基本要求

① 机箱外壳表面无裂纹、变形、污浊、毛刺等现象，表面涂层均匀，无腐蚀、生锈、脱落及磨损现象。

② 产品组装应坚固、零部件无松动，开关、门锁等部件灵活可靠。

③ 在仪器醒目处应标识流程图及产品铭牌，铭牌标识应符合 GB/T 13306 的要求。

④ 显示器应无污点、损伤。所有显示应为中文且字符均匀、清晰，屏幕无暗角、黑斑、彩虹、气泡、闪烁等现象，能用显示屏提示进行全程序操作。

⑤ 主要部件均应具有相应的标识和文字说明。

⑥ 主要部件模块化，易拆卸维修。

二、性能要求

① 进样计量单元。应由防腐蚀的材料构成，不会因试剂或实际废水的腐蚀而影响测定结果；计量部分应保证试剂和实际废水样品进样的准确性；清洗剂清洗进样管路适应恶劣环境。

② 消解单元。采用高温、高压、紫外等消解方式，能够将水样中铜及其化合物转化为铜离子；应具有自动加热装置和温度传感器，可以设置消解时间和温度；应具有冷却装置和安全防护装置，可保持恒温和恒压。

③ 分析单元。应由防腐蚀的材料构造，结构应易于清洗；检测模块输出信号应稳定。

④ 控制单元。应具有故障信息记录和反馈功能（超量程报警、试剂不足报警、计量部件故障报警等）。应具有对进样、消解和分析等单元的自动和手动清洗功能。应具有模拟量和数字量输出接口，且通信协议具体要求满足 HJ 212 的要求，同时通过数字量接口可接收远程控制指令。数据处理系统应具有数据标识要求及运行日志的采集、存储、处理、显示和输出等功能，应存储至少 12 个月的原始数据和运行日志，可以设置条件查询和显示历史数据。在意外断电再度通电后应能自动排出断电前正在测定的待测物质和试剂，自动清洗各通道并复位到重新开始测定的状态。若在断电前处于加热消解状态，再度通电后能自动冷却，并复位到重新开始测定的状态。对仪器的历史数据和状态查询不需要密码，但对仪器的维护和设置功能应使用密码进入。仪器具有显示测量时间倒计时功能，应具备自动标样核查和自动校准功能

三、功能要求

具有扣除浊度影响功能，以保证数据不受浊度影响；具有远程操作和远程在线升级功能；具有漏液检测功能。

四、安全要求

监测仪外部结构应符合 GB 4793.1 的相关规定，电源引入线与机器之间的绝缘

电阻应不小于 20MΩ；应设有漏电保护装置和过载保护装置；监测仪标示应符合 GB 4793.1 的相关规定，对于高温、高压、腐蚀和有害等危险部位应具有警示标识；应具有良好的接地端口。

五、性能指标（表 2-52）

表 2-52　性能指标

项目	性能指标
示值误差	$\pm5\%$
定量下限	$\leqslant0.10mg/L$
精密度	$\leqslant5\%$
零点漂移	$\pm5\%F.S.$
量程源移	$\pm5\%F.S.$
电压稳定性	$\pm5\%$
环境温度稳定性	$\pm10\%$
离子干扰	$\pm20\%$
记忆效应	$\pm10\%$
加标回收率	$80\%\sim120\%$
实际水样比对试验	相对误差$<20\%$（$0.10mg/L\leqslant$浓度$\leqslant0.50mg/L$） 相对误差$\leqslant15\%$（浓度$>0.50mg/L$）
最小维护周期	$\geqslant168h$
数据有效率	$\geqslant90\%$
一致性	$\leqslant10\%$

▌ 任务实施

使用铜在线分析仪对相同的样品进行分析，以手工分析结果为真值，计算铜在线分析仪的相对误差，若相对误差小于 10％，则认为在线分析仪的结果准确。

请同学们设计相关比对表格。

▌ 课后作业

1. 比较用二乙氨基二硫代甲酸钠萃取分光光度法和新亚铜灵萃取分光光度法测定水样中铜的原理和特点。

2. 简述铜离子在线监测仪原理。

项目 十五

锌

项目导读

本项目重点介绍水污染自动监测指标水质锌的定义、手工监测方法、自动监测方法和运营维护等。

项目学习目标

知识目标 掌握水质锌的意义和测定原理。掌握水质锌测定的方法，掌握水质锌自动监测仪器的原理与操作。

能力目标 学会水质锌的测定操作。能够对水质锌的自动监测仪进行运营维护。

素质目标 培养爱岗敬业、诚实守信的水污染自动监测运营职业道德；培养科学严谨、精益求精的生态环保工匠精神；培养团结协作、顾全大局的团队精神。

项目实施

该项目共有两个任务。通过该项目的学习，能操作水质锌的手工监测和运行维护水质锌的自动监测仪器。

任务一 认知锌指标及其手工监测方法

任务导入

小李需要向饮用水厂领导说明水质锌监测的重要性。

知识链接

锌（Zn）是生命体必需的微量元素。有几百种酶是由锌组成的，甚至在人体六大酶中都有锌的存在。锌在呼吸作用和蛋白质、糖类等生物大分子的合成代谢中也具有着重要作用。锌对机体的成长发育和组织再生有促进作用，很多研究表明，缺锌会阻碍蛋白质的合成、核苷酸代谢等过程，还可导致胎儿发育受阻、侏儒症等症状。虽然锌对生物体至关重要，但机体对锌的需求量却较低，当锌浓度过高时，会对生物体产生一定的毒性效应。研究表明，Zn^{2+} 暴露会抑制斑马鱼的呼吸运动。分析原因，

可能是因为 Zn^{2+} 可以抑制鱼鳃上相关酶的活性，从而使鳃盖运动受阻。

一般正常成人体内锌含量虽然只有 $1.4\sim2.3mg/kg$，但它却承担了人类约二百多种酶的必要组成，也是多种酶的催化剂。人体内锌大多存在于皮肤、血液、毛发、骨骼、前列腺、肝肾胰脏等器官中。根据 1982 年美国 RDA 标准，婴儿、儿童每天 Zn 补给量为 $0.6\sim1.5mg/kg$，成人每天 $15\sim30mg/kg$。$ZnSO_4$ 对人的最小致死量为 $50mg/kg$，一次摄入 $80\sim100mg/kg$ 即可中毒，儿童更为敏感。

笔记

目前，我国锌含量相关标准如下：地表水Ⅰ类 $50\mu g/L$＜渔业水域水质标准 $100\mu g/L$＜生活饮用水卫生标准＝地表水Ⅱ、Ⅲ类 $1000\mu g/L$＜农田灌溉用水水质标准＝地表水Ⅳ、Ⅴ类 $2000\mu g/L$。我国现行的监测水体中锌含量测定标准见表 2-53。

表 2-53　水体中锌含量测定标准

序号	标准号	标准名称
1	DB21/T 3081—2018	海水中铜、镉、铅、锌的连续测定　极谱法
2	GB/T 31231—2014	水中锌、铅同位素丰度比的测定　多接收电感耦合等离子体质谱法
3	GB 7472—1987	水质锌的测定　双硫腙分光光度法
4	DZ/T 0064.20—2021	地下水质分析方法　第 20 部分：铜、铅、锌、镉、镍和钴量的测定　螯合树脂交换富集火焰原子吸收分光光度法
5	DZ/T 0064.21—2021	地下水质分析方法　第 21 部分：铜、铅、锌、镉、镍、铬、钼和银量的测定　无火焰原子吸收分光光度法
6	DZ/T 0064.22—2021	地下水质分析方法　第 22 部分：铜、铅、锌、镉、锰、铬、镍、钴、钒、锡、铍及钛量的测定　电感耦合等离子体发射光谱法
7	DZ/T 0064.83—2021	地下水质分析方法　第 83 部分：铜、锌、镉、镍和钴量的测定　火焰原子吸收分光光度法
8	GB 7475—1987	水质　铜、锌、铅、镉的测定　原子吸收分光光度法

任务实施

以《水质　铜、锌、铅、镉的测定　原子吸收分光光度法》（GB 7475—87）为例，介绍手工监测的方法。

一、方法原理

将样品或消解处理过的样品直接吸入火焰，在火焰中形成的原子对特征电磁辐射产生吸收，将测得的样品吸光度和标准溶液的吸光度进行比较，确定样品中被测铅元素的浓度。

二、实验试剂（表 2-54）

表 2-54　实验试剂

试剂名称	规格	备注
硝酸	优级纯	
硝酸	分析纯	

续表

试剂名称	规格	备注
高氯酸	优级纯	
乙炔		用钢瓶气或由乙炔发生器供给，纯度不低于 99.6%
空气		一般由气体压缩机供给，进入燃烧器以前应经过适当过滤，以除去其中的水、油和其他杂质
硝酸溶液	(1+1)	使用分析纯硝酸配制
硝酸溶液	(1+499)	使用优级纯硝酸配制
锌储备液	1000mg/L	称取 1.000g 光谱纯金属锌，准确到 0.001g，用优级纯硝酸溶解，必要时加热，直至溶解完全，然后用水稀释定容至 1000mL

三、实验仪器（表 2-55）

表 2-55　实验仪器

名称	型号	数量
原子吸收分光光度计及相应的辅助设备	配有乙炔-空气燃烧器；光源选用空心阴极灯或无极放电灯	1 台
100mL 容量瓶		不少于 6 套
烧杯、移液管等一般实验室器皿		若干

注：实验用的玻璃或塑料器皿用洗涤剂洗净后，在（1+1）硝酸溶液中浸泡，使用前用水冲洗干净。

四、实验步骤

1. 溶液配制

锌标准中间液：$\rho(Zn)=10.0mg/L$。量取 1.00mL 锌储备液至 100mL 容量瓶中。用（1+499）硝酸溶液稀释至标线，混匀。

2. 工作曲线溶液配制

在 100mL 容量瓶中，分别加入 0.5mL、1.00mL、3.00mL、5.00mL、10.0mL 铅标准中间液，然后用（1+499）硝酸溶液稀释至标线。

3. 空白试验

在 100mL 容量瓶中，用（1+499）硝酸溶液代替样品，然后用（1+499）硝酸溶液稀释至标线。

4. 测量

在 213.8nm 特征谱线波长下，吸入（1+499）硝酸溶液，将仪器调零。吸入空白、工作标准溶液、样品，分别记录吸光度。

5. 计算

根据扣除空白吸光度后的样品吸光度，在校准曲线上查出样品中的金属含量。

（1）计算公式

样品中锌浓度 ρ（$\mu g/L$），按式（2-25）进行计算。

$$\rho = \frac{W \times 1000}{V} \tag{2-25}$$

式中　ρ——样品中锌浓度，$\mu g/L$；

　　　W——根据校准曲线计算出样品中的锌含量，mg；

　　　V——取样体积，mL；

（2）结果表示

报告结果时，要指明测定的是溶解的锌还是锌总量。

‹ 课后作业 💡

1. 当总铜、总锌、总镉和总铅分析仪采样管路堵塞时，用（　　）清洗仪器管路。

A. 5% HNO_3　　　　B. 蒸馏水　　　　C. （1+1）HNO_3　　　　D. （1+1）HCl

2. 原子吸收法测定锌含量时，选用的空白样品为＿＿＿＿＿＿＿。

任务二　锌指标自动监测设备及方法

‹ 任务导入

小李要更换密封圈，需要了解锌水质自动在线监测设备的结构。

‹ 知识链接 🎯

仪器的基本组成如图 2-39 所示，主要包含以下单元。

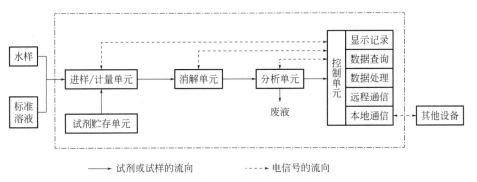

图 2-39　锌水质自动在线监测仪的基本组成

① 进样/计量单元：包括水样、标准溶液、试剂导入部分（含水样通道和标样通道）和计量部分。

② 消解单元：将水样中锌及其化合物转化为锌离子的部分。

③ 分析单元：由反应模块和检测模块组成，通过控制单元完成对待测物质的自动在线分析，并将测定值转换成电信号输出的部分。

④ 控制单元：包括系统控制硬件和软件，实现进样/计量、消解、分析和排液等操作的部分。

根据《锌水质自动在线监测仪技术要求》（DB44/T 1823—2016），锌水质自动在线监测仪应具备以下技术细节。

一、基本要求

① 仪器在醒目处应标识产品铭牌，铭牌标识应符合 GB/T 13306 的要求。

② 显示器无污点、损伤。所有显示界面应为中文，且字符均匀、清晰，屏幕无暗角、黑斑、彩虹、气泡、闪烁等现象，能用显示屏提示进行全程序操作。

③ 机箱外壳应由耐腐蚀材料制成，表面无裂纹、变形、污浊、毛刺等现象，表面涂层均匀，无腐蚀、生锈、脱落及磨损现象。

④ 产品组装应坚固、零部件无松动，按键、开关、门锁等部件灵活可靠。

⑤ 主要部件均应具有相应的标识和文字说明。

⑥ 应在仪器醒目位置标识分析流路图。

⑦ 仪器外壳应满足 GB 4208 规定的 IP52 防护等级的要求。

二、性能要求

① 进样/计量单元。应由防腐蚀和吸附性能较差的材料构成，不会因试剂或试样的腐蚀和吸附而影响测定结果。计量部分应保证水样、标准溶液、试剂等进样的准确性。

② 消解单元。应采用高温、高压、紫外等消解方式，能够将水样中锌及其化合物全部转化为锌离子。应采用耐腐蚀耐高温材料，且易于清洗。应具有自动加热装置和温度传感器，可以设置消解时间和温度。应具有冷却装置和安全防护装置，可保持恒温和恒压。

③ 分析单元。反应模块应由防腐蚀的材料构造，且易于清洗。检测模块的输出信号应稳定。

④ 控制单元。应具有异常信息记录（超量程报警、缺试剂报警、部件故障报警和超标报警等）反馈功能，宜采用声光电等方式报警。应具有对进样/计量、消解和分析等单元的手动和自动清洗功能。应具有意外断电且再度通电后，能自动排出断电前正在测定的待测物质和试剂，自动清洗各通道并复位到重新开始测试的状态。若在断电前处于加热消解状态，再次通电后能自动冷却，并复位到重新开始测试的状态。

数据处理系统应具有数据和运行日志采集、存储、处理、显示和输出等功能，应能存储至少 12 个月的原始数据和运行日志，可以设置条件查询和显示历史数据。仪器数据单位应具备自动标样核查和自动校准功能，并将结果记入运行日志。

应具备高低量程自动切换的功能，量程切换时不影响监测数据的正常显示和信号的正常输出。应具有数字量通信接口，通过数字量通信接口输出相关数据及运行日志，并可接收外部远程控制指令。

三、安全要求

仪器外部结构应符合 GB 4793.1 的相关规定，电源引入线与机壳之间的绝缘电阻应不小于 20MΩ。仪器的电源引入线与机壳之间能承受 50Hz、1.5kV 交流有效值连续 1min 电压试验，限流 5mA，不出现飞弧和击穿现象。仪器的泄漏电流不大于 5mA。

应设有漏电保护装置和过载保护装置，防止人身触电和仪器意外烧毁。仪器标示应符合 GB 4793.1 的相关规定，高温、高压、腐蚀、有毒和有害等危险部位应具有警示标识。应具有良好的接地端口。

四、性能指标（表 2-56）

表 2-56 性能指标

指标名称	性能指标
示值误差	±5%
定量下限	≤0.10mg/L
精密度	≤5%
零点漂移	±5%
量程源移	±5%
电压稳定性	±5%
环境温度稳定性	±10%
离子干扰	±20%
记忆效应	±10%
加标回收率	80%～120%
实际水样比对试验	误差±0.10mg/L（0.10mg/L≤浓度≤1.00mg/L） 相对误差≤15%（浓度>1.00mg/L）
最小维护周期	≥168h
数据有效率	≥90%
一致性	≤10%

◀ 任务实施

使用锌在线分析仪对相同的样品进行分析，以手工分析结果为真值计算锌在线分析仪的相对误差，若相对误差小于 10%，则认为在线分析仪的结果准确。

请同学们设计相关比对表格。

◀ 课后作业

1. 比较用双硫腙分光光度法测定水样中铅、镉、锌的原理、显色条件等有何异同？为减小测定误差，应严格控制哪些因素？

2. 简述锌在线分析仪的性能指标。

3. 用双硫腙分光光度法测定锌时，采用（   ）作掩蔽剂来掩蔽水样中铅、铜等少量金属离子的干扰。

A. 酒石酸钾钠　　　B. 硫代硫酸钠　　　C. 盐酸羟胺　　　D. 氯化汞

项目 十六
矿物油类

📖 项目导读

本项目重点介绍水污染自动监测指标水质矿物油类的定义、手工监测方法、自动监测方法和运营维护等。

🌐 项目学习目标

知识目标　掌握水质矿物油类的意义和测定原理。掌握水质矿物油类测定的方法，掌握水质矿物油类自动监测仪器原理与操作。

能力目标　学会水质矿物油类的测定操作。能够对水质矿物油类的自动监测仪进行运营维护。

素质目标　培养爱岗敬业、诚实守信的水污染自动监测运营职业道德；培养科学严谨、精益求精的生态环保工匠精神；培养团结协作、顾全大局的团队精神。

📚 项目实施

该项目共有两个任务。通过该项目的学习，能操作水质矿物油类的手工监测和运行维护水质矿物油类的自动监测仪器的目的。

任务一　认知矿物油类指标及其手工监测方法

‹ **任务导入**

小李需要向饮用水厂领导说明水质矿物油监测的重要性。

‹ **知识链接** ◎

矿物油类化学物质，是各种烃类的混合物。石油类以溶解态、乳化态和分散态存在于废水中。石油类进入水环境后，其含量为 0.1～0.4mg/L，即可在水面形成油膜，影响水体的复氧过程，造成水体缺氧，危害水生物的生活和有机污染物的好氧降解。当含量超过 3mg/L 时，会严重抑制水体的自净过程。分散油和乳化油影响鱼类的正常生长，使鱼苗畸变，鱼鳃发炎坏死。石油类中的环烃化学物质具有明显的生物毒性。

我国现行的监测水体中矿物油类含量的测定标准见表 2-57。

表 2-57　水体中矿物油类含量测定标准

序号	标准号	标准名称
1	HJ 637—2018	水质　石油类和动植物油类的测定　红外分光光度法
2	HJ 696—2014	水质　松节油的测定　气相色谱法
3	HJ 866—2017	水质　松节油的测定　吹扫捕集/气相色谱-质谱法
4	HJ 893—2017	水质　挥发性石油烃（C6-C9）的测定　吹扫捕集/气相色谱法
5	HJ 894—2017	水质　可萃取性石油烃（C10-C40）的测定　气相色谱法
6	HJ 970—2018	水质　石油类的测定　紫外分光光度法（试行）

笔记

任务实施

以《水质　石油类和动植物油类的测定　红外分光光度法》（HJ 637—2018）为例，介绍手工监测的方法。

一、方法原理

水样在 pH≤2 的条件下用四氯乙烯萃取后，测定油类。将萃取液用硅酸镁吸附去除动植物油类等极性物质后，测定石油类。油类和石油类的含量均由波数分别为 2930cm^{-1}（CH$_2$基团中 C—H 键的伸缩振动）、2960cm^{-1}（CH$_3$基团中 C—H 键的伸缩振动）和 3030cm^{-1}（芳香环中 C—H 键的伸缩振动）处的吸光度 A_{2930}、A_{2960} 和 A_{3030}，根据校正系数进行计算；动植物油类的含量为油类与石油类含量之差。

二、实验试剂（表 2-58）

表 2-58　实验试剂

试剂名称	规格	备注
盐酸	优级纯	
四氯乙烯		以干燥 4cm 空石英比色皿为参比，在 2800～3100cm^{-1} 之间使用 4cm 石英比色皿测定四氯乙烯，2930cm^{-1}、2960cm^{-1}、3030cm^{-1} 处吸光度应分别不超过 0.34、0.07、0
正十六烷标准贮备液	10000mg/L	称取 1.0g（准确至 0.1mg）正十六烷（色谱纯）于 100mL 容量瓶中，用四氯乙烯定容，摇匀。0～4℃冷藏、避光可保存 1 年
异辛烷标准贮备液	10000mg/L	称取 1.0g（准确至 0.1mg）异辛烷（色谱纯）于 100mL 容量瓶中，用四氯乙烯定容，摇匀。0～4℃冷藏、避光可保存 1 年
苯标准贮备液	10000mg/L	称取 1.0g（准确至 0.1mg）苯（色谱纯）于 100mL 容量瓶中，用四氯乙烯定容，摇匀。0～4℃冷藏、避光可保存 1 年

续表

试剂名称	规格	备注
石油类标准贮备液	10000mg/L	按 65∶25∶10（V/V）的比例，量取正十六烷（色谱纯）、异辛烷（色谱纯）和苯（色谱纯）配制混合物。称取 1.0g（准确至 0.1mg）混合物于 100mL 容量瓶中，用四氯乙烯定容，摇匀。0～4℃冷藏、避光可保存 1 年 注：也可按 5∶3∶1（V/V）的比例，量取正十六烷、姥鲛烷和甲苯配制混合物
无水硫酸钠		置于马弗炉内 550℃ 下加热 4h，稍冷后装入磨口玻璃瓶中，置于干燥器内贮存
硅酸镁	150～250μm（100～60 目）	取硅酸镁于瓷蒸发皿中，置于马弗炉内 550℃ 加热 4h，稍冷后移入干燥器中冷却至室温。称取适量的硅酸镁于磨口玻璃瓶中，根据硅酸镁的质量，按 6%（m/m）比例加入适量的蒸馏水，密塞并充分振荡，放置 12h 后使用，于磨口玻璃瓶内保存
玻璃棉		使用前，将玻璃棉用四氯乙烯浸泡洗涤，晾干备用
吸附柱		在内径 10mm、长约 200mm 的玻璃柱出口处填塞少量的玻璃棉，将硅酸镁缓缓倒入玻璃柱中，边倒边轻轻敲打，填充高度约为 80mm

三、实验仪器（表 2-59）

表 2-59　实验仪器

名称	要求	数量
红外测油仪或红外分光光度计	能在 2930cm^{-1}、2960cm^{-1}、3030cm^{-1} 处测量吸光度，并配有 4cm 带盖石英比色皿	1 台
水平振荡器		1 台
采样瓶	500mL 广口玻璃瓶	若干
玻璃漏斗		
锥形瓶	50mL 具塞磨口	
比色管	25mL、50mL 具塞磨口	
分液漏斗	1000mL 具聚四氟乙烯旋塞	
量筒	1000mL	
烧杯、移液管等一般实验室器皿		若干

四、实验步骤

1. 溶液配制

① 正十六烷标准使用液：$\rho = 1000$mg/L。将正十六烷标准贮备液用四氯乙烯稀释定容于 100mL 容量瓶中。

② 异辛烷标准使用液：$\rho = 1000$mg/L。将异辛烷标准贮备液用四氯乙烯稀释定

容于 100mL 容量瓶中。

③ 苯标准使用液：$\rho = 1000mg/L$。将苯标准贮备液用四氯乙烯稀释定容于 100mL 容量瓶中。

④ 石油类标准使用液：$\rho = 1000mg/L$。将石油类标准贮备液用四氯乙烯稀释定容于 100mL 容量瓶中。

📝 笔记

2. 校准

分别量取 2.00mL 正十六烷标准使用液、2.00mL 异辛烷标准使用液和 10.00mL 苯标准使用液于 3 个 100mL 容量瓶中，用四氯乙烯定容至标线，摇匀。正十六烷、异辛烷和苯标准溶液的浓度分别为 20.0mg/L、20.0mg/L 和 100mg/L。

以 4cm 石英比色皿加入四氯乙烯为参比，分别测量正十六烷、异辛烷和苯标准溶液在 $2930cm^{-1}$、$2960cm^{-1}$、$3030cm^{-1}$ 处的吸光度 A_{2930}、A_{2960}、A_{3030}。将正十六烷、异辛烷和苯标准溶液在上述波数处的吸光度按式（2-26）联立方程式，经求解后分别得到相应的校正系数 X，Y，Z 和 F。

$$\rho = XA_{2930} + YA_{2960} + Z\left(A_{3030} - \frac{A_{2930}}{F}\right) \tag{2-26}$$

式中　ρ——四氯乙烯中油类的含量，mg/L；

　　A_{2930}，A_{2960}，A_{3030}——各对应波数下测得的吸光度；

　　X——与 CH_2 基团中 C—H 键吸光度相对应的系数，mg/L 吸光度；

　　Y——与 CH_3 基团中 C—H 键吸光度相对应的系数，mg/L 吸光度；

　　Z——与芳香环中 C—H 键吸光度相对应的系数，mg/L/吸光度；

　　F——脂肪烃对芳香烃影响的校正因子，即正十六烷在 $2930cm^{-1}$ 与 $3030cm^{-1}$ 处的吸光度之比。

对于正十六烷和异辛烷，由于其芳香烃含量为零，即 $A_{3030} = \dfrac{A_{2930}}{F} = 0$，则有：

$$F = \frac{A_{2930}}{A_{3030}} \tag{2-27}$$

$$\rho(H) = XA_{2930}(H) + YA_{2960}(H) \tag{2-28}$$

$$\rho(I) = XA_{2930}(I) + YA_{2960}(I) \tag{2-29}$$

由式（2-27）可得 F 值，由式（2-28）和式（2-29）可得 X 和 Y 值，对于苯，则有：

$$\rho(B) = XA_{2930}(B) + YA_{2960}(B) + Z\left(A_{3030}(B) - \frac{A_{2930}(B)}{F}\right) \tag{2-30}$$

式中　　　　　　　　　　$\rho(H)$——正十六烷标准溶液的浓度，mg/L；

　　　　　　　　　　　　$\rho(I)$——异辛烷标准溶液的浓度，mg/L；

　　　　　　　　　　　　$\rho(B)$——苯标准溶液的浓度，mg/L；

$A_{2930}(H)$，$A_{2960}(H)$，$A_{3030}(H)$——各对应波数下测得正十六烷标准溶液的吸光度；

$A_{2930}(X)$，$A_{2960}(X)$，$A_{3030}(X)$——各对应波数下测得异辛烷标准溶液的吸光度；

$A_{2930}(B)$，$A_{2960}(B)$，$A_{3030}(B)$——各对应波数下测得苯标准溶液的吸光度。

由式（2-30）可得 Z 值。

3. 油类的测定

将样品转移至 1000mL 分液漏斗中，量取 50mL 的四氯乙烯洗涤样品瓶后，全部转移至分液漏斗中，充分振荡 2min，并经常开启旋塞排气，静置分层；用镊子取玻璃棉置于玻璃漏斗，取适量的无水硫酸钠铺于上面；打开分液漏斗旋塞，将下层有机相萃取液通过装有无水硫酸钠的玻璃漏斗放至 50mL 比色管中，用适量四氯乙烯润洗玻璃漏斗，润洗液合并至萃取液中，用四氯乙烯定容至刻度。将上层水相全部转移至量筒，测量样品体积 V_w 并记录。

将萃取液转移至 4cm 石英比色皿中，以四氯乙烯作参比，于 2930cm^{-1}、2960cm^{-1}、3030cm^{-1} 处测量其吸光度 A_{2930}、A_{2960}、A_{3030}。

4. 石油类的测定

（1）振荡吸附法

取 25mL 萃取液，倒入装有 5g 硅酸镁的 50mL 锥形瓶，置于水平振荡器上，连续振荡 20min，静置，将玻璃棉置于玻璃漏斗中，萃取液倒入玻璃漏斗过滤至 25mL 比色管，用于测定石油类。

（2）吸附柱法

取适量的萃取液过硅酸镁吸附柱，弃去前 5mL 滤出液，余下部分接入 25mL 比色管中，用于测定石油类。

将经硅酸镁吸附后的萃取液转移至 4cm 石英比色皿中，以四氯乙烯作参比，于 2930cm^{-1}、2960cm^{-1}、3030cm^{-1} 处测量其吸光度 A_{2930}、A_{2960}、A_{3030}。

5. 空白试样的测定

用实验用水加入盐酸溶液（1+1）酸化至 pH≤2 作为空白样品。将样品转移至 1000mL 分液漏斗中，量取 50mL 的四氯乙烯洗涤样品瓶后，全部转移至分液漏斗中，充分振荡 2min，并经常开启旋塞排气，静置分层；用镊子取玻璃棉置于玻璃漏斗，取适量的无水硫酸钠铺于上面；打开分液漏斗旋塞，将下层有机相萃取液通过装有无水硫酸钠的玻璃漏斗放至 50mL 比色管中，用适量四氯乙烯润洗玻璃漏斗，润洗液合并至萃取液中，用四氯乙烯定容至刻度。将上层水相全部转移至量筒，测量样品体积 V_w 并记录。

将萃取液转移至 4cm 石英比色皿中，以四氯乙烯作参比，于 2930cm^{-1}、2960cm^{-1}、3030cm^{-1} 处测量其吸光度 A_{2930}、A_{2960}、A_{3030}。

6. 计算

（1）计算公式

① 油类或石油类浓度的计算　样品中油类或石油类浓度按式（2-31）计算。

$$\rho = \left[XA_{2930} + YA_{2960} + Z\left(A_{3030} - \frac{A_{2930}}{F}\right)\right] \times \frac{V_0 D}{V_w} - \rho_0 \qquad (2-31)$$

式中　　　　ρ——样品中油类或石油类的浓度，mg/L；

ρ_0——空白样品中油类或石油类的浓度，mg/L；

X——与 CH$_2$ 基团中 C—H 键吸光度相对应的系数，mg/L 吸光度；

Y——与 CH$_3$ 基团中 C—H 键吸光度相对应的系数，mg/L 吸光度；

Z——与芳香环中 C—H 键吸光度相对应的系数，mg/L 吸光度；

F——脂肪烃对芳香烃影响的校正因子，即正十六烷在 2930cm^{-1} 与 3030cm^{-1} 处的吸光度之比；

A_{2930}，A_{2960}，A_{3030}——各对应波数下测得的吸光度；

V_0——萃取溶剂的体积，mL；

V_w——样品体积，mL；

D——萃取液稀释倍数。

② 动植物油类浓度的计算　样品中动植物油类按式（2-32）计算。

$$\rho(动植物油类)=\rho(油类)-\rho(石油类) \tag{2-32}$$

式中　ρ（动植物油类）——样品中动植物油类的浓度，mg/L；

ρ（油类）——样品中油类的浓度，mg/L；

ρ（石油类）——样品中石油类的浓度，mg/L。

（2）结果表示

测定结果小数点后位数的保留与方法检出限一致，最多保留 3 位有效数字。

课后作业

1. 石油及其产品在紫外光区有特征吸收，带有_____的芳香族化合物，主要吸收波长为_____。带有共轭双键的化合物主要吸收波长为_____。一般原油的两个吸收波长为_____和_____。

2. 测定石油类时将萃取液用硅酸镁吸附的目的是_____。

任务二　矿物油指标自动监测设备及方法

任务导入

小李要更换密封圈，需要了解水质在线红外测油设备的结构。

知识链接

仪器的基本组成，主要包含以下单元。

① 进样/计量单元：包括水样、标准溶液、试剂导入部分（含水样通道和标样通道）和计量部分。

② 分析单元：由萃取模块和检测模块组成，通过控制单元完成对待测物质的自动在线分析，并将测定值转换成电信号输出的部分。

③ 控制单元：包括系统控制硬件和软件，实现进样/计量、消解、分析和排液等操作的部分。

根据《水质在线红外测油仪技术条件》（DB37/T 1845—2011），水质在线红外测油仪应具备以下技术细节。

一、外观要求

① 仪器及附件的所有紧固件应紧固良好；连接件应连接良好；运动部件应运动灵活、平稳；仪器内各种管路接口必须可靠密封，避免漏液。面板显示清晰、完整，微机输入指令时，各相应的功能应正常。

② 仪器上应有名称、型号、出厂编号、制造日期、制造厂名、制造计量器具许

可证标志及编号，并附有说明书。

③ 新制造仪器的所有电镀表面不应有脱皮现象，喷涂表面色泽应均匀，不得有明显的擦伤、露底、裂纹、起泡及锈蚀现象，外部露件结合处应整齐，无粗糙不平现象。使用中仪器不应有影响其正常工作的损伤。

二、功能要求

① 测油仪应具有设置、校正、显示功能，包括年、月、日、时、分、秒。

② 当仪器工作时意外断电时且恢复通电后，仪器能自动排出断电前正在测定的试样和试剂，自动清洗各通道，自动恢复到重新开始测定的状态。

③ 仪器发生故障时，系统应具有自动保护功能：停止运行、报警，直至重新设定运行。

三、性能要求（表 2-60）

表 2-60　性能要求

项目	技术性能
零点漂移	不大于 8%
示值误差	±10%
重复性	不大于 5%
示值稳定性	不大于 10%
萃取效率	≥90%
平均无故障连续运行时间	≥168h/次

‹ 任务实施

使用矿物油在线分析仪对相同的样品进行分析，以手工分析结果为真值计算矿物油在线分析仪的相对误差，若相对误差小于 10%，则认为在线分析仪的结果准确。

请同学们设计相关比对表格。

‹ 课后作业

1. 紫外分光光度法测定矿物油的方法原理是什么？
2. 简述紫外光度法测定油类的操作步骤。
3. 紫外光度法测定矿物油的范围是多少？
4. 某样品 1000mL 酸化萃取后定容 50mL，测其吸光度，从校准曲线上查得矿物油含量为 0.4mg，求样品中矿物油的浓度。并说出该水样符合地面水几类水质。

项目  十七

氰化物

📋 **项目导读**

本项目重点介绍水污染自动监测指标水质氰化物的定义、手工监测方法、自动监测方法和运营维护等。

🌐 **项目学习目标**

知识目标　掌握水质氰化物的意义和测定原理。掌握水质氰化物测定的方法，掌握水质氰化物自动监测仪器原理与操作。

能力目标　学会水质氰化物的测定操作。能够对水质氰化物的自动监测仪进行运营维护。

素质目标　培养爱岗敬业、诚实守信的水污染自动监测运营职业道德；培养科学严谨、精益求精的生态环保工匠精神；培养团结协作、顾全大局的团队精神。

🗃️ **项目实施**

该项目共有两个任务。通过该项目的学习，能操作水质氰化物的手工监测和运行维护水质氰化物的自动监测仪器的目的。

任务一　认知氰化物指标及其手工监测方法

〈 **任务导入**

小李需要向饮用水厂领导说明水质氰化物监测的重要性。

〈 **知识链接** 🎯

氰化物是极毒物质，特别是在酸性条件下，成为剧毒的氢氰酸。含氰废水必须经过处理才可排入水道或河流中。人的口服致死量，氰化钾为 120mg/kg、氰化钠为 100mg/kg。少量氰化物经消化道长期进入人体，会引起慢性中毒，经动物实验所得的阈下浓度为 0.005mg/kg（体重）。长期饮用含氰 0.14mg/L 的水会出现头痛、头晕、心悸等症状。

氰化物的来源主要是人类的生产活动。氰化物是工业生产的原料或辅料，如 HCN 用于生产聚丙烯腈纤维；氰化钠用于金属电镀，以及药品和塑料的生产；氰化

钾用于白金的电解精炼，金属的着色、电镀，以及制药等化学工业。

我国现行的监测水体中氰化物含量的测定标准见表2-61。

表 2-61　水体中氰化物含量的测定标准

序号	标准号	标准名称
1	DB23/T 2487—2019	水质　氰化物的测定　连续流动分析法
2	DZ/T 0064.52—2021	地下水质分析方法　第52部分：氰化物的测定　吡啶-吡唑啉酮分光光度法
3	DZ/T 0064.86—2021	地下水质分析方法　第86部分：氰化物的测定　流动注射在线蒸馏法
4	HJ 484—2009	水质　氰化物的测定　容量法和分光光度法
5	HJ 659—2013	水质　氰化物等的测定　真空检测管-电子比色法
6	HJ 823—2017	水质　氰化物的测定　流动注射-分光光度法

任务实施

以《水质　氰化物的测定　流动注射-分光光度法》（HJ 823—2017）为例，介绍手工监测总氰化物的方法。

一、方法原理

1. 流动注射仪工作原理

在封闭的管路中，将一定体积的试样注入连续流动的载液中，试样与试剂在化学反应模块中按特定的顺序和比例混合、反应，在非完全反应的条件下，进入流动检测池进行光度检测。

2. 异烟酸-巴比妥酸法反应原理

在酸性条件下，样品经140℃高温、高压水解及紫外消解，释放出的氰化氢气体被氢氧化钠溶液吸收。吸收液中的氰化物与氯胺T反应生成氯化氰，然后与异烟酸反应水解生成成烯二醛，再与巴比妥酸作用生成蓝紫色化合物，于600nm波长处测量吸光度。具体工作流程见图2-40。

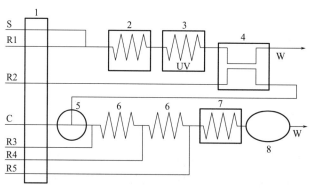

图 2-40　流动注射-分光光度法测定氰化物参考工作流程图

1—蠕动泵；2—加热池（140℃）；3—紫外消解装置；4—扩散池；5—注入阀；6—反应环；

7—加热池（60℃）；8—检测池 10mm，660nm 或 570nm；R1—磷酸溶液；R2—氢氧化钠溶液；

R3—磷酸盐缓冲溶液；R4—氯胺-T溶液；R5—吡啶-巴比妥酸溶液；

C—载液（氢氧化钠溶液）；W—废液

二、实验试剂（表 2-62）

表 2-62　实验试剂

试剂名称	规格	备注
磷酸溶液	0.67mol/L	在 700mL 左右水中，缓慢加入 45mL 磷酸（$\rho=1.69$g/mL），用水稀释至 1000mL，混匀
氢氧化钠溶液	20g/L	称取 2.0g 氢氧化钠（优级纯）溶于适量水中，溶解后加水定容至 100mL。该溶液移至塑料容器中保存
氢氧化钠溶液	0.025mol/L	称取 1.0g 氢氧化钠溶于适量水中，溶解后移至 1000mL 容量瓶中，加水至标线，混匀。该溶液移至塑料容器中保存
磷酸盐缓冲液	pH=4.24	称取 95.0g 无水磷酸二氢钾溶于 800mL 水中（磁力搅拌 2h 左右可完全溶解），溶解后加水定容至 1L。若有沉淀形成，可过滤或弃去不用。该溶液可保存 1 个月
氯胺-T 溶液 I	6g/L	称取 3.0g 氯胺-T 溶于 500mL 水中，混匀。临用时现配。注：氯胺-T 易氧化，开封后应尽量贮存在干燥器中。此试剂开封六个月后，核查后再用
氯胺-T 溶液 II	2g/L	称取 1.0g 氯胺-T 溶于 500mL 水中，混匀。临用时现配
吡啶-巴比妥酸溶液		称取 7.5g 巴比妥酸于 500mL 烧杯中，加入 50mL 水，边搅拌边加入 37.5mL 吡啶，再加入 7.5mL 盐酸（$\rho=1.19$g/mL）及 412mL 水，直到巴比妥酸完全溶解。贮存于棕色瓶中，用时现配。存放于冰箱中可稳定一周。注：巴比妥酸试剂开盖一年后，建议不再使用
氯化钠标准溶液	0.0100mol/L	称取 0.2922g 氯化钠（基准级）溶于适量水中，溶解后移至 500mL 容量瓶中，加水定容至标线，混匀。氯化钠在 600℃ 下干燥 1h，干燥器内冷却，待用
硝酸银标准溶液	0.0100mol/L	称取 0.850g 硝酸银溶于水中，溶解后加水定容至 500mL。该溶液贮存于棕色瓶中，临用前用氯化钠标准溶液标定
氰化物标准贮备液	1000mg/L（以 CN⁻ 计）	称取 1.0g 氢氧化钾（优级纯）溶于 400mL 左右水中，再加入 1.252g 氰化钾，完全溶解后加水定容至 500mL，混匀。该溶液需每周进行标定。或购买有证标准物质配置的氰化物标准贮备液
氰化物标准使用液	500μg/L（以 CN⁻ 计）	量取适量的氰化物标准贮备液，用氢氧化钠溶液逐级稀释制备
铬酸钾指示液		称取 10.0g 铬酸钾溶于少量水中，滴加几滴硝酸银溶液至产生橙红色沉淀为止，放置过夜后，过滤，用水稀释至 100mL
试银灵指示液		称取 0.02g 试银灵溶于 100mL 丙酮中。该溶液贮存于棕色瓶中，暗处保存，可保存 1 个月
氮气	>99.99%	

注：除非另有说明，分析时均使用符合国家标准的分析纯试剂，实验用水为新制备的去离子水或蒸馏水。实验所用试剂和水均需用氮气或超声除气，具体方法：使用 140kPa 的氮气通过氮导气管 1min 除气，或使用超声波振荡 15～30min 除气。

三、实验仪器（表 2-63）

表 2-63　实验仪器

名称	要求	数量
流动注射仪	包括自动进样器、化学反应模块（预处理通道、注入泵、反应通道及流动检测池，光程一般为 10mm，通光管道孔径约 1.5mm）、蠕动泵、数据处理系统	1 台
分析天平	精度为 0.1mg	
超声波仪	频率 40kHz	
50mL 比色管		不少于 9 套
烧杯、移液管等一般实验室器皿		若干

四、实验步骤

1. 溶液标定

硝酸银溶液标定方法：量取 10.00mL 氯化钠标准溶液于 150mL 锥形瓶中，加入 50mL 水。向锥形瓶中加入 3～5 滴铬酸钾指示液，在不断旋摇下，从滴定管加入待标定的硝酸银标准溶液直至溶液由黄色变成浅砖红色为止，记录硝酸银标准溶液用量（V_1）同时，用 10.00mL 水代替氯化钠标准溶液做空白试验。硝酸银标准溶液的浓度按式（2-33）计算

$$c = \frac{c_1 \times 10.00}{V_1 - V_0} \tag{2-33}$$

式中　c——硝酸银标准溶液的浓度，mol/L；

c_1——氯化钠标准溶液的浓度 mol/L；

V_1——滴定氯化钠标准浴液时，硝酸银标准溶液的用量，mL；

V_0——空白滴定时，硝酸银标准溶液的用量，mL。

氰化物标准贮备液的标定方法：量取 10.00mL 氰化物标准贮备液于锥形瓶中，加入 50mL 水和 1mL 氢氧化钠溶液，加入 0.2mL 试银灵指示液，用硝酸银标准溶液滴定，溶液由黄色刚好变为橙红色为止，记录硝酸银标准溶液用量（V_1）。同时，用 10mL 水代替氰化物标准贮备液做空白试验，记录硝酸银标准溶液用量（V_0）。

氰化物标准贮备液的浓度按式（2-34）计算。

$$\rho = \frac{c(V_1 - V_0) \times 52.04}{10.00} \times 10^6 \tag{2-34}$$

式中　ρ——氰化物标准贮备液的浓度，mg/L；

c——硝酸银标准溶液浓度，mol/L；

V_0——滴定空白溶液时，硝酸银标准溶液用量，mL；

V_1——滴定氰化钾标准贮备液时，硝酸银标准溶液用量，mL；

52.04——氰离子（$2CN^-$）的摩尔质量，g/mol；

10.00——氰化钾标准贮备液的体积，mL。

2. 样品采集

按照 HJ/T 91 和 HJ/T 164 的相关规定进行水样的采集。样品应采集在密闭的塑料样品瓶中。样品采集后，应立即加入氢氧化钠固定，一般每升水样加 0.5g 固体氢氧化钠。

当水样酸度高时，应多加固体氢氧化钠，使样品的 pH 至 12～12.5 之间。采集的样品尽快测定。否则，应将样品贮存于 4℃ 以下，并在采样后 24h 内进行测定。

测定总氰化物和易释放氰化物，使用不带在线蒸馏的方法模块进行分析时，预处理操作分别按照 HJ 484 中的规定进行。

【注意】有明显颗粒物的样品应用超声仪超声粉碎后进样。

3. 仪器的调试

按照仪器说明书安装分析系统、调试仪器及设定工作参数。按仪器规定的顺序开机后，以纯水代替所有试剂，检查整个分析流路的密闭性及液体流动的顺畅性。待基线稳定后（约 30min），系统开始泵入试剂，待基线再次稳定后，进行操作。

4. 校准

异烟酸-巴比妥酸法标准的系列的制备。于一组容量瓶中分别量取适量的氰化物标准使用液，用氢氧化钠溶液稀释至标线并混匀，制备 6 个浓度点的标准系列，氰化物质量浓度（以 CN^- 计）分别为：0.00、$2.00\mu g/L$、$5.00\mu g/L$、$10.0\mu g/L$、$50.0\mu g/L$、$100\mu g/L$。

5. 校准曲线的绘制

量取适量标准系列溶液分别置于样品杯中，从低浓度到高浓度依次取样分析，得到不同浓度氰化物的信号值（峰面积）。以信号值（峰面积）为纵坐标，对应的氰化物质量浓度（以 CN^- 计，$\mu g/L$）为横坐标，绘制校准曲线。

6. 测定

按照与绘制校准曲线相同的测定条件，量取适量待测样品进行测定，记录信号值（峰面积）。如果浓度高于标准曲线最高点，要对样品进行稀释。

7. 空白试验

用 10mL 水代替样品，按照与样品分析相同步骤进行测定，记录信号值（峰面积）。

8. 计算

（1）计算公式

样品中的氰化物浓度（以 CN^- 计，mg/L），按式（2-35）计算。

$$\rho = \frac{y-a}{b} \times f \times 10^{-3} \qquad (2\text{-}35)$$

式中 ρ——样品中氰化物的质量浓度，mg/L；

    y——测定信号值（峰面积）；

    a——校准曲线方法的截距；

    b——校准曲线方法的斜率；

    f——稀释倍数。

（2）结果表示

当测定结果小于 1mg/L 时，保留小数点后三位，测定结果大于等于 1mg/L 时，保留三位有效数字。

课后作业

1.采集的氰化物样品，必须立即加_____固定，一般每升水样加_____g 固体_____。当水样酸度高时，应多加固体_____，使样品的 pH＞12，在_____℃下保存，并应在_____h 内分析样品。

2.测定氰化物含量的水样采集后若未能立即分析则需用硫酸溶液调节 pH＜2 后保存（　　）。

任务二　氰化物指标自动监测设备及方法

任务导入

小李要更换密封圈，需要了解氰化物在线自动监测设备的结构。

知识链接

氰化物在线自动监测仪（图 2-41）主要由采样系统、水样处理系统、检测系统、数据采集显示和传输系统等组成，根据测量原理的不同，主要分为两类。

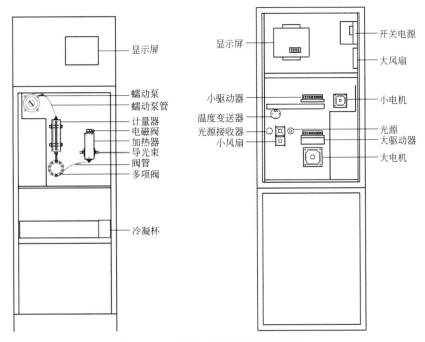

图 2-41　氰化物在线自动监测仪结构

第一类是光度法。仪器的基本原理为：氰化物在线监测装置根据异烟酸-巴比妥酸比色法，并在此基础上改进，在中性条件下，氰化物与氯胺-T 溶液反应生成氯化氰，再与异烟酸作用，经水解后生成成烯二醛，最后与吡啶-巴比妥酸溶液反应，生成紫蓝色染料，在碱性条件下比色。在特征波长处进行比色，根据吸光度来计算水样中氰化物的浓度。

第二类是电极法。电极法是通过测量电极电位获得水样中氰化物含量。

根据《氰化物在线自动监测仪检定规程》（JJG（粤）010—2016），氰化物在线自动监测仪应具备以下技术细节。

📑笔记

一、通用要求

1. 外观与常规要求

仪器应具有下列标识：名称、型号、出厂编号、制造厂名及制造日期，铭牌应清晰地贴在明显处。仪器及附件的所有零件应紧固无松动，不应有妨碍正常工作的机械损伤；仪器内外各种管路连接口无漏液现象；通电后，各部件都能正常工作，各旋钮、按键应能正常调节，仪器显示单元和显示结果应清晰完整。

2. 安全要求

仪器电源的相线对地的绝缘电阻应不小于20MΩ。仪器的电源进线与机壳之间能承受50Hz、1.5kV交流有效值连续1min电压试验，限流5mA，不出现飞弧和击穿现象仪器的泄漏电流不大于5mA。

二、性能要求（表2-64）

表 2-64　性能要求

计量性能	技术要求
最大允许误差	±10%
重复性	≤5.0%
稳定性	24h内不超过±10%

注：最大允许误差为示值误差的最大允许误差。

◀ 任务实施

使用氰化物在线分析仪对相同的样品进行分析，以手工分析结果为真值计算氰化物在线分析仪的相对误差，若相对误差小于10%，则认为在线分析仪的结果准确。

请同学们设计相关比对表格。

◀ 课后作业

1.异烟酸-吡唑啉酮光度法水浴温度____℃，加热过程中，溶液颜色由____到____。

2.异烟酸-吡唑啉酮光度法的测定波长是____nm，吡啶-巴比妥酸光度法的测定波长是____nm。

3.氰化物属于____物，水中氰化物可分为____和____。

4.氰化物测定过程中的干扰物质有哪些？怎样排除？（至少写出三种）

5.200mL某样品进行蒸馏，馏出液为100mL，取10mL馏出液进行比色，测得吸光度。从校准曲线上查了总氰化物的含量为4.20μg，计算样品的总氰化物浓度，样品符合地表水几类标准？

项目 十八
硫化物

项目导读

本项目重点介绍水污染自动监测指标水质硫化物的定义、手工监测方法、自动监测方法和运营维护等。

项目学习目标

知识目标　掌握水质硫化物的意义和测定原理。掌握水质硫化物测定的方法，掌握水质硫化物自动监测仪器原理与操作、新工艺、新方法。

能力目标　学会水质硫化物的测定操作。能够对水质硫化物的自动监测仪进行运营维护。

素质目标　培养爱岗敬业、诚实守信的水污染自动监测运营职业道德；培养科学严谨、精益求精的生态环保工匠精神；培养团结协作、顾全大局的团队精神。

项目实施

该项目共有两个任务。通过该项目的学习，能操作水质硫化物的手工监测和运行维护水质硫化物的自动监测仪器的目的。

任务一　认知硫化物指标及其手工监测方法

任务导入

小李需要向饮用水厂领导说明水质硫化物监测的重要性。

知识链接

水体中的硫化物是指水中溶解性的无机硫化物和酸溶性金属硫化物，包括溶解性的 H_2S，HS^-，S^{2-}，以及存在于悬浮物中的可溶性硫化物和酸可溶性金属硫化物。

硫化物的毒性主要是指硫化氢毒性。硫化氢是一种带有臭鸡蛋气味的可溶性气体，是危害水产动物的剧毒物质。当养殖水体硫化氢浓度过高时，硫化氢可通过渗透与吸收进入鱼、虾、蟹的组织与血液，与血红素的中铁结合，破坏了血红素的结构，使血红蛋白丧失结合氧分子的能力，使血液呈巧克力样色；同时硫化氢对鱼类的皮肤和黏膜有很强的刺激和腐蚀作用，使组织产生凝血性坏死，导致鱼虾呼吸困难，甚至死亡。

📄 笔记

我国《渔业水质标准》规定水体硫化物的浓度不超过 0.2mg/L。对于某些特种养殖及苗种培育，养殖水体中有毒硫化氢的浓度应严格控制在 0.1mg/L 以下。硫化氢浓度高于 0.2mg/L 时，其毒性随着浓度的升高而增加。

我国现行的监测水体中硫化物含量的测定标准见表 2-65。

表 2-65　水体中硫化物含量的测定标准

序号	标准号	标准名称
1	DZ/T 0064.66—2021	地下水质分析方法　第 66 部分：硫化物的测定　碘量法
2	DZ/T 0064.67—2021	地下水质分析方法　第 67 部分：硫化物的测定　对氨基二甲基苯胺分光光度法
3	DZ/T 0064.74—2021	地下水质分析方法　第 74 部分：氦气、氢气、氧气、氩气、氮气、甲烷、一氧化碳、二氧化碳和硫化氢的测定　气相色谱法
4	GB/T 15504—1995	水质　二硫化碳的测定　二乙胺乙酸铜分光光度法
5	GB/T 16489—1996	水质　硫化物的测定　亚甲基蓝分光光度法
6	HJ/T 200—2005	水质　硫化物的测定　气相分子吸收光谱法
7	HJ/T 60—2000	水质　硫化物的测定　碘量法
8	HJ 824—2017	水质　硫化物的测定　流动注射-亚甲基蓝分光光度法
9	SL/T 788—2019	水质　总氮、挥发酚、硫化物、阴离子表面活性剂和六价铬的测定　连续流动分析—分光光度法

任务实施

以《水质　硫化物的测定　流动注射-亚甲基蓝分光光度法》（HJ 824—2017）为例，介绍手工监测总硫化物的方法。

一、方法原理

1. 流动注射分析仪工作原理

在封闭的管路中，将一定体积的试样注入连续流动的载液中，试样与试剂在化学反应模块中按特定的顺序和比例混合、反应，在非完全反应的条件下，进入流动检测池进行光度检测。

2. 化学反应原理

在酸性介质下，样品通过 65℃±2℃ 在线加热释放的硫化氢气体被氢氧化钠溶液吸收。吸收液中硫离子与对氨基二甲基苯胺和三氯化铁反应生成亚甲基蓝，于 660nm 波长处测量吸光度。具体工作流程见图 2-42。

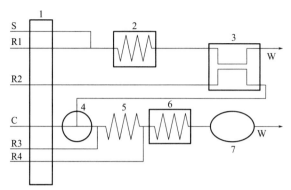

图 2-42 流动注射-分光光度法测定硫化物参考工作流程图
1—蠕动泵；2—加热池（65℃）；3—扩散池；4—注入阀；5—反应环；6—加热池（30℃）；
7—检测池 10mm，660nm；R1—磷酸溶液；R2—氢氧化钠溶液；R3—对氨基二甲苯胺溶液；
R4—三氯化铁溶液；C—载液（氢氧化钠溶液）；W—废液

二、实验试剂(表 2-66)

表 2-66 实验试剂

试剂名称	规格	备注
抗坏血酸		
硫酸溶液	(1+5)	硫酸（优级纯）与水的体积比为 1∶5
盐酸溶液	3mol/L	在 600mL 左右的水中，缓慢加入 248mL 盐酸（优级纯），用水稀释至 1000mL，混匀
稀盐酸溶液	0.20mol/L	在 700mL 左右的水中，缓慢加入 16.5mL 盐酸（优级纯），用水稀释至 1000mL，混匀
磷酸溶液	(1+10)	磷酸（优级纯）与水的体积比为 1∶10
高浓度氢氧化钠溶液	15mol/L	称取 60.0g 氢氧化钠（优级纯）溶于适量水中，溶解后移至 100mL 容量瓶中，用水定容至标线，混匀
中浓度氢氧化钠溶液	1mol/L	称取 4.0g 氢氧化钠（优级纯）溶于适量水中，溶解后移至 100mL 容量瓶中，用水定容至标线，混匀
低浓度氢氧化钠溶液	0.025mol/L	称取 1.0g 氢氧化钠（优级纯）溶于适量水中，溶解后移至 1000mL 容量瓶中，用水定容至标线，混匀
三氯化铁溶液		称取 6.65g 三氯化铁溶于适量盐酸溶液中，溶解后移至 500mL 容量瓶中，用盐酸溶液定容至标线，混匀
对氨基二甲基苯胺溶液		称取 0.50g 对氨基二甲苯胺溶于适量盐酸溶液中，溶解后移至 500mL 容量瓶中，用盐酸溶液定容至标线，混匀。如果该溶液颜色变暗，应重新配制
重铬酸钾标准溶液	0.1000mol/L	称取 2.4515g 重铬酸钾（基准或优级纯）溶于适量水中，溶解后移至 500mL 容量瓶中，用水定容至标线，混匀
碘溶液	$c(1/2I_2)=0.100mol/L$	称取 6.35g 碘于 250mL 烧杯中，加入 20g 碘化钾和适量水，溶解后移至 500mL 棕色容量瓶中，用水定容至标线，混匀
硫代硫酸钠标准溶液	$c\left(\dfrac{1}{2}Na_2S_2O_3\right)\approx$ 0.1mol/L	称取 12.25g 硫代硫酸钠溶于煮沸放冷的水中，加入 0.1g 碳酸钠，移至 500mL 容量瓶中，用水定容至标线，混匀。该溶液贮存于棕色瓶中。临用前用重铬酸钾溶液标定

续表

试剂名称	规格	备注
淀粉溶液	10g/L	称取 1g 可溶性淀粉，用少量水调成糊状，缓慢加入100mL 沸水，冷却后贮存于试剂瓶中，现用现配
乙酸锌-乙酸钠溶液		称取 25g 乙酸锌和 6.26g 乙酸钠溶于 500mL 水中，混匀
硫化钠标准贮备液	100mg/L	称取 0.375g 硫化钠溶于适量中浓度氢氧化钠溶液中，移至 500mL 棕色容量瓶中，用低浓度氢氧化钠溶液定容至标线，混匀。该溶液贮存于棕色容量瓶中，标定后使用。或购买有证标准溶液。
硫化钠标准使用液		用中浓度氢氧化钠溶液调节水 pH 为 10～12 后，取150mL 于 200mL 棕色容量瓶中，加入 1～2mL 乙酸锌-乙酸钠溶液，混匀。量取一定量刚标定过的硫化钠标准贮备液边振荡边滴入上述棕色容量瓶中，再用已调 pH 为 10～12 的水稀释至标线，充分摇匀。此溶液存放在棕色瓶中室温下可保存半年。每次使用时，应充分摇匀后取用
氮气	>99.99%	

注：除非另有说明，分析时均使用符合国家标准的分析纯试剂。实验用水为新鲜制备的去离子水或蒸馏水。除标准溶液外，其他溶液和实验用水均用氮气或超声除气。

三、实验仪器（表 2-67）

表 2-67　实验仪器

名称	要求	数量
流动注射仪	包括自动进样器、化学反应模块（预处理通道、注入泵、反应通道及流动检测池，光程一般为 10mm，通光管道孔径约 1.5mm）、蠕动泵、数据处理系统	1 台
分析天平	精度为 0.1mg	
超声波仪	频率 40kHz	
50mL 比色管		不少于 9 套
烧杯、移液管等一般实验室器皿		若干

四、实验步骤

1. 溶液标定

硫代硫酸钠标准溶液标定方法：于 250mL 碘量瓶中加入 1g 碘化钾、50mL 水、15.00mL 重铬酸钾标准溶液，振摇至完全溶解后加 5mL 硫酸溶液，立即密塞混匀。在暗处放置 5min 后，用硫代硫酸钠溶液滴定至淡黄色，加入 1mL 淀粉溶液，继续滴定至蓝色刚好消失为终点，记录硫代硫酸钠溶液用量。同时做空白滴定试验。

硫代硫酸钠标准溶液的浓度按式（2-36）计算。

$$c = \frac{0.1000 \times 15.00}{V_1 - V_0} \qquad (2\text{-}36)$$

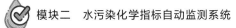

式中　c——硫代硫酸钠标准溶液的浓度，mol/L；

V_1——滴定重铬酸钾标准溶液时消耗硫代硫酸钠溶液的量，mL；

V_0——滴定空白溶液时消耗硫代硫酸钠溶液的量，mL；

0.1000——重铬酸钾标准溶液的浓度，mol/L。

硫化钠标准贮备液的标定方法：于 250mL 碘量瓶中，加入 10mL 乙酸锌-乙酸钠溶液、10.00mL 待标定的硫化钠标准贮备液及 20.00mL 碘溶液，加入 20mL 水，再加入 5mL 硫酸溶液，立即密塞摇匀。在暗处放置 5min 后，用硫代硫酸钠标准溶液滴定至呈淡黄色，加入 1mL 淀粉溶液继续滴定至蓝色刚好消失为终点，记录硫代硫酸钠标准溶液用量。同时，以 10.00mL 水代替硫化钠标准溶液做空白试验。

硫化钠标准溶液的浓度按式（2-37）计算

$$\rho = \frac{(V_0 - V_1) \times c \times 16.03 \times 1000}{10.00} \tag{2-37}$$

式中　ρ——硫化钠标准溶液的浓度，mg/L；

c——硫代硫酸钠标准溶液的浓度，mol/L；

V_0——空白滴定时消耗硫代硫酸钠标准溶液的量，mL；

V_1——滴定硫化钠标准溶液时消耗硫代硫酸钠标准溶液的量，mL；

16.03——$1/2S^{2-}$ 的摩尔质量，g/mol。

2. 样品采集

按照 HJ/T 91 和 HJ/T 164 的相关规定进行水样的采集。采样前向样品瓶中加入氢氧化钠溶液和抗坏血酸，每升水样中加入 5mL 高浓度氢氧化钠溶液和 4g 抗坏血酸，使样品的 pH≥11。样品应尽快分析，常温避光保存不超过 24h。

采用不带在线蒸馏的方法模块进行分析时，样品的保存方法和预处理参照 GB/T 16489 中的规定进行。

3. 仪器的调试

按照仪器说明书安装分析系统、调试仪器及设定工作参数。按仪器规定的顺序开机后，以纯水代替所有试剂，检查整个分析流路的密闭性及液体流动的顺畅性。待基线稳定后（约 20min），系统开始泵入试剂，待基线再次稳定后，进行操作。

4. 校准

（1）标准系列的制备

于一组容量瓶中分别量取适量的硫化钠标准使用液，用低浓度氢氧化钠溶液稀释至标线并混匀，制备 6 个浓度点的标准系列，硫化物质量浓度（以 S^{2-} 计）分别为：0.00、0.10mg/L、0.20mg/L、0.50mg/L、1.00mg/L、2.00mg/L。

（2）校准曲线的绘制

移取约 10mL 标准系列溶液分别置于样品杯中，从低浓度到高浓度依次取样分析，得到不同浓度硫化物的信号值（峰面积）。以信号值（峰面积）为纵坐标，对应的硫化物质量浓度（以 S^{2-} 计，mg/L）为横坐标，绘制校准曲线。

5. 测定

按照与绘制校准曲线相同的测定条件，量取约 10mL 待测样品进行测定，记录信号值（峰面积）。

如果浓度高于标准曲线最高点，要对样品进行适当稀释。

6. 空白试验

用 10mL 水代替样品，按照与样品分析相同步骤进行测定，记录信号值（峰面积）。

7. 计算

（1）计算公式

样品中的硫化物浓度（以 S^{2-} 计，mg/L），按式（2-38）计算。

$$\rho = \frac{y-a}{b} \times f \tag{2-38}$$

式中　ρ——样品中硫化物的质量浓度，mg/L；

　　　y——测定信号值（峰面积）；

　　　a——校准曲线方法的截距；

　　　b——校准曲线方法的斜率；

　　　f——稀释倍数。

（2）结果表示

当测定结果小于 1.00mg/L 时，保留至小数点后三位，测定结果大于或等于 1.00mg/L 时，保留三位有效数字。

‹ 课后作业

1.（判断题）当水样中硫化物含量大于 1mg/L 时，可采用碘量法。（　　）

2. 测定硫化物含量的水样采集前需要向样品瓶中加入氢氧化钠溶液和抗坏血酸，使样品的 pH≥11。（　　）

任务二　硫化物指标自动监测设备及方法

‹ 任务导入

小李要更换密封圈，需要了解硫化物水质在线监测设备的结构。

‹ 知识链接 ◎➤

硫化物水质在线监测仪主要由采样系统、水样预处理系统、载气吹出系统、检测系统以及数据的采集、处理、传输及显示系统等组成，根据测量原理的不同，主要分为两类。

第一类是光度法。仪器的基本原理为：在酸性环境中，硫化物转化为硫化氢气体，通过载气吹出，硫化氢与 N，N-二甲基对苯二胺和硫酸亚铁反应生成蓝色的络合亚甲基蓝，于 665nm 波长处具有特征吸收，遵循朗伯-比尔定律，其吸光度值与硫化物含量成正比。硫化物水质在线监测仪对水样进行自动采集，经预处理后导入反应检测系统，加入特定的化学试剂，如酸、碱、掩蔽剂、氧化剂、显色剂等，再对反应体系进行相应的条件控制，如载气流速、压力、温度等，待显色体系稳定后进行吸光度检测，根据吸光度值计算水样中硫化物的浓度。

第二类是电极法。电极法是使用离子选择性电极通过测量电极电位获得水样中硫化物含量。

硫化物水质自动监测仪可根据《**硫化物水质自动监测仪校准规范**》（JJF（湘）41—2020）进行检定。

任务实施

使用硫化物在线分析仪对相同的样品进行分析，以手工分析结果为真值计算硫化物在线分析仪的相对误差，若相对误差小于 10%，则认为在线分析仪的结果准确。

请同学们设计相关比对表格。

课后作业

1. 碘量法测定水中硫化物，采用酸化吹气法对水样进行预处理时应注意哪些问题？

2. 取某水样 200mL 经酸化-吹气预处理之后，全部转移到 50mL 比色管中。测出吸光度后，从校准曲线上查出硫化物含量为 17.4μg，空白为 0.0μg，请计算样品中硫化物的含量。

3. 亚甲基蓝分光光度法测定水中硫化物的原理是什么？

4. 用亚甲基蓝比色法测定硫化物时，对用于稀释和试剂溶液配制的水有什么要求？为什么？

项目

TOC

📋 项目导读

本项目重点介绍水污染自动监测水质指标 TOC 的定义、手工监测方法、自动监测方法和运营维护等。

🌐 项目学习目标

知识目标 掌握水质 TOC 的意义和测定原理。掌握水质 TOC 测定的方法，掌握水质 TOC 自动监测仪器原理与操作。

能力目标 学会水质 TOC 的测定操作。能够对水质 TOC 的自动监测仪进行运营维护。

素质目标 培养爱岗敬业、诚实守信的水污染自动监测运营职业道德；培养科学严谨、精益求精的生态环保工匠精神；培养团结协作、顾全大局的团队精神。

📚 项目实施

该项目共有两个任务。通过该项目的学习，能操作水质 TOC 的手工监测和运行维护水质 TOC 的自动监测仪器的目的。

任务一　认知 TOC 及其手工监测方法

‹ 任务导入

小李需要向饮用水厂领导说明水质 TOC 监测的重要性。

‹ 知识链接 ◎⌇

总有机碳（TOC），指水中有机物的总含碳量，即将水中有机物燃烧成 CO_2，通过测量 CO_2 的含量来表示。TOC 是反映水质的重要指标之一，它反映了水中有机碳物质的总量。TOC 可较全面反映饮用水中有机微污染程度。

我国现行的监测水质 TOC 指标的方法标准是《**水质　总有机碳的测定　燃烧氧化-非分散红外吸收法**》（HJ 501—2009）。

一、方法原理

1. 差减法测定总有机碳

将试样连同净化气体分别导入高温燃烧管和低温反应管中，经高温燃烧管的试样被高温催化氧化，其中的有机碳和无机碳均转化为二氧化碳，经低温反应管的试样被酸化后，其中的无机碳分解成二氧化碳，两种反应管中生成的二氧化碳分别被导入非分散红外检测器。在特定波长下，一定浓度范围内二氧化碳的红外线吸收强度与其浓度成正比，由此可对试样总碳（TC）和无机碳（IC）进行定量测定总碳与无机碳的差值，即为总有机碳。

2. 直接法测定总有机碳

试样经酸化曝气，其中的无机碳转化为二氧化碳被去除，再将试样注入高温燃烧管中，可直接测定总有机碳。由于酸化曝气会损失可吹扫有机碳（POC），故测得总有机碳值为不可吹扫有机碳（NPOC）。

二、实验试剂（表 2-68）

表 2-68 实验试剂

试剂名称	规格	备注
无二氧化碳水		将重蒸馏水在烧杯中煮沸蒸发（蒸发量10%），冷却后备用。也可使用纯水机制备的纯水或超纯水。无二氧化碳水应临用现制，并经检验 TOC 浓度不超过 0.5mg/L
硫酸		密度 1.84g/mL
氢氧化钠溶液	10g/L	
有机碳标准贮备液	400mg/L	准确称取邻苯二甲酸氢钾（优级纯）（预先在110~120℃卜十燥至恒重）0.8502g，置于烧杯中，加无二氧化碳水溶解后，转移此溶液于 1000mL 容量瓶中，用无二氧化碳水稀释至标线，混匀。在 4℃ 条件下可保存两个月
无机碳标准贮备液	400mg/L	准确称取无水碳酸钠（优级纯）（预先在105℃下干燥至恒重）1.7634g 和碳酸氢钠（优级纯）（预先在干燥器内干燥）1.4000g，置于烧杯中，加水溶解后，转移此溶液于 1000L 容量瓶中，用无二氧化碳水稀释至标线，混匀。在 4℃ 条件下可保存两周
载气		氮气或氧气，纯度大于 99.99%

注：除非另有说明，分析时均使用符合国家标准的分析纯试剂。实验用水为新鲜制备的去离子水或蒸馏水。除标准溶液外，其他溶液和实验用水均用氮气或超声除气。

三、实验仪器（表 2-69）

表 2-69 实验仪器

名称	要求	数量
非分散红外吸收 TOC 分析仪		1 台
分析天平	精确至 0.1mg	1 台

名称	要求	数量
50mL 单标吸量管		至少 2 支
200mL 容量瓶		至少 3 个
100mL 容量瓶		至少 8 个
烧杯等一般实验室器皿		若干

笔记

四、实验步骤

1. 溶液配制

直接法标准使用液：ρ（有机碳，C）＝100mg/L，用单标线吸量管吸取 50.00mL 有机碳标准贮备液于 200mL 容量瓶中，用无二氧化碳水稀释至标线，混匀。在 4℃ 条件下贮存可稳定保存一周。

差减法标准使用液：ρ（总碳，C）＝200mg/L，ρ（无机碳，C）＝100mg/L。用单标线吸量管分别吸取 50.00mL 有机碳标准贮备液和无机碳标准贮备液于 200mL 容量瓶中，用无二氧化碳水稀释至标线，混匀。在 4℃ 条件下贮存可稳定保存一周。

2. 仪器的调试

按 TOC 分析仪说明书设定条件参数，进行调试。

3. 校准曲线的绘制

（1）差减法校准曲线的绘制

在一组七个 100mL 容量瓶中，分别加入 0.00、2.00mL、5.00mL、10.00mL、20.00mL、40.00mL、100.00mL 差减法标准使用液，用无二氧化碳水稀释至标线，混匀。配制成总碳浓度为 0.0、4.0mg/L、10.0mg/L、20.0mg/L、40.0mg/L、80.0mg/L、200.0mg/L 和无机碳浓度为 0.0、2.0mg/L、5.0mg/L、10.0mg/L、20.0mg/L、40.0mg/L、100.0mg/L 的标准系列溶液，取一定体积注入 TOC 分析仪进行测定，记录相应的响应值。以标准系列溶液浓度对应仪器响应值，分别绘制总碳和无机碳校准曲线。

（2）直接法校准曲线的绘制

在一组七个 100mL 容量瓶中，分别加入 0.00、2.00mL、5.00mL、10.00mL、20.00mL、40.00mL、100.00mL 直接法标准使用液，用无二氧化碳水稀释至标线，混匀。配制成有机碳浓度为 0.0、2.0mg/L、5.0mg/L、10.0mg/L、20.0mg/L、40.0mg/L、100.0mg/L 的标准系列溶液，然后加硫酸至 pH≤2 后注入 TOC 分析仪，经曝气除去无机碳后导入高温氧化炉记录相应的响应值。以标准系列溶液浓度对应仪器响应值，绘制有机碳校准曲线。

上述校准曲线浓度范围可根据仪器和测定样品种类的不同进行调整。

4. 空白试验

用无二氧化碳水代替试样，若采用差减法则取一定体积注入 TOC 分析仪进行测定，记录相应的响应值，若采用直接法则加硫酸至 pH≤2 后注入 TOC 分析仪经曝气除去无机碳后导入高温氧化炉记录相应的响应值。

此外，每次注入样品前应先检测无二氧化碳水的 TOC 含量，测定值应不超过 0.5mg/L。

5. 样品测定

（1）差减法

经酸化的试样，在测定前应以氢氧化钠溶液中和至中性，取一定体积注入 TOC 分析仪进行测定，记录相应的响应值。

（2）直接法

取一定体积酸化至 pH≤2 的试样注入 TOC 分析仪，经曝气除去无机碳后导入高温氧化炉记录相应的响应值。

6. 结果计算

（1）计算公式

① 差减法：根据所测试样响应值，由校准曲线计算出总碳和无机碳浓度。试样中总有机碳浓度可由式（2-39）计算。

$$\rho(TOC) = \rho(TC) - \rho(IC) \tag{2-39}$$

式中 $\rho(TOC)$ ——试样总有机碳浓度，mg/L；

$\rho(TC)$ ——试样总碳浓度，mg/L；

$\rho(IC)$ ——试样无机碳浓度，mg/L。

② 直接法：根据所测试样响应值，由校准曲线计算出总有机碳的浓度 $\rho(TOC)$。

（2）结果表示

当测定结果小于 100mg/L 时，保留到小数点后一位；大于等于 100mg/L 时，保留三位有效数字。

课后作业

1.（判断题）对于排放水质不稳定的水污染源，不宜使用总有机碳自动分析仪。（　　）

2.（判断题）总有机碳（TOC）干式氧化原理指向试样中加入过硫酸钾等氧化剂，采用紫外线照射等方式施加外部能量将试样中的 TOC 氧化。（　　）

任务二　TOC 指标自动监测设备及方法

任务导入

小李需要根据 TOC 的数值转化成 COD_{Cr} 上传到上位机。

知识链接

根据测量原理的不同，TOC 水质在线监测仪主要分为以下两类。

（1）干式氧化原理填充铂系、氧化铝系、钴系等催化剂的燃烧管保持在 680～1000℃，将由载气导入的试样中的 TOC 燃烧氧化。干式氧化反应器常采用的方式有两种：一种是将载气连续通入燃烧管；另一种是将燃烧管关闭一定时间，在停止通入载气的状态下，将试样中的 TOC 燃烧氧化。

（2）湿式氧化原理指向试样中加入过硫酸钾等氧化剂，采用紫外线照射等方式施加外部能量将试样中的 TOC 氧化。

TOC 自动分析仪的构成应包括试样导入单元、无机碳除去单元、反应检测单元、检测单元，以及显示记录、数据处理、信号传输等单元。

① 试样导入单元指通过试样采集单元的试样导管将试样送入反应检测单元的连接部分，并可与试样导管连接。

a.采样部分有完整密闭的采样系统。

b.试样导入管由不被试样侵蚀的塑料、玻璃、橡胶等材质构成，为了准确地将试样导入计量器，试样导入管应备有泵或试样贮槽（罐）。

c.试剂导入管由玻璃或性能优良、耐试剂侵蚀的塑料、橡胶等材质构成，为了准确地将试剂导入计量器，试剂导入管应备有泵。

d.试样计量器由不被试样侵蚀的玻璃、塑料等材质构成，能准确计量进入反应单元的试样量。

e.试剂计量器由玻璃或性能优良、耐试剂侵蚀的塑料等材质构成，能准确计量试剂加入量。

② 无机碳除去单元指以 CO_2 形式除去试样中的无机碳部分。由加入一定量的酸、搅拌、曝气等装置结构组成。

③ 反应检测单元指将除去无机碳后的试样以一定量或一定流量导入，将 TOC 转化成 CO_2 定量测定的部分。由载气供给器、注入器、氧化反应器、气液分离器以及检测器（红外线气体分析仪）组成。

a.载气供给器实施载气的供给和控制。主要用于输送除去无机碳后的试样的氧化产物以及供给试样中 TOC 反应所需的必要量的氧气。载气采用空气或氮气（纯度99.99％以上）。

【注意】以空气为载气时，必须具有用于除去 CO_2 的空气精制装置。以氮气为载气时，在供给器和氧化反应器之间应设置氧气混入装置。

b.注入器分间歇式和连续式两种。采用间歇式进样时，先计量一定量除去无机碳后的试样，用载气送入氧化反应器。例如可采用具有计量管的滑阀。采用连续式进样时，以一定的流量将除去无机碳后的试样送入氧化反应器。例如可采用定量泵。

【注意】为了只进行反应检测单元的性能检查，上述任一种进样方式，应具有可利用该单元导入零点校正液、量程校正液等的构造。

c.氧化反应器分为干式或湿式两种。

（a）干式氧化反应器：指填充铂系、氧化铝系、钴系等催化剂的燃烧管保持在680～1000℃，将由载气导入的试样中的 TOC 燃烧装置。干式氧化反应器常采用的方式有两种：一种是将载气连续通入燃烧管；另一种是将燃烧管关闭一定时间，在停止通入载气的状态下，将试样中的 TOC 燃烧氧化。

（b）湿式氧化反应器：指向试样中加入过硫酸钾等氧化剂，采用紫外线照射等方式施加外部能量将 TOC 氧化。

d.气液分离器指用于将从氧化反应器送来的气体，经冷却以除去气体中的水分的装置。由冷却器、冷凝管以及排水阱构成。

e.检测器：非分散红外气体分析仪等。

④ 显示记录单元具有将 TOC 值以等分形式显示记录下来的功能。

⑤ 数据传输装置有完整的数据采集、传输系统。

⑥ 附属装置根据需要，TOC 自动分析仪可配置以下附属装置。

a. 数据处理装置将 TOC 值以数字形式表示，具有打印及计算等数据处理功能。

b. 自动校正器具有在一定周期内，自动进行分析仪的零点及量程校正功能。

根据《**总有机碳（TOC）水质自动分析仪技术要求**》（HJ/T 104—2003），TOC 在线自动监测仪应具备以下技术细节。

一、一般构造要求

① 结构合理，机箱外壳表面及装饰无裂纹、变形、划痕、污浊、毛刺等现象，表面涂层均匀，无腐蚀、生锈、脱落及磨损现象。产品组装坚固、零部件紧固无松动，按键、开关门锁等配合适度，控制灵活可靠。

② 在正常的运行状态下，可平稳工作，无安全隐患。

③ 各部件不易产生机械、电路故障，构造无安全隐患。

④ 具有不因水的浸湿、结露等而影响自动分析仪运行的性能。

⑤ 燃烧器等发热结合部分，具有不因加热而发生变形及机能改变的性能。

⑥ 便于维护、检查作业，无安全隐患。

⑦ 显示器无污点、损伤。显示部分的字符笔画亮度均匀、清晰；无暗角、黑斑、彩虹、气泡、暗显示、隐划、不显示、闪烁等现象。

⑧ 说明功能的文字、符号、标志应符合国家相关标准的规定。

二、性能要求（表 2-70）

表 2-70　TOC 水质自动分析仪的性能指标

项目	性能
重复性误差	±5%
零点漂移	±5%
量程漂移	±5%
直线性	±5%
响应时间（$T90$）	间歇式：5min 以内 连续式：15min 以内
MTBF	≥720h/次
实际水样比对试验	±5%
电压稳定性	±5%
绝缘阻抗	20MΩ 以上

此外，还应具有如下功能：

① 系统具有设定、校对和显示时间功能，包括年、月、日和时、分。

② 当系统意外断电且再度上电时，系统能自动排出断电前正在测定的试样和试剂、自动清洗各通道、自动复位到重新开始测定的状态。

③ 当试样或试剂不能导入反应器时，系统能通过蜂鸣器报警并显示故障内容。同时，停止运行直至系统被重新启动。

任务实施

根据《水污染源在线监测系统（COD_Cr、NH₃-N 等）安装技术规范》（HJ 353—2019），具体过程如下：

一、实验试剂（表 2-71）

表 2-71　实验试剂

试剂名称	规格	备注
无二氧化碳水		将重蒸馏水在烧杯中煮沸蒸发（蒸发量 10%），冷却后备用。也可使用纯水机制备的纯水或超纯水。无二氧化碳水应临用现制，并经检验 TOC 浓度不超过 0.5mg/L
标准贮备液	2000.0mg/L	称取在 120℃下干燥 2h 并冷却至恒重后的邻苯二甲酸氢钾（优级纯）1.7004g，溶于适量水中，移入 1000mL 容量瓶中，稀释至标线。其他低浓度 TOC 标准溶液由 TOC 标准贮备液经逐级稀释后获得所有标准溶液现用现配。
其余试剂	400mg/L	由仪器制造商提供

二、水质自动分析仪的核验

① 检查仪器各部件，调整仪器至正常工作状态。

② 检查仪器各个试剂，并保证足量且质量符合要求。

③ 连接电源后，按照仪器制造商提供的操作说明书中规定的预热时间进行预热运行，以使各部分功能稳定。

④ 按照下列方法，用新鲜配制的 TOC 标准溶液核验仪器的示值误差，指标满足表 2-72。仪器正常运行期间，分别测定 TOC 浓度值约为工作量程上限值的 20%，50%，80% 的三种标准溶液，每种溶液连续测定 6 次，按式（2-40）分别计算不同浓度 6 个测定值的平均值相对于真值的相对误差，即为示值误差 Re。

$$Re = \frac{x - C}{C} \times 100\%　　　　(2-40)$$

式中　Re——示值误差，%；

x——6 次测量平均值，mg/L；

C——TOC 标准溶液的质量浓度值，mg/L。

表 2-72　TOC 水质自动分析仪示值误差指标

指标名称	性能指标	
示值误差	20% 量程上限值	±10%F.S.
	50% 量程上限值	±8%F.S.
	80% 量程上限值	±5%F.S.

三、TOC 与 COD$_{Cr}$ 转换系数的确定

实际水样采集在正常生产周期内，同一个水污染源共需采集不同时段的，具有一定浓度梯度的 6 种实际水样。在混合采样器后端的人工采样口采集实际水样，采集过程中，每组水样充分搅拌均匀后分为两份，每份水样不得少于 200mL。采集到的样品应立即进行分析。若水污染源的样品浓度波动较小，可通过稀释、加标的方式制造具有一定梯度的实际水样样品。

实际水样的预处理不能在现场进行 COD$_{Cr}$ 分析的水样，须加浓硫酸使 pH<2，在 4℃ 下保存，尽快分析。水样中如果含有 SS 时，须将水样进行均化处理后（高速搅拌式或超声波粉碎）再进行分析。

实际水样分析分别采用 COD$_{Cr}$ 国家标准分析方法检测（依据 HJ 828 或 HJ 70 标准进行）和 TOC 水质自动分析仪检测，每种水样采用 COD$_{Cr}$ 国家标准分析方法分析 3 次，TOC 水质自动分析仪检测 6 次，相关测试数据记录于表中。

转换系数的计算。按式（2-41）计算同一水样 3 次手工 COD$_{Cr}$ 检测的样品浓度平均值 $\overline{R_j}$。

$$\overline{R_j} \quad \frac{\sum\limits_{i=1}^{3} R_{i,j}}{3} \tag{2-41}$$

式中 $\overline{R_j}$——3 次测量第 j 组样品浓度的平均值，mg/L；

$R_{i,j}$——第 i 次测量第 j 个水样的浓度值，mg/L。

按式（2-42）计算每一组水样 TOC 水质自动分析仪检测的浓度平均值 $\overline{C_j}$。

$$\overline{C_j} \quad \frac{\sum\limits_{i=1}^{3} C_{i,j}}{3} \tag{2-42}$$

式中 $\overline{C_j}$——6 次测量第 j 组样品浓度的平均值，mg/L；

$C_{i,j}$——第 i 次测量第 j 个水样的浓度值，mg/L。

建立 TOC 与 COD$_{Cr}$ 的相关曲线同一实际水样测得的 COD$_{Cr}$ 值 TOC 值组成一组有效数对，以 TOC 检测值为横轴，COD$_{Cr}$ 检测值为纵轴进行回归分析，按式（2-43）、式（2-44）计算回归曲线的斜率 k、截距 b。

$$k = \frac{\sum\limits_{j=1}^{6}(\overline{R_j} - \bar{R}) \times (\overline{C_j} - \bar{C})}{\sum\limits_{j=1}^{6}(\overline{C_j} - \bar{C})^2} \tag{2-43}$$

式中 k——回归曲线斜率；

$\overline{R_j}$——6 组样品 COD$_{Cr}$ 测量浓度的平均值，mg/L；

$\overline{C_j}$——6 组样品 TOC 测量浓度的平均值，mg/L。

$$b = \bar{R} - k\bar{C} \tag{2-44}$$

式中 b——回归截距，mg/L

按式（2-45）计算相关系数，转换系数回归曲线应满足 $r \geqslant 0.9$。

$$r = \frac{\sum\limits_{j=1}^{6}(\overline{R_j} - \overline{R}) \times (\overline{C_j} - \overline{C})}{\sqrt{\sum\limits_{j=1}^{6}(\overline{R_j} - \overline{R})^2 \times \sum\limits_{j=1}^{6}(\overline{C_j} - \overline{C})^2}}$$

(2-45)

 笔记

斜率 k 即为此种水样 TOC 与 COD_{Cr} 的转换系数。

课后作业

1. TOC 连续自动监测仪的主要技术原理有哪些?

2. TOC 与 COD_{Cr} 转换系数的回归曲线应满足 r 大于_____。

项目
挥发性有机物

📖 项目导读

本项目重点介绍水污染自动监测指标，水中挥发性有机物的定义、手工监测方法、自动监测方法和运营维护等。

🌐 项目学习目标

知识目标　掌握水中挥发性有机物的意义和测定原理。掌握水中挥发性有机物测定的方法，掌握水中挥发性有机物自动监测仪器原理与操作、新工艺、新方法。

能力目标　学会水中挥发性有机物的测定操作。能够对水中挥发性有机物的自动监测仪进行运营维护。

素质目标　培养爱岗敬业、诚实守信的水污染自动监测运营职业道德；培养科学严谨、精益求精的生态环保工匠精神；培养团结协作、顾全大局的团队精神。

📚 项目实施

该项目共有两个任务。通过该项目的学习，达到手工操作水中挥发性有机物的监测和运行维护水中挥发性有机物的自动监测仪器的目的。

任务一　认知水中挥发性有机物指标及其手工监测方法

❮ 任务导入

小李需要向饮用水厂领导说明水中挥发性有机物监测的重要性。

❮ 知识链接 🎯

挥发性有机物（VOCs）在自然界中是非常复杂的一类污染物，种类繁多，对人类健康、生态环境危害极大。水中常用到一些消毒副产物，如氯仿、溴仿、二溴一氯甲烷、二氯一溴甲烷等，这些物质对人体有致癌、致肝肾中毒等毒害作用。苯系物对人体危害很大，苯会增加患癌风险、降低血小板、导致贫血；甲苯、乙苯、二甲苯可能损害肝肾、神经系统。

GB 3838—2002《地表水环境质量标准》总共提出了 109 项水质指标,其中有机物指标 70 项,包含挥发性有机物(VOCs)近 30 项。

我国现行的监测水中挥发性有机物含量的测定标准见表 2-73。

 笔记

表 2-73 水中挥发性有机物含量的测定标准

序号	标准号	标准名称
1	DB32/T 945—2020	水质 挥发性有机物的在线测定 连续吹扫捕集/气相色谱法
2	HJ 639—2012	水质 挥发性有机物的测定 吹扫捕集/气相色谱-质谱法
3	HJ 686—2014	水质 挥发性有机物的测定 吹扫捕集/气相色谱法
4	HJ 810—2016	水质 挥发性有机物的测定 顶空/气相色谱-质谱法
5	SL 496—2010	顶空气相色谱法(HS-GC)测定水中芳香族挥发性有机物

任务实施

以《水质 挥发性有机物的测定 吹扫捕集/气相色谱法》(HJ 686—2014)为例,介绍手工监测水中挥发性有机物的方法。

一、方法原理

样品中的挥发性有机物经高纯氮气吹扫后吸附于捕集管中,将捕集管加热并以高纯氮气反吹,被热脱附出来的组分经气相色谱分离后,用电子捕获检测器(ECD)或氢火焰离子化检测器(FID)进行检测,根据保留时间定性,外标法定量。

二、实验试剂(表 2-74)

表 2-74 实验试剂

试剂名称	规格	备注
空白试剂水		二次蒸馏水或通过纯水设备制备的水,通过检验无高于方法检出限(MDL)的目标化合物检出时,方能作为空白试剂水使用。可通过加热煮沸或通入惰性气体吹扫去除水中的挥发性有机物干扰
甲醇(配制标准样品用)	农残级	不同批次甲醇要进行空白检验。检验方法是取 2μL 甲醇加入到空白试剂水中,按与实际样品分析完全相同的条件进行分析
标准贮备液	100μg/mL	挥发性有机物混合标准贮备液应避光保存,开封后应尽快使用完。如开封后的贮备液需保存,应在 -10 ~ -20℃ 冷冻密封保存。需保存贮备液在使用前应进行检测,如发现化合物响应值或种类出现异常,则弃去不用,使用时恢复室温
抗坏血酸		
盐酸溶液	(1+1)	
气体		氮气,纯度>99990 或氦气,纯度>99.999%;氢气,纯度>9999%;空气,普通压缩空气或高纯空气

注:除非另有说明,分析时均使用符合国家标准的分析纯试剂。实验用水为新鲜制备的去离子水或蒸馏水。除标准溶液外,其他溶液和实验用水均用氮气或超声除气。

三、实验仪器(表 2-75)

表 2-75 实验设备

名称	要求	数量
气相色谱仪	配置电子捕获检测器（ECD）或氢火焰检测器（FID）	1 台
吹扫捕集装置	吹扫捕集管的填料类型：1/3 碳纤维、1/3 硅胶和 1/3 活性炭的均匀混合填料或其他等效吸附剂	
色谱柱类型	1. 测定苯系物：石英毛细管色谱柱，30m（长）×320um（内径）×0.50μm（膜厚），固定相为聚乙二醇。也可使用其他等效毛细管柱 2. 测定内代烃：石英毛细管色谱柱，30m（长）×320μm（内径）×1.80μm（膜厚），固定相为 6%氯丙基苯-94%二甲基聚硅氧烷。也可使用其他等效毛细管柱	
样品瓶	40mL 棕色玻璃瓶，螺旋盖（带聚四氟乙烯涂层密封垫）	
气密性注射器	5mL	
分析天平	精度为 0.1mg	
微量注射器	10μL，100μL	
50mL 容量瓶	A 级	不少于 9 套
烧杯等一般实验室器皿		若干

四、实验步骤

1. 溶液配制

气相色谱分析用标准中间液：$\rho=20\mu g/mL$ 根据仪器的灵敏度和线性要求，取适量标准贮备液用甲醇稀释配制到适当浓度，一般为 20.0μg/mL，保存时间为一个月。

2. 样品制备

无自动进样器的吹扫捕集系统：用 5mL 气密性注射器从样品瓶中抽取 5mL 样品，推入吹扫捕集器吹扫管中，进行吹扫捕集。

有自动进样器的吹扫捕集系统：将 40mL 样品瓶直接放入自动进样器样品槽中，设置取样体积为 5mL，进行吹扫捕集。

【注意】所有样品（包括全程空白）都要达到室温时才能分析。分析样品时要先分析空白样品，如全程空白、实验室空白等。

3. 仪器的调试

按照仪器说明书安装分析系统、调试仪器及设定工作参数。吹扫捕集参考条件如表 2-76 所示。

表 2-76 吹扫捕集参考条件

吹扫流速	吹扫时间	脱附温度	脱附时间	烘烤温度	烘烤时间	干吹时间
40mL/min	11min	180℃	2min	250℃	10min	2min

（1）气相色谱部分（FID 作检测器）

① 程序升温：40℃（保持 6min）$\xrightarrow{5℃/min}$ 100℃（保持 2min）$\xrightarrow{5℃/min}$ 200℃；

② 进样口温度：200℃；检测器温度：280℃；载气流量：2.5mL/min；

③ 分流比：10∶1 或根据仪器条件。

（2）气相色谱部分（ECD 作检测器）

① 程序升温：40℃（保持 6min）$\xrightarrow{5℃/min}$ 100℃（保持 2min）$\xrightarrow{5℃/min}$ 200℃；

② 进样口温度：200℃；检测器温度：280℃；载气流量：2.5mL/min；

③ 分流比：10∶1 或根据仪器条件。

4. 校准

在初次使用仪器，或仪器经维修、换柱或连续校准不合格时需要进行校准曲线的绘制。

（1）标准系列的制备

本方法的线性范围为 0.5～200μg/L。根据仪器的灵敏度和线性要求以及实际样品的浓度，取适量标准中间液用空白试剂水配制相应的标准浓度序列。

① 苯系物：低浓度标准系列为 0.5μg/L、1.0μg/L、2.0μg/L、5.0μg/L、10.0μg/L 和 20.0μg/L，高浓度标准系列为 50μg/L、20.0μg/L、50.0μg/L、100μg/L、200μg/L（均为参考浓度序列）现配现用。

② 卤代烃：低浓度标准系列为：0.05μg/L、0.20μg/L、0.50μg/L、2.0μg/L、5.0μg/L 和 10.0μg/L，高浓度标准系列为 0.5μg/L、2.0μg/L、10.0μg/L、20.0μg/L、50.0μg/L 和 200μg/L（均为参考浓度序列），现配现用。

【注意】应根据实际样品调整标准系列的浓度范围，最高浓度点不高于 200μg/L，相关系数应 $r \geqslant 0.995$。

（2）校准曲线的绘制

分别移取一定量的标准中间液快速加入装有空白试剂水的容量瓶中定容至刻度线，将容量瓶垂直振摇三次，混合均匀。

取 5.0mL 标准曲线系列溶液于吹扫管中，经吹扫、捕集浓缩后进入气相色谱进行分析，得到对应不同浓度的气相色谱图。以峰高或峰面积为纵坐标，浓度为横坐标，绘制校准曲线。

（3）标准色谱图

根据检测器类别，目标化合物参考谱图见图 2-43 和图 2-44。其中图 2-43 是 ECD 检测卤代烃类的气相色谱图，图 2-44 是 FID 检测的苯系物类的气相色谱图。

5. 测定

取 5mL 样品按标准样品完全相同的分析条件进行分析，记录各组分色谱峰的保留时间和峰高（或峰面积）。

6. 空白试验

在分析样品的同时，应做空白试验。即取 5mL 空白试样注入气相色谱仪中，按标准样品完全相同的分析条件进行分析，记录各组分色谱峰的保留时间和峰高（或峰面积）。

7. 结果计算与表示

（1）定性结果

根据标准物质各组分的保留时间进行定性分析。

（2）定量结果

采用外标法定量，单位为 μg/L。计算结果当测定值小于 100μg/L 时，保留小数点后 1 位；大于等于 100μg/L 时，保留 3 位有效数字。

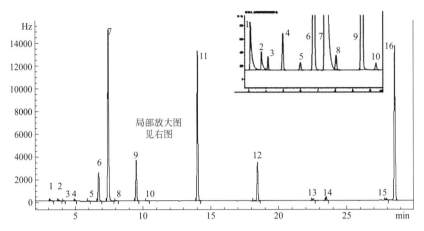

图 2-43　ECD 检测器分析 5.0μg/L 卤代烃目标组分的气相色谱图

1—1，1 二氯乙烯；2—二氯乙烷；3—反式-1，2-二氯乙烯；4—氯丁二烯；
5—顺式-1，2-二氯乙烯；6—氯仿；7—四氯化碳；8—1，2 二氯乙烷；
9—三氯乙烯；10—环氧氯丙烷；11—四氯乙烯；12—溴仿；13—六氯丁二烯

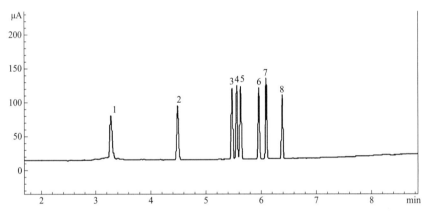

图 2-44　FID 检测器分析 5.0μg/L 苯系物目标组分的气相色谱图

1—苯；2—甲苯；3—乙苯；4—对二甲苯；5—间二甲苯；
6—乙丙苯；7—邻二甲苯；8—苯乙烯

课后作业

1. 简述水中挥发性有机物的含义。
2. 简述水中挥发性有机物的测定原理。

任务二　水中挥发性有机物指标自动监测设备、方法

任务导入

小李要更换密封圈，需要了解水中挥发性有机物自动监测设备的结构。

知识链接

水中挥发性有机化合物自动在线监测仪是利用吹扫捕集前处理技术，再结合气相色谱技术对水中 VOCs 进行定性和定量分析的在线仪器，仪器由进样单元、前处理（吹扫捕集）单元、气相色谱分离与检测单元、软件控制单元组成。

检测原理（图 2-45）：当被测组分经过吹扫捕集前处理浓缩富集，流经色谱柱后，立即进入检测器，检测器能够将样品组分转变为电信号，而电信号的大小与被测组分的量或浓度成比例，当将这些信号放大并记录下来时，就是色谱图，它包含了色谱的全部原始信息，在没有组分流出时，色谱图记录的是本底信号，即色谱图的基线。

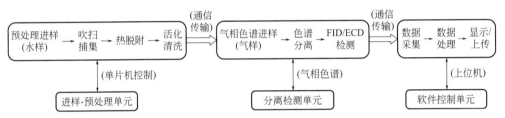

图 2-45　水中挥发性有机化合物自动在线监测仪的基本原理

1. 进样单元

主要由注射泵、吹扫管、温控模块、液体阀组以及试剂冰箱构成，水样由液体阀组控制进入或排出吹扫管，加热模块实现控温，保证每次样品温度的重复性。

2. 预处理（吹扫捕集）单元

吹扫捕集浓缩富集单元是由捕集阱（填充 VOCs 吸附剂的不锈钢管）、除水阱（Nafion 管）、气体阀组（控制吹扫气与载气的开关与方向）、十通阀（控制吹扫捕集与反吹进样两种状态的切换）、气体流量控制（EFC）所组成，从进样单元吹扫管中吹扫出的 VOCs 先经过除水阱除水，再由捕集阱捕集浓缩，然后加热解吸、由十通阀切换控制进入气相色谱，全过程伴热降低系统残留，精确的流量控制保证样品分析稳定性，前处理单元各个模块协调运作可以保证水样检测具有较高的灵敏度与较好的重复性。

3. 气相色谱分离与检测单元

主要由进样口、色谱柱、检测器组成，从吹扫捕集单元出来的 VOCs 通过传输管线先进入气相色谱进样口，VOCs 组分通过 VOC 专用色谱柱-VRX 柱分离后，通过惰性金属三通进入 FID＋ECD 双检测器进行检测；VRX 柱保证 VOC 物质的分离度与分离效率，双检测器可同时进行苯系物与卤代烃的检测。

4. 软件控制单元

用来控制整个系统—进样单元、吹扫捕集单元与气相色谱单元的协调运行，主要包括温度流量控制、阀的开关控制、数据处理与数据传输控制等，使整个系统具有可操作性。

根据《水中挥发性有机物在线气相色谱仪》（JB/T 12965—2016），水中挥发性有机物在线气相色谱仪应具备以下技术细节。

一、正常工作条件要求

仪器在表 2-77 规定的正常工作条件下应能正常工作。

表 2-77　正常工作条件

序号	影响量	单位	正常工作条件
1	环境温度	℃	5～40
2	相对湿度	%	20～85
3	大气压力	kPa	76～106
4	电源电压	V	220±22
5	电源频率	Hz	50±1

二、外观要求

仪器的外观整齐、清洁，表面涂层、镀层无明显剥落、擦伤、露底及污垢。所有铭牌及标志应清晰和耐久，内容符合相关法规、标准的要求。所有紧固件不得松动，各种调节件灵活，功能正常。零件表面不得锈蚀。仪器可拆部分应能无障碍地拆装。

三、功能要求

1. 分析自动化

仪器具有连续自动采样、色谱分析检测、数据处理和传输的功能。

2. 吹扫气压力或流量监控功能

仪器对溶液进行吹扫捕集时，应能对吹扫气的压力或流量进行监控。

3. 吹扫腔体温度监控功能

仪器对溶液进行吹扫捕集时，应能对装载有水样的吹扫腔体的温度进行监控。

4. 内置吹扫气干燥功能

仪器对溶液进行吹扫捕集时，应能对从水样中吹出的吹扫气进行干燥。

5. 内置吸附热解析功能

仪器应具有吸附热解析功能。

6. 吸附管老化

仪器应能在 250℃ 以上用惰性气体对吸附管进行吹扫，除去溶液分析后残留的杂质。

7. 色谱图显示功能

仪器应具有色谱图显示功能。

8. 载气压力或流量监控功能

在仪器正常工作过程中，仪器应对载气压力或流量进行监控。

9. 故障报警功能

仪器应具有故障报警功能。

10. 输入输出功能

仪器应具有模拟量或数字量输入输出功能。

11. 数据管理功能

仪器应具有数据存储、查询和数据自动分析功能，记录存储时间不少于三年。

12. 来电自启功能

仪器应具有来电自启功能。当意外断电、来电后仪器应能自动重新启动并恢复到初始状态。

四、性能要求

仪器主要性能指标见表 2-78。

表 2-78　仪器主要性能指标

序号	性能指标	要求
1	吹扫流量稳定性	≤1.0%
2	吹扫腔温度测量示值误差	不超出±1℃
3	热解析升温速率	≥10℃/s
4	载气流速稳定性	≤1.0%
5	柱箱温度控制稳定性	≤0.5℃
6	分离度	≥1.0（四氯化碳和苯）
7	定性重复性	≤1.0%
8	定量重复性	≤20%
9	线性	≥0.99
10	检测限	≤0.5μg/L（四氯化碳）或≤0.5g/L（苯）
11	示值误差	不超出±20%
12	短期稳定性	≤20%（24h）
13	长期稳定性	≤30%（7d）
14	分析周期	≤1h

此外，仪器在工作状态下通过规定的正弦振动试验、电源电压、温度变化试验后应能正常工作且性能要求应能满足要求。

‹ 任务实施

使用水中挥发性有机物在线分析仪对相同的样品进行分析，以手工分析结果为真值计算水中挥发性有机物在线分析仪的相对误差，若相对误差小于 10%，则认为在线分析仪的结果准确。

请同学们设计相关比对表格。

‹ 课后作业

1. 现行水中挥发性有机物的监测方法有哪些？都使用了什么仪器？

2. 水中挥发性有机物在线气相色谱仪的气相色谱分离与检测单元主要由哪三部分组成？

笔记

模块二考核评价表

评价模块	评价内容		自评	师评	组评
	学习目标	评价项目			
专业能力	1. 掌握 pH 计、DO 测定相关的法律法规及标准	能够清晰了解 pH 计、DO 监测的意义及应用范围			
	2. 掌握 pH 计、DO 手工监测方法和自动监测设备测定的方法原理	认知在线分析仪设备和手工监测的区别与共同点			
	3. 掌握 pH 计、DO 自动分析仪的仪器组成	认识在线分析仪的结构、功能及使用方法			
	4. 掌握 COD、高锰酸盐指数、氨氮、总氮、磷酸盐、总磷、铬、镉、汞、铅、砷、铜、锌、矿物油类、氰化物、硫化物、TOC、水中挥发性有机物的意义和测定原理	学习水污染源关键化学指标的检测目的及反映水质分布情况			
	5. 掌握 COD、高锰酸盐指数、氨氮、总氮、磷酸盐、总磷、铬、镉、汞、铅、砷、铜、锌、矿物油类、氰化物、硫化物、TOC、水中挥发性有机物手工监测的操作步骤	全面掌握手工监测的技能，了解关键指标的化学反应原理			
	6. 掌握 COD、高锰酸盐指数、氨氮、总氮、磷酸盐、总磷、铬、镉、汞、铅、砷、铜、锌、矿物油类、氰化物、硫化物、TOC、水中挥发性有机物自动监测仪器原理与操作方法	能够独立查阅仪器说明书各参数，了解仪器的运行方式			
	7. 了解 COD、高锰酸盐指数、氨氮、总氮、磷酸盐、总磷、铬、镉、汞、铅、砷、铜、锌、矿物油类、氰化物、硫化物、TOC、水中挥发性有机物自动监测仪器运营维护操作	能够按照国家技术标准独立维护自动监测仪器			
	8. 掌握 COD、高锰酸盐指数、氨氮、总氮、磷酸盐、总磷、铬、镉、汞、铅、砷、铜、锌、矿物油类、氰化物、硫化物、TOC、水中挥发性有机物自动监测仪器故障的消除方法	熟悉运维工作中常见故障的排除方法			
	9. 掌握 COD、高锰酸盐指数、氨氮、总氮、磷酸盐、总磷、铬、镉、汞、铅、砷、铜、锌、矿物油类、氰化物、硫化物、TOC、水中挥发性有机物自动监测仪器实际水样比对监测方法	清晰了解在线自动分析仪器比对的数量及误差要求			

评价模块	评价内容		自评	组评	师评
	学习目标	评价项目			
可持续发展能力	具备自主研究能力、自我提升	具备自主分析的能力	比较困难	不具备自主分析的技能	
	发现问题、分析问题、解决问题、杜绝问题	具备处理问题的能力	比较困难	不具备相应技能	
	遇到问题，查询资料、虚心求教	主动学习请教	比较困难	不具备相应技能	
	空杯心态，持续学习	虚心求教	比较困难	不具备相应技能	
	分类、总结经验，面对问题善于自查自纠	善于总结、复盘	比较困难	不具备相应技能	
	理论知识与实际应用的创新能力	熟练应用	查阅资料	已经遗忘	
社会能力	爱岗敬业、诚实守信、责任感强	很好	正在培养	不能满足要求	
	主动展示、讲解技术成果，善于分享	主动性很强	比较困难	不愿意	
	具备自主分析能力	自主能力强	比较困难	不能满足要求	
	融入团队，强化合作思维	高度配合	比较困难	我行我素	
成果与收获	任务实施与完成进度	独立完成	合作完成	不能完成	
	体验与探索	收获很大	比较困难	没有收获	
	学习难点及建议				
	提升方向				

笔记

模块三

水污染物理指标自动监测系统

项目 一

温度

📖 项目导读

　　本项目重点介绍如何用手工监测方法和自动监测设备测定水体的温度，包括该指标的定义、手工监测方法、自动监测方法和运营维护等。

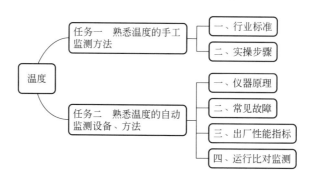

🌐 项目学习目标

　　知识目标　了解污染物自动监测领域中温度指标的含义、测定目的；
　　能力目标　掌握手工法和自动法测定温度指标的步骤；
　　素质目标　培养爱岗敬业、诚实守信的水污染自动监测运营职业道德；培养科学严谨、精益求精的生态环保工匠精神。

项目实施

该项目共有两个任务。通过该项目的学习，了解污染物自动监测领域中温度指标的含义、测定目的，掌握手工法和自动法测定温度指标的步骤。

任务一 熟悉温度指标的手工监测方法

任务导入

某排污企业委托第三方检测机构测定该厂排放废水的温度，作为检测人员，应依据什么标准、采用什么方法进行测定？

知识链接

温度是表征物体冷热程度的物理量。温度是以热平衡为基础的概念。如果两个相接触的物体温度不相同，它们之间就会产生热交换，热量将从温度高的物体向温度低的物体传递，直到两个物体达到相同的温度为止。

温度的微观概念是：温度标志着物质内部大量分子的无规则运动的剧烈程度。温度越高，表示物体内部分子热运动越剧烈。

温度的数值表示方法称为温标。它规定了温度的读数的起点（即零点）以及温度的单位。各类温度计的刻度均由温标确定。国际上规定的温标有摄氏温标、华氏温标、热力学温标等。

任务实施

一、行业标准

我国现行的监测水体温度的测定标准见表 3-1。

表 3-1 水体温度的测定标准

序号	标准号	标准名称
1	DB22/T 3102—2020	水质 水温的测定 热敏电阻传感器法
2	DZ/T 0064.3—2021	地下水质分析方法 第 3 部分：温度的测定 温度计（测温仪）法
3	GB 13195—1991	水质 水温的测定 温度计或颠倒温度计测定法

二、实操步骤

以《水质 水温的测定 温度计或颠倒温度计测定法》（GB 13195—1991）为例，介绍手工监测水温的方法。

1. 方法原理

在水样采集现场，利用专门的水银温度计，直接测量并读取水温。

2. 仪器

（1）水温计

适用于测量水的表层温度，见图 3-1。水银温度计安装在特制金属套管内，套管开有可供温度计读数的窗孔，套管上端有一提环，以供系住绳索，套管下端旋紧着一只有孔的盛水金属圆筒，水温计的球部应位于金属圆筒的中央。测量范围：$-6\sim$ $40℃$，分度值为 $0.2℃$。

（2）深水温度计

适用于水深 40m 以内的水温的测量，见图 3-2。其结构与水温计相似。盛水圆筒较大，并有上、下活门，利用其放入水中和提升时的自动启开和关闭，使筒内装满所测温度的水。测量范围：$-2\sim40℃$，分度值为 $0.2℃$。

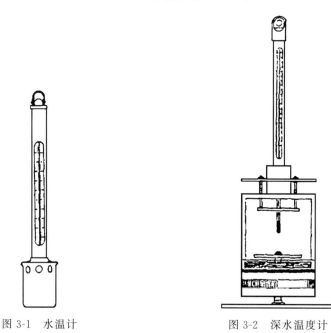

图 3-1　水温计　　　　　　　　　图 3-2　深水温度计

（3）颠倒温度计（闭式）

适用于测量水深超过 40m 的各层水温，见图 3-3。闭端（防压）式颠倒温度计由主温计和辅温计组装在厚壁玻璃套管内构成，套管两端完全封闭。主温计测量范围：$-2\sim32℃$，分度值为 $0.1℃$，辅温计测量范围为 $-20\sim50℃$，分度值为 $0.5℃$。

主温计水银柱断裂应灵活，断点位置固定，扶正温度计时，接受泡水银应全部回流，主、辅温计应固定牢靠。颠倒温度计需装在颠倒采水器（图 3-4）上使用。

【注意】水温计或颠倒温度计应定期由计量检定部门进行校核。

3. 测定步骤

水温应在采样现场进行测定。

（1）表层水温的测定

将水温计投入水中至待测深度，感温 5min 后，迅速上提并立即读数。从水温计离开水面至读数完毕应不超过 20s。读数完毕后，将筒内水倒净。

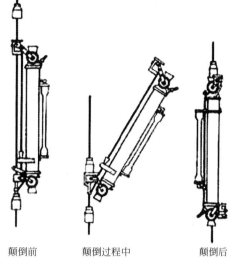

颠倒前　　　　颠倒过程中　　　　颠倒后

图 3-3　颠倒温度计　　　　　　　　图 3-4　颠倒采水器

（2）水深在 40m 以内水温的测定

将深水温度计投入水中至待测深度，感温 5min 后，迅速上提并立即读数。从水温计离开水面至读数完毕应不超过 20s。读数完毕后，将筒内水倒净。

（3）水深超过 40m 水温的测定

将安装有闭端式颠倒温度计的颠倒采水器，投入水中至待测深度，感温 10min 后，由"使锤"作用，打击采水器的"撞击开关"，使采水器完成颠倒动作。感温时，温度计的贮泡向下，断点以上的水银柱高度取决于现场温度，当温度计颠倒时，水银在断点断开，分成上、下两部分，此时接受泡一端的水银柱示度，即为所测温度。

上提采水器，立即读取主温计上的温度。根据主、辅温计的读数，分别查主、辅温计的器差表（由温度计检定证中的检定值线性内插作成）得相应的校正值。颠倒温度计的还原校正值 K 可由式（3-1）计算

$$K = \frac{(T-t)(T+V_0)}{n} \times \left(1 + \frac{T+V_0}{n}\right) \tag{3-1}$$

式中　T——主温计经器差校正后的读数；

　　　t——辅温计经器差校正后的读数；

　　　V_0——主温计自接受泡至刻度 0℃ 处的水银容积，以温度度数表示；

　　　$1/n$——水银与温度计玻璃的相对膨胀系数，n 通常取值为 6300；

主温计经器差校正后的读数 T 加还原校正值 K，即为实际水温。

任务二　熟悉温度指标的自动监测设备、方法

◁ 任务导入

某污水处理厂生化处理池出现异常，但温度自动监测结果正常，厂长让小李核准温度自动监测仪。

任务实施

一、仪器原理

目前在线水温监测系统使用的温度传感器属于热敏电阻型传感器。热敏电阻型传感器是利用电阻随温度变化的特征，用电阻的变化来反映温度的变化的装置。若感温材料为金属材料（PTC 型），则温度和电阻之间呈现正相关的关系，若感温材料为半导体材料（NTC 型），则温度变化与电阻之间呈非线性的负相关的关系。由于在线水温传感器一般由 NTC 热敏电阻、探头（金属壳或塑胶壳等）、延长引线及金属端子或连端器组成，因此，在线水温传感器还均需要设计线性化电路，保证信号输出的精度。

二、常见故障

在线水温传感器的常见故障类型如下。

1. NTC 元件本体损坏/短路

正常电压情况下，NTC 的电阻温度特性基本上是呈直线状的，如果回路中电流突然增大并引起异常温升，NTC 阻值会突然下降，而阻值的下降又进一步导致电流增大，如此恶性循环，最终导致焊接处熔化、线熔化、电极扩散、烧损等结果并出现短路情况。

2. 阻抗漂移

NTC 热敏电阻是对热敏感度高的半导体元件，如果回流焊接和返修过程中超过一定温度和时间，则热敏电阻可能容易损坏，这样就会导致阻抗偏移，电阻可能变大也可能变小。

3. 受潮霉变

金属类的 NTC 温度传感器外形结构，在使用过程中受环境因素的影响，可能会出现受潮霉变，从而导致接触不良或者短路而损坏电阻。

4. NTC 开裂

当电流开始运作时，可能导致瞬间巨大的能量加载到热敏电阻中，如果产品生产的时候存在瑕疵，那么 NTC 可能无法承受然后损坏，一般情况，NTC 会表现出更高的阻值或者直接开裂。

三、出厂性能指标

根据《水质 水温的测定 热敏电阻传感器法》（DB22/T 3102—2020），在线水温传感器应满足以下要求：

① 分度值：≤0.1℃；

② 稳定性：不大于±0.2℃；

③ 响应时间：≤60s；

④ 测定范围：−5～45℃。

四、运行比对监测

根据《水污染源在线监测系统（COD_Cr、NH_3-N等）运行技术规范》（HJ 355—2019）标准要求，水温自动分析仪运行时，每月至少进行1次实际水样比对试验，如果比对结果不符合表3-2的要求，应对水温自动分析仪进行校准，校准完成后需再次进行比对，直至合格。

实际水样比对时，手工监测应采取的国家环境监测分析方法标准为《水质　水温的测定　温度计或颠倒温度计测定法》（GB/T 13195）。

表 3-2　水温自动分析仪运行技术指标

技术指标要求	试验指标限值	样品数量要求
实际水样比对	±0.5℃	1

课后作业

1.在线水温监测系统需要每月至少进行_____次实际水样比对试验，如果比对结果（绝对误差）超过_____，应对在线水温监测系统进行校准，校准完成后需再次进行比对，直至合格。

2.简述热电偶与热电阻的测量原理的异同。

项目 二
浊度（TB）

📋 **项目导读**

　　本项目重点介绍如何用手工监测方法和自动监测设备测定水体的浊度，包括该指标的定义、手工监测方法、自动监测方法和运营维护等。

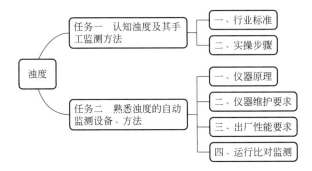

🌐 **项目学习目标**

　　知识目标　了解污染物自动监测中浊度的含义、测定目的；

　　能力目标　掌握手工法和自动法测定浊度的步骤。

　　素质目标　培养爱岗敬业、诚实守信的水污染自动监测运营职业道德；培养科学严谨、精益求精的生态环保工匠精神。

📚 **项目实施**

　　该项目共有两个任务，通过该项目的学习，掌握浊度手工监测方法和自动监测方法。

任务一　认知浊度及其手工监测方法

‹　**任务导入**

　　由于水质监测的需要，需测定某条河流的浊度。拟采用实验室手工监测方法对该条河流的浊度进行测定。

知识链接 ◎←

浊度，即水的浑浊程度，它是水中不溶性物质引起水透明度降低的量度。不溶性物质包括悬浮于水中的固体颗粒物（泥沙、腐殖质、浮游藻类等）和胶体颗粒物。根据不同的测量原理，浊度的单位有很多种表示方法，常见的有 NTU、FTU、FAU 和 mg/L。我国水质标准和规程中采用 NTU 作为浊度单位，用来分析水中不溶性物质对光线透过时产生的散射光效应的程度。

浊度对于给水和污水处理来说都是一个至关重要的水质指标。降低浊度的同时也降低了水中的细菌、大肠菌、病毒、隐孢子虫、铁、锰等。研究表明，当水中浊度为 2.5NTU 时，水中有机物去除率为 27.3%，浊度降至 0.5NTU 时，有机物去除率为 79.6%，浊度为 0.1NTU 时，绝大多数有机物予以去除，致病微生物的含量也大大降低。特别是对于饮用水行业，浊度指标非常关键。《生活饮用水卫生标准》（GB 5749—2006）中规定饮用水出厂水浊度要达到 1NTU 以下（水源与净水技术条件限制时为 3NTU）；很多水厂出厂水的内控浊度为 0.2NTU 左右，上海自来水公司的出厂水浊度目前要求低于 0.1NUT。循环冷却水处理的补充水要求浊度在 2~5NTU；除盐水处理的进水浊度应小于 3NTU。因此，水中浊度的测量非常重要。

在自来水厂滤前、滤后、沉淀和出厂水监测，市政管网水质监测；工业生产过程水质监测、循环冷却水、活性炭过滤器出水、膜过滤出水监测；污水处理厂的曝气池、二次沉淀池、浓缩池、消化池等场合，都要进行浊度的监测。

任务实施 📁

一、行业标准

我国现行的监测水体中浊度的测定标准见表 3-3。

表 3-3　水体中浊度测定标准

序号	标准号	标准名称
1	DL/T 809—2016	发电厂水质浊度的测定方法
2	GB/T 12151—2005	锅炉用水和冷却水分析方法浊度的测定（福马麟浊度）
3	GB 13200—1991	水质　浊度的测定
4	GB/T 15893.1—2014	工业循环冷却水中浊度的测定　散射光法
5	HJ 1075—2019	水质　浊度的测定　浊度计法

二、实操步骤

目前，浊度的手工监测方法主要用浊度计法，主流产品为散射光浊度计，散射光浊度计应用 90°散射光测量原理，与福尔马肼（Formazin）标准浊度液进行比较，精确测量被测样品的浊度值。以下以《水质　浊度的测定　浊度计法》（HJ 1075—2019）为例，介绍手工监测浊度的方法。

笔记

1. 方法原理

利用一束稳定光源光线通过盛有待测样品的样品池，传感器处在与发射光线垂直的位置上测量散射光强度。光束射入样品时产生的散射光的强度与样品中浊度在一定浓度范围内成比例关系。浊度测量原理示意图如图 3-5 所示。

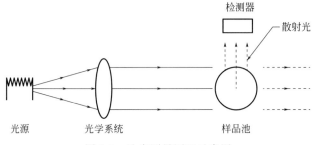

图 3-5　浊度测量原理示意图

2. 实验试剂

实验所需试剂见表 3-4。

表 3-4　实验试剂

试剂名称	规格	备注
实验用水	蒸馏水或其他纯水	其浊度应低于方法检出限，否则须经滤膜过滤后使用
浊度标准贮备液	4000NTU	称取 5.0g（准确至 0.01g）六次甲基四胺和 0.5g（准确至 0.01g）硫酸肼分别溶解于 40mL 实验用水中，合并转移至 100mL 容量瓶中，用实验用水稀释定容至标线。在 25℃±3℃下水平放置 24h，制备成浊度为 4000NTU 的浊度标准贮备液。 在室温条件下避光可保存 6 个月。也可购买市售有证标准样品。 其中，六次甲基四胺临用前取适量平布于表面皿上，置于硅胶干燥器中放置 48h 去湿存水。 硫酸肼临用前取适量平布于表面皿上，置于硅胶干燥器中放置 48h 去湿存水
水相微孔滤膜	孔径≤0.45μm	临用前应先用 100mL 试验用水浸泡 1h，以免滤膜碎屑影响空白

注：除非另有说明，分析时均使用符合国家标准的分析纯试剂。

3. 实验仪器

实验所需仪器见表 3-5。

表 3-5　实验仪器

名称	要求	数量
浊度计	入射光波长入：860mm±30mm（LED 光源）或 400m～600nm（钨灯）； 入射的平行光，散焦不超过 1.5°； 检测器处在与入射光垂直的位置上	1 台
样品瓶	500mL 具塞玻璃瓶或聚乙烯瓶	若干
电子天平	精确至 0.01g	1 台
100mL 容量瓶	/	不少于 6 套
烧杯、移液管等一般实验室器皿	/	若干

4. 实验步骤

（1）溶液配制

浊度标准使用液：400NTU。将浊度标准贮备液摇匀后，准确移取 10.00mL 至 100mL 容量瓶中，用实验用水稀释定容至标线，摇匀，制备成浊度为 400NTU 的浊度标准使用液。在 4℃以下冷藏条件下避光可保存 1 个月。

（2）仪器自检

按照仪器说明书打开仪器预热，仪器进行自检，仪器进入测量状态。

（3）校准

将实验用水倒入样品池内，对仪器进行零点校准。按照仪器说明书将浊度标准使用液稀释成不同浓度点，分别润洗样品池数次后，缓慢倒至样品池刻度线。按仪器提示或仪器使用说明书的要求进行标准系列校准。

（4）样品测定

将样品摇匀，待可见的气泡消失后，用少量样品润洗样品池数次。将完全均匀的样品缓慢倒入样品池内，至样品池的刻度线即可。持握样品池位置尽量在刻度线以上，用柔软的无尘布擦去样品池外的水和指纹。将样品池放入仪器读数时，应将样品池上的标识对准仪器规定的位置。按下仪器测量键，待读数稳定后记录。

超过仪器量程范围的样品，可用实验用水稀释后测量。

（5）空白测定

按照与样品测定相同的测量条件进行实验用水的测定。

（6）结果计算与表示

① 结果计算。一般仪器都能直接读出测量结果，无需计算。经过稀释的样品，读数乘稀释倍数，即为样品的浊度值。

② 结果表示。当测定结果小于 10NTU 时，保留小数点后一位；测定结果大于等于 10NTU 时，保留至整数位。

课后作业 💡

1. 散射光浊度计应用＿＿＿＿＿＿测量原理，与＿＿＿＿＿＿标准浊度液进行比较，精确测量被测样品的浊度值。

2. 浊度检定用的 Formazine 标准溶液，其标准值为＿＿＿＿＿＿，有效使用期限为＿＿＿＿＿＿。

任务二　熟悉浊度指标的自动监测设备、方法

任务导入

污水处理厂的出水和深度处理系统的管路上往往需要安装在线浊度计，厂长让小李定期维护保养浊度计。

一、仪器原理

浊度水质自动分析仪按测定原理划分为透过散射方式和表面散射方式，按试样导入方式划分为采水方式和浸渍方式。

目前常见的浊度水质自动分析仪是以福尔马肼标准悬浊液作标准采用浸渍方式，对通过悬浊液透射及散射光强进行采集，再进行数据分析得到光强与浊度的关系。其中浊度传感器需垂直置于流通测量池中。

流通测量池的结构基于静压、震荡除气泡原理。样液通过进水口进入一个流通空间大且与大气连通的环境，释放样液中原有的压力，使高压溶于样液中的气体释放出来。样液会沿着上下起伏的流路流动，在通过起伏流路时样液上下层交换，底部样液缓慢搅动、震荡，从而使样液中的气体析出。经过滤的样液通过两个斜孔，导引到流通测量池底部的储液池，样液积累到一定水位后通过溢流口排出。流通测量池正面视图见图 3-6，浊度自动分析仪流程见图 3-7。

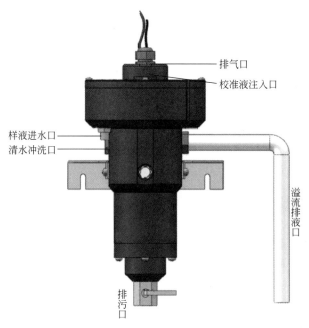

图 3-6　流通测量池正面视图

二、仪器维护要求

1. 停机和启动

如果临时停机维护，只需关闭电源即可；若长时间停机（一周以上），应采取以下步骤。

（1）停机

关闭仪表样水进口处的上游阀门；关掉电源；将传感器从流通测量池中取出，并

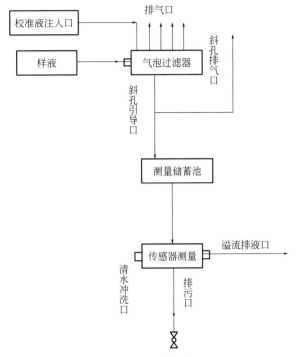

图 3-7　浊度自动分析仪流程图

将传感器清洗干净；打开排污口的阀，将流通测量池内的样品排净并用中性洗涤剂清洗后，将传感器放入流通测量池内。

（2）再启动

取出传感器，用超滤过的去离子水冲洗干净。将传感器小心地重新安装到流通测量池上。重新给仪表通水，如有必要，可重新调节压力和流量。

2. 定期维护

① 每周：检查水样流量是否正常，应不大于 6L/h；检查仪表有无泄漏现象，如有泄漏现象，应查明原因，及时紧固或更换密封件；检查电气系统是否显示正常，显示的浊度值是否合理。

② 每月：检查流路有无泄漏。

③ 每年：用中性洗涤剂清洗流通测量池中的沉积物，必要时做浊度校准。

3. 传感器和流通测量池的维护

安装和使用过程中流通测量池也要定期进行检查，清除附着物、保证密封性，为测量提供一个良好的环境。清洗的频度取决于溶解于或悬浮于试样中的各种固体的性质和浓度。在传感器窗口上矿物质水垢沉积物中生物的活性是一个最重要的因素，其数值随试样温度而有不同。一般情况下，在暖温下沉积物增长更多，而在低温下则较少。

检查流通测量池及出口的气密性；检查流测量池及出口有无塞物；切断流通测量池的水样；流通测量池用中性洗涤剂、软毛刷子清洗附着在管壁上的污物（若清洗不掉，可以用铬酸、自来水、超滤过的去离子水依次清洗）；打开排污口的阀门，将污水排净；再次关闭排污口的阀门，并用超滤过的去离子水彻底冲洗流通测量池；经常检查光电池窗口以确定其是否需要清洗。

在进行标准校验或校正之前去除传感器窗口上的任何有机生长物或薄膜。使用棉布拖把和异丙醇，或是一种柔和的清洁剂去除绝大多数的沉淀物和污物。矿物质水垢沉积物可能需要用棉布拖把在其上施以弱酸，然后用清洁剂清洗。不要使用含有磨料的清洗剂。

4. 检查光电池窗口以确定是否需要清洗故障和分析

仪器在使用和维护过程中，可能会遇到的问题见表 3-6。

表 3-6　浊度自动分析仪故障现象及原因

序号	故障现象	可能原因分析	故障排除方法
1	通电后无反应	未接通电源	1. 请检查 AC220V 电源连接线是否正确并牢靠连接； 2. 用万用表电压挡测试电源板 J4 端子，确认 AC220V 电压是否真正送到仪器
		仪器损坏	请联系厂家
2	液晶屏亮度低	为了延长液晶屏使用时间，在无人操作情况下背光亮度会稍有降低	正常现象
		液晶屏长期使用后亮度会逐渐降低，直至无法看清	更换液晶屏
3	屏幕白屏或花屏	供电波动、干扰等情况使仪器工作异常	断电后重新启动
		液晶屏损坏或电路故障	联系生产厂家
4	按键操作无反应	供电波动、干扰等情况使仪器工作异常	断电后重新启动
		按键损坏或电路故障	联系生产厂家
5	测量值与实际值偏差较大	传感器表面有污渍影响测量	清洗传感器
		仪器长年运行后，产生漂移的累积	标定或校准仪器
6	温度或测量值明显异常	连接故障	检查传感器连接线是否正常。有无断路、短路现象
		仪器损坏	联系生产厂家
		错误校准	重新校准仪器
		传感器设置错误	确认传感器设置是否正确
7	仪器与远程显示不一致	仪器本身电流误差大	断开远程连接，用电流表配合仪器输出测试功能检查输出电流准确性，如误差大请重新校准输出电流
		设置不一致	确保 DCS 等远程装置的设置与仪器本身的设置相同
		相互干扰	在远程端加隔离装置

三、出厂性能要求

根据《**浊度水质自动分析仪技术要求**》（HJ/T 98—2003），浊度水质自动分析仪性能应满足表 3-7 所示的性能要求：

表 3-7　浊度自动分析仪的性能指标

项目	性能	试验方法
重复性误差	±5%	8.3.1 (HJ/T 98)
零点漂移	±3%	8.3.2 (HJ/T 98)
量程漂移	±5%	8.3.3 (HJ/T 98)
线性误差	±5%	8.3.4 (HJ/T 98)
MTBF	720h/次	8.3.5 (HJ/T 98)
实际水样比对试验[①]	±10%	8.3.6 (HJ/T 98)
电压稳定性	±3%	8.3.7 (HJ/T 98)
绝缘阻抗	5MΩ 以上	8.3.8 (HJ/T 98)

① 我国浊度的标准监测分析方法（GB 13200—91）和推荐方法的原理与浊度在线自动分析仪的原理不尽相同，在新国家标准方法或推荐方法出台之前，可暂不做此项。

四、运行比对监测

浊度自动分析仪应定期进行性能核查，要求如下。

① 至少每半年进行一次准确度、精密度、检出限、标准曲线和加标回收率的检查；

② 至少每半年进行一次零点漂移和量程漂移检查；

③ 更新检测器后，进行一次标准曲线和精密度检查；

④ 更新仪器后，对表 3-7 中的仪器性能指标进行一次检查；

⑤ 至少每月进行一次仪器校准工作；

⑥ 设备运行过程中，其性能指标要求应满足表 3-8 所列要求。

仪器性能核查的数据采集频次可以调整到小于日常监测数据采集频次，同时保证样品测定不受前一个样品的影响。

表 3-8　浊度自动分析仪仪器性能指标技术要求

监测项目	检测方法	精密度	准确度	稳定性		实际水样比对
				零点漂移	量程漂移	
浊度/NTU	电极法	±5%	±5%	±3%	±5%	±10%

课后作业

1. 在线浊度仪的测试方法一般是_____散色法。

A. 0 度　　　　B. 45 度　　　　C. 90 度　　　　D. 180 度

2. 浊度计在线分析仪每月水样比对试验绝对偏差是（　　）

A. ±2%　　　　B. ±3%　　　　C. ±5%　　　　D. ±10%

笔记

项目 三
色度

项目导读

本项目重点介绍如何用手工监测方法和自动监测设备测定水体的色度，包括色度的定义、手工监测方法、自动监测方法和运营维护等。

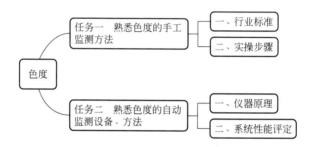

项目学习目标

知识目标 掌握手工监测方法和自动测定仪测定色度的原理。

能力目标 熟练掌握手工监测方法的测定色度的步骤；能够熟练操作色度自动测定仪；掌握色度自动测定仪的运行维护。

素质目标 培养爱岗敬业、诚实守信的水污染自动监测运营职业道德；培养科学严谨、精益求精的生态环保工匠精神。

项目实施

该项目共有两个任务，通过该项目的学习，掌握色度的手工监测方法和自动监测方法。

任务一　熟悉色度的手工监测方法

❮ 任务导入

某排污企业委托第三方检测机构测定该厂排放废水的色度，作为检测人员，应依据什么标准、采用什么方法进行测定？

知识链接

　　纯净水为无色物质，然而实际水体中往往存在有色物质而使水显示颜色，因此色度作为水质感官指标之一，广泛应用于水质评价中。所谓**色度**是指含在水中溶解性的物质或胶状物质所呈现的类黄色乃至黄褐色的程度。溶液状态的物质所产生的颜色称为真色；由悬浮物产生的颜色称为假色，测定前必须将水样中的悬浮物除去。

　　检测污水色度的方法有 2 种：铂钴比色法和稀释倍数法。

　　① 铂钴比色法：测定清洁的天然水通常用此法，操作简便，色度稳定，标准色列如保存适宜，可长期使用。但其中的试剂太贵，大量使用很不经济。

　　② 稀释倍数法：污水处理中常用的是稀释倍数法，通过逐次稀释，并与化学纯水对比，直至肉眼看不到颜色为止，将各个稀释倍数相乘即是色度的倍数。此法简单方便，成本低。

任务实施

一、行业标准

　　我国现行的监测水体中色度的测定标准见表 3-9。

表 3-9　水体中色度测定标准

序号	标准号	标准名称
1	DZ/T 0064.4—2021	地下水质分析方法　第 4 部分：色度的测定　铂-钴标准比色法
2	HJ 1182—2021	水质　色度的测定　稀释倍数法
3	GB 11903—89	水质　色度的测定

二、实操步骤

　　以《水质　色度的测定　稀释倍数法》（HJ 1182—2021）为例，介绍手工监测色度的方法。

　　1. 方法原理

　　将样品稀释至与水相比无视觉感官区别，用稀释后的总体积与原体积的比表达颜色的强度，单位为倍。

　　2. 实验试剂

　　水：使用去离子水或纯水。

　　3. 实验仪器

　　实验所用仪器设备见表 3-10。

　　4. 实验步骤

　　（1）样品采集和保存

　　按照 HJ 91.1 的相关规定采集样品。样品采集后应在 4℃ 以下冷藏、避光保存，24h 内测定。对于可生化性差的样品，如染料和颜料废水等样品可冷藏保存 15d。

表 3-10　实验仪器设备

名称	要求
具塞比色管	50mL、100mL，内径一致，无色透明、底部均匀无阴影
光源	在光线充足的条件下可使用自然光，否则应在光源下进行测定。光源为荧光灯或 LED 灯，2 种光源发出的光均要求为冷白色。两根灯管并排放置，灯管下无任何遮挡，每根灯管长度至少 1.2m。 　光源悬挂于实验台面上方 1.5～2.0m 处，开启光源时，应关闭室内其他所有光源。荧光灯功率≥40W 或 LED 灯功率≥26W
容量瓶	100mL
量筒	25mL、100mL、250mL
pH 计	精度±0.1pH 单位或更高精度
采样瓶	250mL 具塞磨口棕色玻璃瓶
一般实验室常用仪器和设备	

（2）试样的制备

将样品倒入 250mL 量筒中，静置 15min，倾取上层非沉降部分作为试样进行测定。

（3）颜色描述

取试样倒入 50mL 具塞比色管中，至 50mL 标线，将具塞比色管垂直放置在白色表面上，垂直向下观察液柱。用文字描述样品的颜色特征。颜色（红、橙、黄、绿、蓝、紫、白、灰、黑），深浅（无色、浅色、深色），透明度（透明、浑浊、不透明）。

（4）pH 值的测定

按照 HJ 1147 对水样进行 pH 值的测定。

（5）分析步骤

① 初级稀释。准确移取 10.0mL 试样于 100mL 具塞比色管或 100mL 容量瓶中，用水稀释至 100mL 刻度，混匀后按目视比色方法观察，如果还有颜色，则继续取稀释后的试样 10.0mL，再稀释 10 倍，依次类推，直到刚好与水无法区别为止，记录稀释次数 n。

② 自然倍数稀释。用量筒取第 $n-1$ 次初级稀释的试样，按照表 3-11 的稀释方法由小到大逐级按自然倍数进行稀释，每稀释 1 次，混匀后按目视比色方法观察，直到刚好与纯水无法区别时停止稀释，记录稀释倍数 D_1。

表 3-11　稀释方法及结果表示

稀释倍数（D_1）	稀释方法	结果表示
2 倍	取 25mL 试样加水 25mL，混匀备用	$2 \times 10^{n-1}$ 倍（$n=1, 2 \cdots$）
3 倍	取 20mL 试样加水 40mL，混匀备用	$3 \times 10^{n-1}$ 倍（$n=1, 2 \cdots$）
4 倍	取 20mL 试样加水 60mL，混匀备用	$4 \times 10^{n-1}$ 倍（$n=1, 2 \cdots$）
5 倍	取 10mL 试样加水 40mL，混匀备用	$5 \times 10^{n-1}$ 倍（$n=1, 2 \cdots$）
6 倍	取 10mL 试样加水 50mL，混匀备用	$6 \times 10^{n-1}$ 倍（$n=1, 2 \cdots$）
7 倍	取 10mL 试样加水 60mL，混匀备用	$7 \times 10^{n-1}$ 倍（$n=1, 2 \cdots$）
8 倍	取 10mL 试样加水 70mL，混匀备用	$8 \times 10^{n-1}$ 倍（$n=1, 2 \cdots$）
9 倍	取 10mL 试样加水 80mL，混匀备用	$9 \times 10^{n-1}$ 倍（$n=1, 2 \cdots$）

③ 目视比色。将稀释后的试样和纯水分别倒入 50mL 具塞比色管至 50mL 标线，将具塞比色管垂直放置在白色表面上，垂直向下观察液柱，比较试料和纯水的颜色。

（6）结果计算与表示

① 结果计算。样品的稀释倍数 D 按式（3-2）计算。

$$D = D_1 \times 10^{n-1} \tag{3-2}$$

式中　D——样品稀释倍数；

　　　n——初级稀释次数；

　　　D_1——稀释倍数。

② 结果表示。结果以稀释倍数值表示。在报告样品色度的同时，报告颜色特征和 pH 值。

> **课后作业** 💡

1. ＿＿＿＿＿＿＿＿和＿＿＿＿＿＿＿＿是常用的色度测定方法。
2. 说明色度和浊度标准单位"度"的物理意义。
3. 测定色度中所使用的"光学纯水"是如何制成的？

任务二　熟悉色度的自动监测设备及方法

> **任务导入**

小李在某印染厂的废水在线监测站进行设备保养，发现色度自动监测仪测定结果不准，需要校准。

> **任务实施** 📁

一、仪器原理

水质色度在线监测仪多采用嵌入式系统控制模式，样品经膜过滤后，被泵入测量池里，采用分光光度法。测量池中的水样被紫外光照射，根据光的感应变化计算出水样的色度值。水质色度在线监测仪对于污水或水质色度较大的水样，可自动进行成倍稀释，通过稀释倍数法可大大扩展水质色度的测量范围。

二、系统性能评定

目前暂未发布水质色度自动分析仪相关技术要求的国家标准。以下列举国产某在线色度分析仪技术参数：① 量程：0-100Pt-Co，0-2000Pt-Co；② 精度：＜±5％ F. S.；③ 重复性：＜±5％F. S.

项目 四

电导率

📖 项目导读

本项目重点介绍如何用手工监测方法和自动监测设备测定水体的电导率，包括该指标的定义、手工监测方法、自动监测方法和运营维护等。

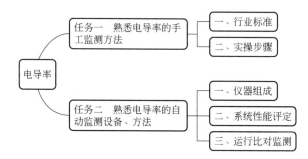

🌐 项目学习目标

知识目标 掌握电极法测定电导率的原理。

能力目标 掌握电极法测定电导率的步骤；掌握电导率自动测定仪的组成、性能要求及比对监测要求。

素质目标 培养爱岗敬业、诚实守信的水污染自动监测运营职业道德；培养科学严谨、精益求精的生态环保工匠精神。

📚 项目实施

该项目共有两个任务，通过该项目的学习，掌握电导率的手工监测方法和自动监测方法。

任务一 熟悉电导率的手工监测方法

‹ 任务导入

某岩溶地区地下水硬度偏大，生态环境部门需定期监测其电导率，作为监测站工作人员，应如何对水质的电导率进行测定？

◁ 知识链接 ◎⊷

电导率表示溶液传导电流的能力，与电阻值相对。电导率测量仪的测量原理：将两块平行的极板放到被测溶液中，在极板的两端加上一定的电势，然后测量极板间流过的电流。

水体电导率是评价水质状况的一项指标，其大小取决于水体中的溶解性固体和悬浮固体的含量，其值的大小与其所含无机酸、碱、盐的量有一定关系。水中溶解性固体或悬浮固体含量越高，电导率越高，因此电导率是衡量水体污染程度的标准之一。

◁ 任务实施 📚

一、行业标准

我国现行的监测水体电导率的测定标准见表3-12。

表3-12　水体电导率测定标准

序号	标准号	标准名称
1	GB/T 6908—2018	锅炉用水和冷却水分析方法　电导率的测定
2	DZ/T 0064.6—2021	地下水质分析方法　第6部分：电导率的测定　电极法
3	DL/T 1207—2013	发电厂纯水电导率在线测量方法

二、实操步骤

以《地下水质分析方法　第6部分：电导率的测定　电极法》（DZ/T 0064.6—2021）为例，介绍手工测定电导率的方法。

1. 方法原理

在电解质溶液里，离子在电场的作用下，由于离子的移动具有导电作用。在相同温度下测定水样的电导 G，它与水样的电阻 R 呈倒数关系，按式（3-3）计算。

$$G = 1/R \tag{3-3}$$

在一定条件下，水样的电导随着离子含量的增加而升高，而电阻则降低。因此，电导率 K 就是电流通过单位面积 A 为 $1cm^2$、距离 L 为 $1cm$ 的两铂黑电极的电导能力，按式（3-4）计算：

$$K = GL/A \tag{3-4}$$

即电导率 K 为给定的电极常数 Q 与水样 R_s 的比值，按式（3-5）计算。

$$K = QG_s = Q/R_s \tag{3-5}$$

只要测定出水样的 R_s 或水样的 G_s，K 即可得出。

2. 实验试剂

实验所需试剂见表3-13。

3. 实验仪器

实验所需仪器见表3-14。

表 3-13　实验试剂

试剂名称	规格	备注
纯水	/	符合 GB/T 6682 规定的一级水
氯化钾标准溶液	0.01mol/L	称取经 105～110℃烘干 2h 的氯化钾 0.7455g 于烧杯中，用煮沸除去二氧化碳冷却后的纯水（电导率应小于 $1.0\mu S/cm$）溶解，移至 1000mL 容量瓶中定容。25℃时，此溶液电导率为 $1.413\times10^3\mu S/cm$

注：除非另有说明，分析时均使用符合国家标准的分析纯试剂。

表 3-14　实验仪器

名称	要求	数量
电导率仪	/	1 台
铂电极	/	1
温度计	0～50℃，精确至±0.1℃	1
恒温水浴锅	/	1
一般实验室仪器	/	若干

4. 实验步骤

（1）电极常数的测定

如铂电极上未标明电极常数，则按以下实验方法确定。取氯化钾标准溶液 25～30mL 于 50mL 烧杯中，插入铂电极。在 25℃条件下，用电导率仪按仪器说明书操作，读出电导值 G。重复测定 3～5 次。从表 3-15 中查出氯化钾标准溶液的电导率，按式（3-6）计算电极常数。

$$Q=\frac{1}{G_{KCl}}\times K_{KCl} \tag{3-6}$$

式中　Q——铂电极的电极常数，cm^{-1}；

　　　G_{KCl}——25℃时测得氯化钾标准溶液的电导值，μS；

　　　K_{KCl}——从表 3-15 中查出的 25℃时氯化钾溶液的标准电导率值，$\mu S/cm$。

表 3-15　25℃时氯化钾溶液的电导率

浓度 /(mol/L)	0.0001	0.0005	0.001	0.005	0.010	0.020	0.050	0.10	0.20	0.50
电导率 /(μS/cm)	14.94	73.90	147.0	717.8	1413	2767	6668	12900	24820	58640

（2）样品测量

根据试样电导率的大致范围，按表 3-16 选择适当的电极。按所选用电极的电极常数，调好仪器上电极常数调节旋钮的位置，并将量程选择旋钮放在适当的范围挡上。

表 3-16　电极选择

水样类型	电导率范围/(μS/cm)	选用电极
溶解性固体总量极低的水或纯净水	$<1\times10$	光亮铂电极
一般地下水	$1\times10～1\times10^4$	铂黑电极 Q 为 1 左右
溶解性固体总量高的地下水	$>1\times10^4$	铂黑电极 Q 为 10 左右

取适量水样冲洗 50mL 烧杯并冲洗电极几次后，再取适量水样，将电极浸入水中，按仪器操作步骤测量，读取表头数值，即为 t℃时的电导率（K_t），同时用温度计测量水样温度 t（℃）。

测量完毕，用纯水冲洗电极，用滤纸吸干电极表面水分（切勿擦电极的铂黑镀膜），在不使用时，将其装入电极盒内保存。

（3）试验数据处理

水样的电导率（25℃）用式（3-7）计算。

$$K_{25} = K_t / [1 - 0.02 \times (25 - t)] \tag{3-7}$$

式中　K_{25}——25℃时水样的电导率，$\mu S/cm$；

　　　K_t——t℃时测得水样的电导率，$\mu S/cm$；

　　　t——测量时水样的温度，℃。

如采用电极常数为 10 的电极，且电极常数选择旋钮放在 -1 的位置时，则测得的 K_t 值应乘以 10。

课后作业

1.（判断题）电导率是单位面积的电导。（　　）

2.（判断题）水的纯度越高，电导率越高。（　　）

3.（判断题）电导率是表示溶液传导电流的能力，溶液的电导率与离子浓度成正比例关系。（　　）

4.（简答题）简述测定电导率的方法原理。

5.（简答题）测定电导率的样品应如何保存？

任务二　熟悉电导率的自动监测设备及方法

任务导入

某河流断面设置了国家地表水水质自动监测站，根据《**地表水自动监测技术规范(试行)** 》（HJ 915—2017），对该断面水质进行采样，并对其电导率进行自动监测。

任务实施

一、仪器组成

电导率自动分析仪由检测单元、信号转换器、显示记录、数据处理、信号传输单元等构成。

① 采样部分有完整密闭的采样系统。

② 测量单元指将电极浸入试样，产生的信号稳定地传输至显示记录单元。由电导率测量池（以下简称"电导池"）、电极系统、温度补偿传感器及电极支持部分等构成。

a. 电导池由合成树脂等材质构成。

b.电极系统。

c.温度补偿传感器指铂镍热电耦等温度传感器。

d.电极支持部分指固定电极的电极套管，由不锈钢、硬质聚氯乙烯、聚丙烯等不受试样侵蚀的材质构成。

e.信号转换器及显示器具有防水滴构造，电极与转换器的距离应尽可能短。

③ 显示记录单元具有将电导率值以等分刻度、数字形式显示记录、打印的功能。

④ 数据传输装置有完整的数据采集、传输系统。

⑤ 附属装置根据需要，自动分析仪可配置以下附属装置。

a.电极清洗装置指采用水等流体清洗电极的清洗装置等。

b.自动采样装置指自动采集试样并将其以一定流速输送至电导池的装置。

二、系统性能评定

根据《电导率水质自动分析仪技术要求》（HJ/T 97—2003），电导率水质自动分析仪应满足以下要求。

1. 一般构造要求

① 结构合理，产品组装坚固、零部件紧固无松动。

② 在正常的运行状态下，可平稳工作，无安全隐患。

③ 各部件不易产生机械、电路故障，构造无安全隐患。

④ 具有不因水的浸湿、结露等而影响自动分析仪运行的性能。

⑤ 便于维护、检查作业，无安全隐患。

⑥ 显示器无污点、损伤。显示部分的字符笔画亮度均匀、清晰，无暗角、黑斑、彩虹、气泡、暗显示、隐划、不显示、闪烁等现象。

⑦ 说明功能的文字、符号、标志应符合国家有关规定。

2. 性能要求

电导率自动分析仪出厂时应满足表3-17所列的性能指标要求。

表 3-17　电导率自动分析仪的性能指标

项目	性能
重复性误差	±1%
零点漂移	±1%
量程漂移	±1%
响应时间（T_{90}）	0.5min
温度补偿精度	±1%
MTBF	≥720h/次
实际水样比对试验	±1%
电压稳定性	指示值的变动在±1%以内
绝缘阻抗	5MΩ 以上

此外，系统具有设定、校对、断电保护、故障报警功能，以及时间、参数显示功能，包括年、月、日和时、分以及测量值等。

三、运行比对监测

电导率自动分析仪应定期进行性能核查，要求如下。

① 至少每半年进行一次准确度、精密度、检出限、标准曲线和加标回收率的检查；

② 至少每半年进行一次零点漂移和量程漂移检查；

③ 更新检测器后，进行一次标准曲线和精密度检查；

④ 更新仪器后，对表 3-17 中的仪器性能指标进行一次检查；

⑤ 至少每月进行一次仪器校准工作。

⑥ 设备运行过程中，其性能指标要求应满足表 3-18 所列要求。

仪器性能核查的数据采集频次可以调整到小于日常监测数据采集频次，同时保证样品测定不受前一个样品的影响。

表 3-18　电导率自动分析仪仪器性能指标技术要求

监测项目	检测方法	精密度	准确度	稳定性		实际水样比对
				零点漂移	量程漂移	
电导率 /(μS/cm)	电极法	±1%	±1%	±1%	±1%	±10%

课后作业

1.电导率每月水样比对试验绝对偏差是（　　）。

A. ±2%　　　　B. ±3%　　　　C. ±5%　　　　D. ±10%

2.每周仪表核查时，电导率要求的绝对误差是（　　）。

A. ±2%　　　　B. ±3%　　　　C. ±5%　　　　D. ±10%

模块三考核评价表

评价模块	评价内容		自评	组评	师评
	学习目标	评价项目			
专业能力	1. 掌握水温、浊度、色度、电导率的含义、测定目的以及测定标准	能够全面了解水污染源物理指标的含义，了解国标的测定方法			
	2. 熟悉水温、浊度、色度、电导率的手工测定方法	能够全面认知相关指标手工测定的步骤			
	3. 熟悉水温、浊度、色度、电导率的自动监测设备性能、监测方法	认识在线分析仪的结构、功能及使用方法			
	4. 明确水温、浊度、色度、电导率运行比对监测的要求	能够按照国家技术标准开展实际水样比对、掌握误差计算要求。			
	5. 了解水污染源物理指标在线分析仪维护管理和故障的解决办法	掌握水污染源物理指标的维护方法、独立开展运维管理工作以及常见故障的处理			
可持续发展能力	具备自主研究能力、自我提升	具备自主分析的技能	比较困难	不具备自主分析的技能	
	发现问题、分析问题、解决问题、杜绝问题	具备处理问题的技能	比较困难	不具备相应技能	
	遇到问题，查询资料、虚心求教	主动学习请教	比较困难	不具备相应技能	
	空杯心态，持续学习	虚心求教	比较困难	不具备相应技能	
	分类、总结经验、面对问题善于自查自纠	善于总结、复盘	比较困难	不具备相应技能	
	理论知识与实际应用的创新能力	熟练应用	查阅资料	已经遗忘	
社会能力	爱岗敬业、诚实守信、责任感强	很好	正在培养	不能满足要求	
	主动展示、讲解技术成果，善于分享	主动性很强	比较困难	不愿意	
	具备自主分析能力	自主能力强	比较困难	不能满足要求	
	融入团队，强化合作思维	高度配合	比较困难	我行我素	
成果与收获	任务实施与完成进度	独立完成	合作完成	不能完成	
	体验与探索	收获很大	比较困难	没有收获	
	学习难点及建议				
	提升方向				

模块四

水污染自动监测系统运行维护

项目 一

运行维护机构的管理

 项目导读

　　小李由于表现出色，从一线运行维护人员晋升为公司管理层，需要对运行维护管理的相关工作进行归纳梳理。

项目学习目标

　　知识目标　掌握运营公司日常管理要素和方法。掌握自动监测系统运行维护工作新方法。

　　能力目标　学会统筹运营公司日常管理要素。能制订运行维护工作计划。

　　素质目标　培养爱岗敬业、诚实守信的水污染自动监测运营职业道德；培养科学严谨、精益求精的生态环保工匠精神；培养团结协作、顾全大局的团队精神。

项目实施

　　该项目共有两个任务。通过该项目的学习，达到熟悉水污染自动监测系统运行维护机构的目的。

　　扫描二维码可查看运行维护常规检查和五参数检查视频。

M4-1　运行维护常规检查

M4-2　运行维护五参数检查

任务一 熟悉运营公司日常管理要素和方法

任务导入

领导带领小李到公司各部门全面了解各部门的运作方式和管理要点，让小李整理一份学习心得。

知识链接

一、运营公司的管理要素

运营公司的管理包括"人、机、料、法、环"，通过几个方面的要求，全面推进运营工作的管理。

1. 人员

提高生产效率，就首先从现有的人员中去发掘，尽可能地发挥他们的特点，激发员工的工作热情，提高工作的积极性，为推动运营工作的高效运行，不断加强人员的管理。

2. 机器设备

指生产中所使用的设备、工具、车辆、备机等辅助运行维护用具。运营过程中，设备的是否正常运作、工具的好坏、车辆应急、备机监测等都是影响生产进度运营质量的又一要素。

3. 物料

指运营工作中所需要的配件、试剂等产品用料。为确保在线设备的连续性和准确性，需准备充足的配件、试剂库存。

4. 法则

运营生产过程中所需遵循的规章制度，要制定相应的制度和流程、具备明确的操作指南，使运营工作规范化及标准化。

5. 环境

运营管理工作中，需要搭建良好的工作环境，配备相应的办公资源。

二、运营公司管理办法

① 运营单位应积极履行污染自动监控设施运营委托合同和相关技术规范规定的各项维护职责，确保所维护自动监控设施的正常运转，上报数据及时、准确、可靠，不得故意损坏污染自动监控设施或故意影响自动监控设施正常运行。

② 运营单位的日常运营维护应当严格按照水污染在线监测系统运行与考核技术规范等相关规范要求运营。

③ 污染自动监控设施运营单位应按照国家或地方相关法律法规和标准要求，建立健全管理制度。主要包括人员培训、操作规程、岗位责任、定期比对监测、定期校准维护记录、运行信息公开、设施故障预防和应急措施等方面的管理制度。常年备有

日常运行、维护所需的各种耗材、备用整机或关键部件。

④ 运营单位应积极配合各级生态环境部门的现场监督检查，并按要求提供自动监控设施运行管理的相关资料和台账，并如实反映自动监控设施的运行情况。

⑤ 排污单位存在干扰社会化运营单位的正常工作、影响自动监控设施的正常运行和超标排放等行为的，运营单位应主动书面报告区生态环境部门。

⑥ 污染自动监控设施由于严重老化等无法稳定运行，设施主要部件故障无法修复且无厂商生产而难以购置配件等情况需要更换自动监控设施的，运营单位应主动书面报告生态环境部门。

⑦ 运营单位应建立完善污染自动监控管理台账，做到一企一档。台账主要包括以下内容：

a. 所运行维护排污单位的基本信息，自动监控设施的基本信息、安装信息和重要参数设置信息；

b. 自动监控设施实行社会化运营的交接记录；

c. 监控平台的巡查记录（每日上午、下午至少各一次）、日常维护记录及数据缺失、异常情况查处记录；

d. 标准气体、标准液体等的购置、更换记录；

e. 备机、药剂及其他耗材的购置、添加、更换记录；

f. 每季度自行比对监测记录；

g. 设备维修期间的人工监测记录；

h. 危险废物移交记录和收集处理合同；

i. 自动监控设施现场端运营台账等。最近半年内的现场运营台账应当放置在监控站房，以备环保部门检查时查阅。现场无法提供现场端维护台账的运营单位视为无相关记录。

⑧ 污染自动监控设施确需搬迁、拆除或停运的，运营单位应当事先向区生态环境部门报告，未经生态环境部门同意，运营单位不得协助排污单位搬迁、拆除或停运自动监控设施。

⑨ 污染自动监控设施发生故障不能正常使用的，运营单位应当在发生故障后12h内向生态环境部门报告，并及时检修，对48h内无法排除故障的仪器，应安装备用仪器或采取手工监测（每天不少于4次，间隔不得超过6h）等方式。备用仪器应根据国家有关技术规定重新调试，经检测比对合格后方可投入运行。

⑩ 运营单位应对污染自动监控设施运行产生的废液统一收集、统一处理，属危险废物的，应当按照有关规定处理，并在运行台账中加以记录。

‹ 任务实施 📚

请同学们查阅相关资料，以思维导图的形式帮小李整理学习笔记。

‹ 课后作业 💡

1. 运营公司的管理应包括哪几个方面？
2. 水污染在线监测系统运营服务认证的模式是＿＿＿＿＿＿＿。

任务二　熟悉自动监测系统运行维护工作

小李在业务部需要为 A 企业制订专属运行维护计划，A 企业为造纸企业。

一、生产过程及污染情况

1. 制浆工艺

（1）漂白苇浆

以芦苇为原料。蒸煮工段选用横管连续蒸煮器，湿法备料的苇片，经过预蒸、高压蒸汽加热、冷喷放、洗涤、碱反应塔反应、封闭筛选、D_0 段漂白（二氧化氯）、洗涤、EO 段预反应、EO 段漂白（氧气）、D_1 段预反应、D_1 段漂白（二氧化氯），漂白反应完全后再经真空洗浆机洗涤后送贮浆塔。

（2）化木浆

以原木为原料。干法备料的竹木片，经过高压蒸汽加热蒸煮、冷喷放、洗涤、筛选、C-E-H 漂白（即第一段为氯化，第二段为碱处理，第三段为次氯酸盐漂白）。漂白反应完全后再经真空洗浆机洗涤后送贮浆塔。

（3）废纸浆

以废纸浆为原料制浆。

2. 漂白工艺

① 传统的 C-E-H 漂白，即次氯酸盐漂白。

② 无元素氯漂白（简称 ECF 漂白），是指以二氧化氯替代元素氯作为漂白剂的漂白技术。

③ 全无氯漂白（简称 TCF 漂白），是指整个漂白过程不采用任何含氯化合物的漂白技术，漂白剂主要是过氧化氢及臭氧等。

3. 特征污染物

① 悬浮物，包括可沉降悬浮物和不可沉降悬浮物，主要是纤维和纤维细料。

② 易生物降解有机物，包括低分子量的半纤维素、甲醇、乙酸、甲酸、糖类等。

③ 难生物降解有机物，主要来源于纤维原料中所含的木质素和大分子碳水化合物。

④ 毒性物质，黑液中含有的松香酸和不饱和脂肪酸等。

⑤ 酸碱毒物，碱法制浆废水 pH 值为 9～10；酸法制浆废水 pH 值为 1.2～2。

⑥ 色度，制浆废水中所含残余木质素是高度带色的。

4. 在线监测系统运行维护注意事项

① 造纸废水中治污设施稍差的可能会在废水中含有一部分的纸浆，在运行维护过程中需要做好水样的预处理，尽可能减少纸浆的含量：一方面可更好地测出污染物浓度；另一方面也可避免管路的堵塞。

② 造纸漂白过程中产生的含氯废水，例如氯化漂白废水、次氯酸盐漂白废水等

含有大量的氯离子，对 COD 的测定影响较为严重，需要通过手工测定出氯离子的浓度含量，从而根据氯离子的含量来增加屏蔽剂的用量。

③ 废水色度对设备的准确性也有很大的影响，根据水样的实际情况选择合适的监测方法。

📝 笔记

二、结合企业特征，制定运行维护计划

1. 日检查维护

每天通过远程或现场查看数据的方式检查仪器运行状态、数据传输系统以及视频监控系统是否正常，并判断水污染在线监测系统运行是否正常。如发现数据有持续异常等情况，应前往站点检查。

2. 周检查维护

① 至少每 7d 对水污染在线监测系统进行 1 次现场维护。

② 检查自来水供应、泵取水情况，检查内部管路是否通畅，仪器自动清洗装置是否运行正常，检查各仪器的进样水管和排水管是否清洁，必要时进行清洗。定期对水泵和过滤网进行清洗。

③ 检查监测站房内电路系统、通信系统是否正常。

④ 对于用电极法测量的仪器，检查电极填充液是否正常，必要时对电极探头进行清洗。

⑤ 检查各水污染在线监测仪器标准溶液和试剂是否在有效使用期内，保证按相关要求定期更换标准溶液和试剂。

⑥ 检查数据采集传输仪运行情况，并检查连接处有无损坏，对数据进行抽样检查，对比水污染源在线监测仪、数据采集传输仪及监控中心平台接收到的数据是否一致。

⑦ 检查水质自动采样系统管路是否清洁，采样泵、采样桶和留样系统是否正常工作，留样保存温度是否正常。

⑧ 若部分站点使用气体钢瓶，应检查载气气路系统是否密封，气压是否满足使用要求。

3. 月检查维护

① 每月的现场维护应包括对水污染在线监测仪器进行一次保养，对仪器分析系统进行维护；对数据存储或控制系统工作状态进行一次检查；检查监测仪器接地情况，检查监测站房防雷措施。

② 水污染在线监测仪器：根据相应仪器操作维护说明，检查和保养易损耗件，必要时更换；检查及清洗取样单元、消解单元、检测单元、计量单元等。

③ 水质自动采样系统：根据情况更换蠕动泵管、清洗混合采样瓶等。

④ TOC 水质自动分析仪：检查 $TOC\text{-}COD_{Cr}$ 转换系数是否适用，必要时进行修正。对 TOC 水质自动分析仪的泵、管、加热炉温度进行检查，检查试剂余量（必要时添加或更换），检查卤素洗涤器、冷凝器水封容器、增湿器，必要时加蒸馏水。

⑤ pH 水质自动分析仪：用酸液清洗电极，检查 pH 电极是否钝化，必要时进行校准或更换。

⑥ 温度计：每月至少进行一次现场水温比对试验，必要时进行校准或更换。

⑦ 超声波明渠流量计：检查流量计液位传感器高度是否发生变化，检查超声波

探头与水面之间是否有干扰测量的物体，对堰体内影响流量计测定的干扰物进行清理。

⑧ 管道电磁流量计：检查管道电磁流量计的检定证书是否在有效期内。

4. 季度检查维护

① 水污染在线监测仪器：根据相应仪器的操作维护说明，检查及更换易损耗件，检查关键零部件的可靠性，如计量单元准确性、反应室密封性等，必要时进行更换。

② 对水污染在线监测仪器所产生的废液应以专用容器予以回收，并按照 GB 18597 的有关规定，交由有危险废物处理资质的单位处理，不得随意排放或回流入污水排放口。

5. 其他检查维护

① 保证监测站房的安全性，进出监测站房应进行登记，包括出入时间、人员、出入站房原因等，应设置视频监控系统。

② 保持监测站房的清洁，保持设备的清洁，保证监测站房内的温度、湿度满足仪器正常运行的需求。

③ 保持各仪器管路通畅，出水正常，无漏液。

④ 对电源控制器、空调、排风扇、供暖、消防设备等辅助设备要进行经常性检查。

⑤ 其他维护按相关仪器说明书的要求进行仪器维护保养、易耗品的定期更换工作。

6. 检查维护记录

运行人员在对水污染在线监测系统进行故障排查与检查维护时，应做好记录。

任务实施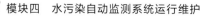

小李到 A 企业检查运行维护记录，对照运行技术及质量控制要求给该企业的运行维护人员打分。请根据以下内容设计评分表。

一、运行技术要求

① 对 COD_{Cr}、TOC、NH_3-N、TP、TN 等水质自动分析仪要求定期进行自动标样核查和自动校准，自动标样核查结果应满足表 4-1 要求。

② 对 COD_{Cr}、TOC、NH_3-N、TP、TN、pH 水质自动分析仪、温度计及超声波明渠流量计要求定期进行实际水样比对试验，比对试验结果应满足表 4-1 的要求。

表 4-1　水污染在线监测仪器运行技术指标

仪器类型	技术指标要求	试验指标限值	样品数量要求
COD_{Cr}、TOC 水质自动分析仪	采用浓度约为现场工作量程上限值 0.5 倍的标准样品	±10%	1
	实际水样 COD_{Cr}<30mg/L（用浓度为 20～25mg/L 的标准样品替代实际水样进行测试）	±5mg/L	比对试验总数应不少于 3 对。当比对试验数量为 3 对时应至少有 2 对满足要求；4 对时应至少有 3 对满足要求；5 对以上时至少需 4 对满足要求
	30mg/L≤实际水样 COD_{Cr}<60mg/L	±30%	
	60mg/L≤实际水样 COD_{Cr}<100mg/L	±20%	
	实际水样 COD_{Cr}≥100mg/L	±15%	

续表

仪器类型	技术指标要求	试验指标限值	样品数量要求
NH₃-N 水质自动分析仪	采用浓度约为现场工作量程上限值 0.5 倍的标准样品	±10%	1
	实际水样氨氮＜2mg/L（用浓度为 1.5mg/L 的标准样品替代实际水样进行测试）	±0.3mg/L	同化学需氧量比对试验数量要求
	实际水样氨氮≥2mg/L	±15%	
TP 水质自动分析仪	采用浓度约为现场工作量程上限值 0.5 倍的标准样品	±10%	1
	实际水样总磷＜0.4mg/L（用浓度为 0.2mg/L 的标准样品替代实际水样进行测试）	±0.04mg/L	同化学需氧量比对试验数量要求
	实际水样总磷≥0.4mg/L	±15%	
TN 水质自动分析仪	采用浓度约为现场工作量程上限值 0.5 倍的标准样品	±10%	1
	实际水样总氮＜2mg/L（用浓度为 1.5mg/L 的标准样品替代实际水样进行测试）	±0.3mg/L	同化学需氧量比对试验数量要求
	实际水样总氮≥2mg/L	±15%	
pH 水质自动分析仪	实际水样比对	±0.5	1
温度计	现场水温比对	±0.5℃	1
超声波明渠流量计	液位比对误差	12mm	6 组数据
	流量比对误差	±10%	10min 累计流量

笔记

二、自动标样核查和自动校准

选用浓度约为现场工作量程上限值 0.5 倍的标准样品定期进行自动标样核查。如果自动标样核查结果不满足表 4-1 的规定，则应对仪器进行自动校准。仪器自动校准完成后应使用标准溶液进行验证（可使用自动标样核查代替该操作），验证结果应符合表 4-1 的规定，如不符合则应重新进行一次校准和验证，6h 内如仍不符合表 4-1 的规定，则应进入人工维护状态。标样自动核查计算由式（4-1）计算。

$$\Delta A = \frac{X - B}{B} \times 100\% \tag{4-1}$$

式中　ΔA——相对误差；

　　　B——标准样品标准值，mg/L；

　　　X——分析仪测量值，mg/L。

在线监测仪器自动校准及验证时间如果超过 6h，则应采取人工监测的方法向相应生态环境主管部门报送数据，数据报送每天不少于 4 次，间隔不得超过 6h。

自动标样核查周期最长间隔不得超过 24h，校准周期最长间隔不得超过 168h。

三、实际水样比对试验

① 针对 COD_{Cr}、TOC、NH_3-N、TP、TN 水质自动分析仪应每月至少进行一次实际水样比对试验。试验结果应满足表 4-1 规定的性能指标要求，不满足要求时，应对仪器进行校准和标准溶液验证后再次进行实际水样比对试验。

② 如第二次实际水样比对试验结果仍不符合表 4-1 规定时，仪器应进入维护状态，同时此次实际水样比对试验至上次仪器自动校准或自动标样核查期间所有的数据按照 HJ 356 的相关规定执行。

③ 仪器维护时间超过 6h 时，应采取人工监测的方法向相应生态环境主管部门报送数据，数据报送每天不少于 4 次，间隔不得超过 6h。

④ 按照 HJ 353 规定的水样采集口采集实际废水排放样品，采用水质自动分析仪与国家环境监测分析方法标准分别对相同的水样进行分析，两者测量结果组成一个测定数据对，至少获得 3 个测定数据对。

按式（4-2）或式（4-3）计算实际水样比对试验的绝对误差或相对误差，其结果应符合表 4-1 的规定。

$$C = x_n - B_n \tag{4-2}$$

$$\Delta C = \frac{X_n - B_n}{B_n} \times 100\% \tag{4-3}$$

式中　C——实际水样比对试验绝对误差，mg/L；

　　　X_n——第 n 次分析仪测量值，mg/L；

　　　B_n——第 n 次实验室标准方法测定值，mg/L；

　　　ΔC——实际水样比对试验相对误差。

⑤ pH 水质自动分析仪和温度计

a. 每月至少进行 1 次实际水样比对试验，如果比对结果不符合表 4-1 的要求，应对 pH 水质自动分析仪和温度计进行校准，校准完成后需再次进行比对，直至合格。

b. 按照 HJ 353 规定的水样采集口采集实际废水排放样品，采用 pH 水质自动分析仪和温度计分别与国家环境监测分析方法标准分别对相同的水样进行分析，根据式（4-4）计算仪器测量值与国家环境监测分析方法标准测定值的绝对误差。

$$C = X - B \tag{4-4}$$

式中　C——实际水样比对试验绝对误差，无量纲或℃；

　　　X——pH 水质自动分析仪（温度计）测量值，无量纲或℃；

　　　B——实验室标准方法测定值，无量纲或℃。

⑥ 超声波明渠流量计

a. 每季度至少用便携式明渠流量计比对装置对现场安装使用的超声波明渠流量计进行 1 次比对试验（比对前应对便携式明渠流量计进行校准），如比对结果不符合表 4-1 的要求，应对超声波明渠流量计进行校准，校准完成后需再次进行比对直至合格。

b. 除国家颁布的超声波明渠流量计检定规程所规定的方法外，可按以下方法进行现场比对试验，具体按现场实际情况执行。

c. 便携式明渠流量计比对装置：可采用磁质伸缩液位计加标准流量计算公式的方式进行现场比对。

d. 液位比对：分别用便携式明渠流量计比对装置（液位测量精度≤1mm）和超声波明渠流量计测量同一水位观测断面处的液位值，进行比对试验，每2min读取一次数据，连续读取6次，按式（4-5）计算每一组数据的误差值，选取最大的 H_i 作为流量计的液位误差。

$$H_i = |H_{1i} - H_{2i}| \qquad (4-5)$$

式中　H_i——液位比对误差；

　　　H_{1i}——第 i 次明渠流量比对装置测量液位值，mm；

　　　H_{2i}——第 i 次超声波明渠流量计测量液位值，mm；

　　　i——1，2，3，4，5，6。

e. 流量比对：分别用便携式明渠流量计比对装置和超声波明渠流量计测量同一水位观测断面处的瞬时流量，进行比对试验，待数据稳定后，开始计时，计时10min，分别读取明渠流量比对装置该时段内的累积流量和超声波明渠流量计该时段内的累积流量，按式（4-6）计算流量误差。

$$\Delta F = \frac{F_1 - F_2}{F_1} \times 100\% \qquad (4-6)$$

式中　ΔF——流量比对误差；

　　　F_1——明渠流量比对装置累积流量，m^3；

　　　F_2——超声波明渠流量计累积流量，m^3。

⑦ 有效数据率。以月为周期，计算每个周期内水污染源在线监测仪实际获得的有效数据的个数占应获得的有效数据的个数的百分比不得小于90%，有效数据的判定参见HJ 356的相关规定。

⑧ 其他质量控制要求

a. 应按照HJ 91.1、HJ 493以及HJ 355的相关要求对水样分析、自动监测实施质量控制。

b. 对某一时段、某些异常水样，应不定期进行平行监测、加密监测和留样比对试验。

c. 水污染源在线监测仪器所使用的标准溶液应正确保存且经有证的标准样品验证合格后方可使用。

课后作业

1. 一个完整的运行维护计划应包括哪四大环节？

2. 已知水样的 COD_{Cr} 为180mg/L，现将该水样放进水质在线自动检测仪中测得结果为160mg/L，请计算其相对误差，并判断该次水样比对试验是否满足误差要求。

项目 二
设备安装与调试

📖 项目导读

小李在工程部检查员工在 A 企业进行设备安装及调试工作。

🌐 项目学习目标

知识目标 掌握设备安装与调试任务。掌握安装验收技术新要求。

能力目标 学会按规范进行设备安装及调试。能根据相关标准对设备进行安装验收。

素质目标 培养爱岗敬业、诚实守信的水污染自动监测运营职业道德；培养科学严谨、精益求精的生态环保工匠精神；培养团结协作、顾全大局的团队精神。

📚 项目实施

该项目共有两个任务。通过该项目的学习，达到熟悉水污染自动监测系统安装与调试的目的。

任务一　熟悉设备安装与调试工作任务

‹ 任务导入

水污染在线监测系统由水污染排放口、流量监测单元、监测站房、水质自动采样单元及数据控制单元组成。

运行维护项目在启动前，小李需对现场进行勘查工作，确定流量计、水质自动采样器、化学需氧量（COD_{Cr}）水质自动分析仪、总有机碳（TOC）水质自动分析仪、氨氮（$NH_3\text{-}N$）水质自动分析仪、总磷（TP）水质自动分析仪、总氮（TN）水质自动分析仪、温度计、pH 水质自动分析仪等水污染在线监测仪器的安装调试及试运行方案。

一、水污染在线监测仪器安装要求

1. 基本要求

① 工作电压为单相 $(220\pm22)V$，频率为 $(50\pm0.5)Hz$。

② 遵循 RS-232、RS-485 采集信号，按照 HJ 212 的规定执行。

③ 水污染在线监测系统中所采用的仪器设备应符合国家有关标准和技术要求（表 4-2）。

表 4-2　水污染在线监测仪器技术要求

序号	水污染在线监测仪器	技术要求
1	超声波明渠污水流量计	HJ 15
2	电磁流量计	HJ/T 367
3	化学需氧量（COD_{Cr}）水质自动分析仪	HJ 377
4	氨氮（NH_3-N）水质自动分析仪	HJ 101
5	总氮（TN）水质自动分析仪	HJ/T 102
6	总磷（TP）水质自动分析仪	HJ/T 103
7	pH 水质自动分析仪	HJ/T 96
8	水质自动采样器	HJ/T 372
9	数据采集传输仪	HJ 477

2. 其他要求

水污染在线监测仪器的各种电缆和管路应加保护管，保护管应在地下敷设或空中架设，空中架设的电缆应附着在牢固的桥架上，并在电缆、管路以及电缆和管路的两端设立明显标识。电缆线路的施工应满足 GB 50168 的相关要求。

各仪器应落地或壁挂式安装，有必要的防震措施，保证设备安装牢固稳定。在仪器周围应留有足够空间，方便仪器的维护。其他要求参照仪器相应说明书相关内容，应满足 GB 50093 的相关要求。必要时（如南方的雷电多发区），仪器和电源应设置防雷设施。

3. 流量计安装要求

采用明渠流量计测定流量，应按照 JJG 711、CJ/T 3008.1、CJ/T 3008.2、CJ/T 3008.3 等技术要求修建或安装标准化计量堰（槽），并通过计量部门检定。应根据测量流量范围选择合适的标准化计量堰（槽），根据计量堰（槽）的类型确定明渠流量计的安装点位，具体要求如表 4-3 所示。

表 4-3　计量堰（槽）的选型及流量计安装点位

序号	堰槽类型	测量流量范围/(m^3/s)	流量计安装点位
1	巴歇尔槽	$0.1\times10^{-3}\sim93$	应位于堰槽入口段（收缩段）1/3 处
2	三角形薄壁堰	$0.2\times10^{-3}\sim1.8$	应位于堰板上游（3~4）倍最大液位处
3	矩形薄壁堰	$1.4\times10^{-3}\sim49$	应位于堰板上游（3~4）倍最大液位处

采用管道电磁流量计测定流量，应按照 HJ/T 367 等技术要求进行选型、设计和安装，并通过计量部门检定。在垂直管道上安装电磁流量计时，被测流体的流向应自下而上，在水平管道上安装时，两个测量电极不应在管道的正上方和正下方位置。流量计上游直管段长度和安装支撑方式应符合设计文件要求。管道设计应保证流量计测量部分管道水流时满管。

流量计应安装牢固稳定，有必要的防震措施。仪器周围应留有足够空间，方便仪器维护与比对。

4. 水质自动采样器

水质自动采样器具有采集瞬时水样、混合水样、冷藏保存水样的功能。

水质自动采样器具有远程启动采样、留样及平行监测功能，记录瓶号、时间、平行监测等信息。

水质自动采样器采集的水样量应满足各类水质自动分析仪润洗、分析需求。

5. 水质自动分析仪

根据企业废水实际情况选择合适的水质自动分析仪。应根据企业实际排放废水浓度选择合适的水质自动分析仪现场工作量程，具体设置方法参照 HJ 355 执行。

安装高温加热装置的水质自动分析仪，应避开可燃物和严禁烟火的场所。

水质自动分析仪与数据控制系统的电缆连接应可靠稳定，并尽量缩短信号传输距离，减少信号损失。

水质自动分析仪工作所必需的高压气体钢瓶，应稳固固定，防止钢瓶跌倒，有条件的站房可以设置钢瓶间。

COD_{Cr}、TOC、NH_3-N、TP、TN 水质自动分析仪可自动调节零点和校准量程值，两次校准时间间隔不小于 24h。

根据企业排放废水实际情况，水质自动分析仪可安装过滤等前处理装置，经过前处理装置所安装的过滤等前处理装置应防止过度过滤。

二、水污染在线监测仪器调试要求

1. 基本要求

在完成水污染在线监测系统的建设之后，需要对流量计、水质自动采样器、水质自动分析仪进行调试，并联网上报数据。

数据控制单元的显示结果应与测量仪表一致，可方便查阅 HJ 353 规定的各种报表。

明渠流量计采用 HJ 354 规定的方法进行流量比对误差和液位比对误差测试。

水质自动采样器采用 HJ 354 规定的方法进行采样量误差和温度控制误差测试。

水质自动分析仪应根据排污企业排放浓度选择量程，并在该量程下进行 24h 漂移、重复性和示值误差的测试，按照 HJ 354 规定的方法进行实际水样比对测试。

2. 调试方法

（1）24h 漂移

COD_{Cr} 水质自动分析仪、TOC 水质自动分析仪、NH_3-N 水质自动分析仪、TP 水质自动分析仪、TN 水质自动分析仪按照下述方法测定 24h 漂移。

按照说明书调试仪器，待仪器稳定运行后，水质自动分析仪以离线模式，导入浓度值为现场工作量程上限值 20%、80% 的标准溶液，以 1h 为周期，连续测定 24h。

在两种浓度下，分别取前 3 次测定值的算术平均值为初始测定值 X_0，按式（4-7）计算后续测定值 x_i 与初始测定值 x_0 的变化幅度相对于现场工作量程上限值的百分比 RD，取绝对值最大 RDmax 为 24h 漂移。

笔记

$$RD = \frac{x_i - x_0}{A} \times 100\%$$ （4-7）

式中 x_i——第 i（$i \geq 3$）次测定值，mg/L；

  x_0——前三次测量值的算术平均值，mg/L；

  A——工作量程上限值，mg/L。

pH 水质自动分析仪参照下述方法测定 24h 漂移。按照说明书调试仪器，待仪器稳定运行后，将 pH 水质自动分析仪的电极浸入 pH=6.865（25℃）的标准溶液，读取 5min 后的测量值为初始值 X_0，连续测定 24h，每隔 1h 记录一个测定瞬时值 X_i，按式（4-8）计算后续测定值 X_i 与初始测定值 X_0 的误差 D，取绝对值最大 D_{max} 为 24h 漂移。

$$D = X_i - X_0$$ （4-8）

式中 D——漂移；

  X_i——第 i 次测定值；

  X_0——初始值。

（2）重复性

按照说明书调试仪器，待仪器稳定运行后，水质自动分析仪以离线模式，导入浓度值为现场工作量程上限值 50% 的标准溶液，以 1h 为周期，连续测定该标准溶液 6 次，按式（4-9）计算 6 次测定值的相对标准偏差 S_r，即为重复性。

$$S_r = \frac{\sqrt{\frac{1}{n-1}\sum_{i=1}^{n}(x_i - \bar{x})^2}}{\bar{x}} \times 100\%$$ （4-9）

式中 S_r——相对标准偏差，%；

  $\bar{x}$——n 次测量值的算术平均值，mg/L；

  n——测定次数；

  x_i——第 i 次测量值，mg/L。

（3）示值误差

按照说明书调试仪器，待仪器稳定运行后，水质自动分析仪（pH 水质自动分析仪除外）以离线模式，分别导入浓度值为现场工作量程上限值 20% 和 80% 的标准溶液，以 1h 为周期，连续测定每种标准溶液各 3 次，按式（4-10）计算 3 次仪器测定值的算术平均值与标准溶液标准值的相对误差 ΔA，两个结果的最大值 ΔA_{max} 即为示值误差。

$$\Delta A = \frac{x_i - x_0}{x_0} \times 100\%$$ （4-10）

式中 ΔA——示值误差，%；

  x_0——标准溶液标准值，mg/L；

  x_i——3 次仪器测量值的算术平均值，mg/L。

pH 水质自动分析仪的电极浸入 pH=4.008 的标准溶液，连续测定 6 次，按式（4-11）计算 6 次测定值的算术平均值与标准溶液标准值的误差 A，即为示值误差。

$$A = x - B \tag{4-11}$$

式中 A——示值误差；

$\quad\quad x$——6 次仪器测量值的算术平均值；

$\quad\quad B$——标准溶液标准值。

（4）调试指标

各水污染在线监测仪器指标符合表 4-4 要求的调试效果，TOC 水质自动分析仪参照 COD_{Cr} 水质自动分析仪执行，编制水污染在线监测系统调试报告。

（5）试运行要求

应根据实际水污染排放特点及建设情况，编制水污染在线监测系统运行与维护方案以及相应的记录表格。

行期间应按照所制定的运行与维护方案 HJ 355 相关要求进行作业。试运行期间应保持对水污染在线监测系统连续供电，连续正常运行 30d。

因排放源故障或在线监测系统故障等造成运行中断，在排放源或在线监测系统恢复正常后，重新开始试运行。

试运行期间数据传输率应不小于 90%。

数据控制系统已经和水污染在线监测仪器正确连接，并开始向监控中心平台发送数据。

编制水污染在线监测系统试运行报告（表 4-4 为调试期性能指标）。

表 4-4 水污染在线监测仪器调试期性能指标

仪器类型	调试项目		指标限值
明渠流量计	液位比对误差		12mm
	流量比对误差		±10%
水质自动采样器	采样量误差		±10%
	温度控制误差		±2℃
COD_{Cr} 水质自动分析仪/TOC 水质自动分析仪	24h 漂移	20% 量程上限值	±5% F.S.
		80% 量程上限值	±10% F.S.
	重复性		≤10%
	示值误差		±10%
	实际水样比对	$COD_{Cr}<30mg/L$（用浓度为 20～25mg/L 的标准样品替代实际水样进行试验）	±5mg/L
		$30mg/L≤$ 实际水样 $COD_{Cr}<60mg/L$	±30%
		$60mg/L≤$ 实际水样 $COD_{Cr}<100mg/L$	±20%
		实际水样 $COD_{Cr}≥100mg/L$	±15%
NH_3-N 水质自动分析仪	24h 漂移	20% 量程上限值	±5% F.S.
		80% 量程上限值	±10% F.S.
	重复性		≤10%
	示值误差		±10%
	实际水样比对	实际水样氨氮 $<2mg/L$（用浓度为 1.5mg/L 的标准样品替代实际水样进行试验）	±0.3mg/L
		实际水样氨氮 $≥2mg/L$	±15%

续表

仪器类型	调试项目		指标限值
TP 水质自动分析仪	24h 漂移	20%量程上限值	±5% F. S.
		80%量程上限值	±10% F. S.
	重复性		≤10%
	示值误差		±10%
	实际水样比对	实际水样总磷＜0.4mg/L（用浓度为0.3mg/L的标准样品替代实际水样进行试验）	±0.06mg/L
		实际水样总磷≥0.4mg/L	±15%
TN 水质自动分析仪	24h 漂移	20%量程上限值	±5% F. S.
		80%量程上限值	±10% F. S.
	重复性		≤ 10 %
	示值误差		±10%
	实际水样比对	实际水样总氮<2mg/L（用浓度为1.5mg/L的标准样品替代实际水样进行试验）	± 0.3mg/L
		实际水样总氮≥2mg/L	±15%
pH 水质自动分析仪	示值误差		±0.5
	24h 漂移		±0.5
	实际水样比对		±0.5

📝 笔记

❮ 任务实施

A 企业是一家典型工艺的印染企业，请同学们查阅相关资料，帮小李制订设备安装与调试方案。

❮ 课后作业

1. 填空题：数据采集仪的串口接口类型为＿＿＿＿＿＿＿。
2. 计量堰（槽）的类型有哪三种？

任务二　掌握安装验收技术要求

❮ 任务导入

小李帮企业安装调试了相关在线监测设备后企业组织设备验收，小李对照站房图纸及现场情况准备相关材料。

❮ 知识链接

一、验收条件

① 提供水污染在线监测系统的选型、工程设计、施工、安装调试及性能等相关

技术资料。

② 水污染在线监测系统已依据 HJ 353 完成安装、调试与试运行，各指标符合 HJ 353 的要求，并提交运行调试报告与试运行报告。

③ 提供流量计、标准计量堰（槽）的检定证书，水污染在线监测仪器符合 HJ 353 技术要求的证明材料。

④ 水污染在线监测系统所采用基础通信网络和基础通信协议应符合 HJ 212 的相关要求，对通信规范的各项内容做出响应，并提供相关的自检报告。同时提供生态环境主管部门出具的联网证明。

⑤ 水质自动采样单元已稳定运行一个月，可采集瞬时水样和具有代表性的混合水样供水污染在线监测仪器分析使用，可进行留样并报警。

⑥ 验收过程供电不间断。

⑦ 数据控制单元已稳定运行一个月，向监控中心平台及时发送数据，期间设备运转率应大于 90%；数据传输率应大于 90%。设备运转率及数据传输率参照式（4-12）、式（4-13）进行计算。

$$设备运转率 = \frac{实际运行小时数}{企业排放小时数} \times 100\% \tag{4-12}$$

式中　实际运行小时数——自动监测设备实际正常运行的小时数；

企业排放小时数——被测水污染源排放污染物的实际小时数。

$$数据传输率 = \frac{实际传输数据数}{规定传输数据数} \times 100\% \tag{4-13}$$

式中　实际传输数据数——每月设备实际上传的数据个数；

规定传输数据数——每月设备规定上传的数据个数。

二、验收内容

水污染在线监测系统在完成安装、调试及试运行，并和生态环境主管部门联网后，应进行建设验收、仪器设备验收、联网验收及运行与维护方案验收。

三、建设验收要求

1. 污染源排放口

① 污染源排放口的布设符合 HJ 91.1 要求。

② 污染源排放口具有符合 GB/T 15562.1 要求的环境保护图形标志牌。

③ 污染源排放口应设置具备便于水质自动采样单元和流量监测单元安装条件的采样口。

④ 污染源排放口应设置人工采样口。

2. 流量监测单元

① 三角堰和矩形堰后端设置有清淤工作平台，可方便实现对堰槽后端堆积物的清理。

② 流量计安装处设置有对超声波探头检修和比对的工作平台，可方便实现对流量计的检修和比对工作。

③ 工作平台的所有敞开边缘设置有防护栏杆，采水口临空、临高的部位应设置

防护栏杆和钢平台，各平台边缘应具有防止杂物落入采水口的装置。

④ 维护和采样平台的安装施工应全部符合要求。

⑤ 防护栏杆的安装应全部符合要求。

3. 监测站房

① 监测站房专室专用。

② 监测站房密闭，安装有空调和排风扇，空调具有来电自启动功能。

③ 新建监测站房面积应不小于 $15m^2$，高度不低于 $2.8m$，各仪器设备安放合理，可方便进行维护维修。

④ 监测站房与采样点的距离不大于 $50m$。

⑤ 监测站房的基础荷载强度、面积、空间高度、地面标高均符合要求。

⑥ 监测站房内有安全合格的配电设备，提供的电力负荷不小于 $5kW$，配置有稳压电源。

⑦ 监测站房电源引入线使用照明电源；电源进线有浪涌保护器；电源应有明显标志；接地线牢固并有明显标志。

⑧ 监测站房电源设有总开关，每台仪器设有独立控制开关。

⑨ 监测站房内有合格的给水、排水设施，能使用自来水清洗仪器及有关装置。

⑩ 监测站房有完善规范的接地装置和避雷措施、防盗、防止人为破坏以及消防设施。

⑪ 监测站房不位于通信盲区，应能够实现数据传输。

⑫ 监测站房内、采样口等区域应有视频监控。

4. 水质自动采样单元

① 实现采集瞬时水样和混合水样，混匀及暂存水样，自动润洗及排空混匀桶的功能。

② 实现混合水样和瞬时水样的留样功能。

③ 实现 pH 水质自动分析仪、温度计原位测量或测量瞬时水样功能。

④ COD_{Cr}、TOC、NH_3-N、TP、TN 水质自动分析仪测量混合水样功能。

⑤ 需具备必要的防冻或防腐设施。

⑥ 设置有混合水样的人工比对采样口。

⑦ 水质自动采样单元的管路为明管，并标注有水流方向。

⑧ 管材应采用优质的聚氯乙烯（PVC）、三丙聚丙烯（PPR）等不影响分析结果的硬管。

⑨ 采样口设在流量监测系统标准化计量堰（槽）取水口头部的流路中央，采水口朝向与水流的方向一致；测量合流排水时，在合流后充分混合的场所采水。

⑩ 采样泵选择合理，安装位置便于泵的维护。

5. 数据控制单元

① 数据控制单元可协调统一运行水污染在线监测系统，采集、储存、显示监测数据及运行日志，向监控中心平台上传污染监测数据。

② 可接收监控中心平台命令，实现对水污染在线监测系统的控制。如触发水质自动采样单元采样，水污染在线监测仪器进行测量、标液核查、校准等操作。

③ 可读取并显示各水污染在线监测仪器的实时测量数据。

④ 可查询并显示：pH 值的小时变化范围、日变化范围，流量的小时累积流量、日累积流量，温度的小时均值、日均值，COD_{Cr}、NH_3-N、TP、TN 的小时值、日

均值，并通过数据采集传输仪上传至监控中心平台。

⑤ 上传的污染监测数据带有时间和数据状态标识，符合 HJ 355 中 6.2 条款。

⑥ 可生成、显示各水污染源在线监测仪器监测数据的日统计表、月统计表、年统计表。

四、水污染源在线监测仪器验收要求

1. 基本验收要求

① 水污染源在线监测仪器的各种电缆和管路应加保护管地下敷设或空中架设，空中架设的电缆应附着在牢固的桥架上，并在电缆、管路以及电缆和管路的两端设置明显标识。电缆线路的施工应满足 GB/T 50168 的相关要求。

② 必要时（如南方的雷电多发区），仪器设备和电源设有防雷设施。

③ 各仪器设备采用落地或壁挂式安装，有必要的防震措施，保证设备安装牢固稳定。

④ 仪器周围留有足够空间，方便仪器的维护。

⑤ 此处未提及的要求参照仪器相应说明书相关内容，应满足 GB/T 50093 的相关要求。

2. 功能验收要求

① 具有时间设定、校对、显示功能。

② 具有自动零点校准（正）功能和量程校准（正）功能，且有校准记录。校准记录中应包括校准时间、校准浓度、校准前后的主要参数等。

③ 应具有测试数据显示、存储和输出功能。

④ 应能够设置三级系统登录密码及相应的操作权限。

⑤ 意外断电且再度上电时，应能自动排出系统内残存的试样、试剂等，并自动清洗，自动复位到重新开始测定的状态。

⑥ 应具有故障报警、显示和诊断功能，并具有自动保护功能，并且能够将故障报警信号输出到远程控制网。

⑦ 应具有限值报警和报警信号输出功能。

⑧ 应具有接收远程控制网的外部触发命令、启动分析等操作的功能。

任务实施

请同学们查阅相关资料，帮小李列出验收需要的资料清单。

课后作业

1.在线监测数据控制单元需向监控中心平台及时发送数据，同时设备运转率应大于 90%，方可验收合格。（   ）

2.采样口设在流量监测系统标准化计量堰（槽）取水口头部的流路中央，采水口朝向与水流的方向相反。（   ）

项目 三
水污染自动监测系统运行管理

📋 项目导读

为提高公司运行维护服务能力和服务质量，小李需要对公司运行维护人员的运行维护工作进行系统检查。

🌐 项目学习目标

知识目标 掌握运行维护管理的要求。掌握设备故障判断的分析方法。掌握自主验收流程。

能力目标 学会按规范进行系统运行维护管理。能判断设备（系统）故障。

素质目标 培养爱岗敬业、诚实守信的水污染自动监测运营职业道德；培养科学严谨、精益求精的生态环保工匠精神；培养团结协作、顾全大局的团队精神。

📚 项目实施

该项目共有三个任务。通过该项目的学习，达到熟悉水污染自动监测系统运行管理的目的。

任务一　掌握运行维护管理的要求

‹ 任务导入

杭州 A 公司未按技术规范进行日常运行维护操作，伪造运行维护记录案。

基本案情：2016 年 3 月 3 日，杭州市生态环境执法人员对 B 公司进行现场检查，发现 COD 水质在线监测仪无法正常启动运行，且 2016 年 2 月 8 日至 22 日期间无历史数据。于 2016 年 3 月 8 日立案调查。

经查明，杭州 A 公司为 B 公司的自动监控设备运行维护单位。B 公司 COD 水质在线监测仪自 2016 年 2 月 8 日至 22 日期间处于死机状态，无法运行。杭州 A 公司的运行维护人员 2016 年 1 月 29 日至 2 月 26 日期间未按相关要求到企业进行日常运行维护操作，致使水污染自动监控系统不正常运行使用；并在 2016 年 2 月 26 日当天伪造了 2016 年 2 月 5 日、2016 年 2 月 19 日的运行维护记录与质控样比对监测记录。

查处情况：杭州市生态环境部门根据《**中华人民共和国水污染防治法**》、《**浙江省水污染防治条例**》的规定，对 B 公司不正常使用水污染物处理设施的违法行为罚款人民币 2134 元。杭州市公安局根据《**中华人民共和国环境保护法**》、《**公安机关办理行政案件程序规定**》的规定，对杭州 A 公司的贾某、周某某、徐某 3 人违反技术规范操作、未按频次到现场运行维护以及伪造虚假的运行维护记录、质控样比对记录的违法行为给予行政拘留五日的行政处罚。

知识链接

根据《**环境保护设施运营单位运营服务能力要求**》（T/CAEPI 2—2016），水污染自动监测运行维护的质量管理要求如下。

一、基本要求

① 运营单位应具有独立承担法律责任的能力。

② 运营单位已按 GB/T 19001 建立质量管理体系，并有效运行。

二、职责和资源

① 运营单位应规定与运营服务活动有关的各类人员的职责及相互关系。

② 运营单位应指定一名质量负责人，授权其负责质量管理，并确保其实施和保持。质量负责人应具有充分的能力胜任本职工作。

③ 运营单位应具备开展运营服务所必需的人员、营业场所和测定条件等资源和基础设施，建立并保持适宜开展运营服务的必要环境。

三、人员

① 运营单位应建立技术人员、操作人员的选聘、岗位培训、考核和评价等制度及文件。

② 技术人员的专业、教育和培训经历、能力以及经验等应能覆盖环保设施正常稳定运行的各个方面。

③ 操作人员应具备正常运行、维护设施的能力，能够按照管理文件和操作规程的要求解决和处理运行过程中发生的常见问题，熟悉异常情况的处理程序和应急措施。

④ 运营单位应配备与其运行领域相适应的人员。生活污水处理的人员配置应符合《**城市污水处理工程项目建设标准**》（建标〔2001〕77 号）的要求。水污染物自动监控的运行维护人员数量配置应能满足 HJ/T 355 的维护要求。其他环境保护设施运营单位的人员配置应结合规模、运营人员技术水平等具体情况确定。

⑤ 运营单位应保留技术人员和操作人员的选聘、岗位培训、考核和评价的记录。

四、质量文件

① 运营单位应建立并保持文件化的运营服务质量管理文件（包括突发环境事件

应急预案），以确保运营服务质量的相关过程有效运作。

② 运营单位应建立与其运行项目相适应的规章制度、工艺控制文件和作业指导书，并形成文件。

③ 项目运营过程应严格执行各级相关质量文件要求，相关记录完整。

五、检(监)测能力

① 运营单位应具备与运营服务领域和活动相适应的检（监）测能力，并建立与其检（监）测活动相适应的管理文件。

② 运营单位应建立并保持检（监）测规程或作业指导书文件，明确规定检（监）测的项目周期和是否符合规定要求的判定规则等，检（监）测规程的建立应依据环境保护标准，包括国家行业标准和地方标准，没有国家、行业、地方标准的，可建立企业标准。

③ 用于检（监）测的仪器设备的配置应能满足运行要求，并设置台账。检（监）测和校准仪器设备应按规定的周期进行校准或检定。对自行校准的仪器设备，应规定校准方法和校准周期等。仪器设备的校准和检定状态应能被使用及管理人员方便识别。

④ 检（监）测的仪器设备应有操作规程，操作人员应具备作业规定的资格和能力，持证上岗。

⑤ 运营单位应建立并保存完整有效的运行检（监）测活动记录。

六、设备、配件、材料和药剂

1. 采购

① 运营单位应对设备、配件、材料、药剂质量提出文件化的质量要求和控制程序，并建立采购品质量验收档案记录。

② 运营单位应对供应商进行评价，制订相关设备、配件、材料、药剂合格供应商清单，并建立供应商档案及供应渠道。

③ 运营单位应对关键设备、配件、材料、药剂合格供应商进行定期评审，确保其提供的产品持续符合要求。

④ 设备、配件、材料、药剂的库存应能满足日常运营要求。

2. 保存和使用

① 设备、配件、材料、药剂的库存应能满足日常运营要求。

② 运营单位应制定库房管理措施，防止设备、配件、材料、药剂进出库房等过程的损坏、变质，确保设备、配件、材料、药剂安全，满足要求。

③ 运营单位应制定设备、配件、材料、药剂领用管理制度，用于规范设备、材料、药剂的维护、保养、质控、使用和处置。

④ 运营单位宜建立主要设备、配件、材料、药剂的消耗记录。

七、运营服务过程控制要求

① 运营单位应贯彻执行与运行项目有关的法律法规、政策、标准和技术要求等并注意采用其有效版。

② 运营单位项目的运行应符合国家和行业有关标准规定。城镇污水处理厂的运行应符合 CJ 60 的规定，水污染在线监测系统运行应符合 HJ/T 355 的规定等。

③ 运营单位应对影响运行效果和质量的关键工序进行识别，制订相应的工艺控制文件、作业指导书或操作规程，使相关操作人员对此熟悉掌握，在运营服务过程中有效执行。

④ 运营单位在项目运营活动中，应能按照质量文件的要求对运营服务全过程进行质量控制并形成记录。

⑤ 运营单位应加强对所有运营项目的质量控制，确保各运营项目质量管理的一致性。

⑥ 运营单位应建立并保持运行关键资源和活动变更控制程序，确保不因其改变而影响运行过程的性能。

八、突发环境事件预警和应急

① 运营单位应对可能对环境造成影响的潜在的紧急情况和事故进行识别，并建立应急预案。

② 运营单位应演练环境应急预案，并保存相关活动记录。

③ 对实际发生的紧急情况和事故，运营单位应能及时按照预案做出响应，并保存相关活动记录。

④ 运营单位应定期评估其应急预案和响应程序。必要时对其进行修订，特别是当事故或紧急情况发生后。

九、分析和改进

① 运营单位应建立内部审核制度，确保质量管理体系的有效性，并保持内部审核记录

② 运营单位应建立合同期内的运行项目管理清单和档案，并对运行项目绩效进行评估

③ 运营单位应编制形成文件，规定运行项目不合格情况处理的有关职责和权限。

④ 运营单位应采取纠正和预防措施，以消除不合格情况发生的源头，防止再次发生，并进行记录存档。

任务实施

请同学们查阅相关资料，帮小李拟定一份运行维护质量检查表。

课后作业

1. 判断题：运营单位应指定多名质量负责人。（　　　）

2. 运营单位应对设备、配件、材料、药剂质量编制的质量要求和控制程序文件，并建立采购品质量验收档案记录。（　　　）

任务二 掌握设备故障判断的分析方法

笔记

任务导入

江苏省无锡市生态环境执法人员日前对某印染企业进行"双随机"执法检查发现，该单位水污染在线监测设备发生故障后，未及时向当地生态环境部门报备以及时修复，也未在修复前开展水污染物手工监测，违反有关法规，对其进行了处罚。

检查中，执法人员发现该单位于 2018 年 9 月领取了生态环境部门颁发的《排污许可证》，管理类别为重点管理。按照《排污许可证》的要求，该单位于 2018 年 9 月安装了废水排放的在线监测设施，并同生态环境部门联网，监测指标包括 COD、氨氮和 pH。从 5 月 31 日起，该单位的 COD 在线监测仪开始故障报警，无法正常运行，其上传"江苏省重点监控企业自行监测信息发布平台"的废水 COD 浓度从 5 月 31 日起，一直恒定于 86.91mg/L 的固定数值。COD 在线监测仪故障后，该单位未向企业所在地生态环境部门报备，也未按规定开展 COD 的手工监测。

该单位的行为违反了《中华人民共和国水污染防治法》《排污许可管理办法（试行）》的有关规定，应当立即改正其违法行为。执法人员当即进行了现场调查和取证，并责令该公司立即改正违法行为。日前，环境监察部门最终对该单位未保证水污染物监测设备正常运行的违法行为，处以 13 万元罚款。

江苏某律师事务所主任说，按照我国环境法律规定，实行排污许可管理的企业事业单位和其他生产经营者应当按照国家有关规定和监测规范，对所排放的水污染物自行监测，并保存原始监测记录。印染企业等重点排污单位还应当安装水污染物排放自动监测设备，与生态环境主管部门的监控设备联网，并保证监测设备正常运行。涉案企业疏于管理，不能发挥污染物监测预警作用，造成不可预知的环境污染风险，应当承担法律责任。

知识链接

一、检修和故障处理要求

① 水污染在线监测系统需维修的，应在维修前报相应生态环境管理部门备案；需停运、拆除、更换、重新运行的，应经相应生态环境管理部门批准同意。

② 因不可抗力和突发原因致使水污染在线监测系统停止运行或不能正常运行时，应当在 24h 内报告相应生态环境管理部门并书面报告停运原因和设备情况。

③ 运营单位发现故障或接到故障通知，应在规定的时间内赶到现场处理并排除故障，无法及时处理的应安装备用仪器。

④ 水污染在线监测仪器经过维修后，在正常使用和运行之前应确保其维修全部完成并通过校准和比对试验。若在线监测仪器进行了更换，在正常使用和运行之前，确保其性能指标满足规范的要求。维修和更换的仪器，可由第三方或运行单位自行出具比对检测报告。

⑤ 数据采集传输仪发生故障，应在相应生态环境管理部门规定的时间内修复或更换，并能保证已采集的数据不丢失。

⑥ 运行单位应备有足够的备品备件及备用仪器，对其使用情况进行定期清点，并根据实际需要进行增购。

⑦ 水污染在线监测仪器因故障或维护等原因不能正常工作时，应及时向相应生态环境管理部门报告，必要时采取人工监测，监测周期间隔不大于 6h，数据报送每天不少于 4 次，监测技术要求参照 HJ 91.1 执行。

二、常见故障处理方法（表 4-5）

表 4-5　常见故障及解决办法

错误	原因	解决办法
无安全面板	没有安装安全面板 安全面板的安装位置不正确	重新安装安全面板 检查安全面板支柱后方机械和电子元件
内部总线错误	总线通信异常	尝试重置状态：状态栏/重置 更换相关总线
无水样	当前测量无抽到水样 采样管路无水样 管路堵塞/采样管路破损漏气 定量失败、定量管有异物	下次测量间隔采到水样进行测量 检查水泵采样情况 清洁管路/更换采样相关管路 清洗定量管、检查定量高低液位光源值
无 XX 试剂	试剂瓶无试剂/试剂抽空 管路漏气 相应阀门故障	添加试剂/试剂填充管路 拧紧管路接口/更换相关管路 检查相关阀门情况/更换相关阀门
过程时间限值	加热器有故障/温度控制运行（在消解试管中） 消解试管的温度传感器有故障 风扇有故障或者通道堵塞——冷却过程耗时过长 环境温度过高——冷却过程耗时过长	更换消解池 更换温度传感器主板 检查/更换风扇、检查电路板输出的塞子位置 改变仪器的位置、空调温度降低
斜率限制	标液不正确 传输有问题（阻塞、泄漏）	检查标液/更换标液 更换相关传输线路、主板

❬ 任务实施

查阅相关资料，对常见的在线监测设备从采样单元、反应单元、检测单元、控制单元等入手分析可能会出现的故障并说明排查处置方法。

❬ 课后作业

1.（判断题）数据采集传输仪发生故障，应在生态环境管理部门规定的时间内修复或更换，并能保证已采集的数据不丢失。（　　）

2. 水污染在线监测仪器因故障或维护等原因不能正常工作时，应采取人工监测，监测周期间隔应大于 6h。（　　）

任务三　掌握自主验收流程

任务导入

根据《建设项目竣工环境保护验收暂行办法》，小李需要为 A 企业办理废水在线监测系统"自主验收"工作。

知识链接

系统验收流程包括验收比对监测、数据联网测试、现场总体验收、验收资料归档、生态环境部门备案等要求（详见表 4-6）。

表 4-6　验收流程及资料

步骤	验收主要流程	验收资料	提供对象
1	系统建设安装	水污染在线监测系统的选型、工程设计、施工等资料	工程安装单位
		在线监测系统构成图	
		水质自动采样系统流路图	
		数据控制系统构成图	
		★验收设备相关证书（包括流量计、水质自动采样器、在线监测设备）	设备供应商
		★验收设备技术资料（包括流量计、水质自动采样器、在线监测设备）	
		★试剂配制方法	
		★排污单位污染源排放口环境保护图形标志牌（照片）	企业客户
		★排污单位基本情况	
2	1.调试 2.联网	流量计和标准计量堰（槽）的检定证书	委托验收单位
		调试报告	
3	1.试运行 2.验收比对	编制水污染在线监测系统运行与维护方案	运营单位
		在线监测系统各组成部分、在线监测仪器、流量监测单元、水样自动采集单元及数据控制单元维护方法	
		现场故障模拟恢复试验（模拟断电、断水、断气故障）	
		设备选定量程、参数设置说明	
		联网证明（连续运行一个月）	生态环境主管部门
		验收比对报告	检测单位
4	验收资料整理		委托验收单位

1. 验收比对监测

污染自动监测设备完成安装和调试后，由排污单位及时委托有资质的监测机构对设备进行验收比对监测，并由该监测机构出具验收比对监测报告（详见附录 2、附录 3）和污染自动监控设施比对监测情况表。

2. 数据联网测试

污染自动监测设备完成安装并数据联网稳定后，由联网单位组织对设备的数据联网情况进行测试，并出具污染自动监控设施联网情况表。联网单位可以为承建单位、数据接入服务单位等。

3. 现场总体验收

污染自动监测设备验收比对监测及数据联网测试通过后，由排污单位组建验收小组对自动监测系统进行现场验收，包括资料审核、制度制定和现场检查，并出具污染自动监控设施现场验收表。现场总体验收通过后，由验收责任单位出具总体验收意见。

4. 验收资料归档

排污单位完成自动监测系统总体验收工作后，须对系统安装建设、调试、验收全过程的相关资料进行收集和整理，现场归档备查。

5. 生态环境部门备案

排污单位应在自动监测系统验收合格后 5 个工作日内，将验收意见表、验收比对监测报告、监控平台联网截图、自动监测设备运行参数文件（加盖公章）原件各一份提交至生态环境部门备案公示，完成备案流程。

＜ 任务实施

请同学们查阅相关资料，帮小李拟定一份 A 企业废水在线监测系统"自主验收"工作方案。

＜ 课后作业

1.简述系统验收流程。

2.污染自动监测设备完成安装并数据联网稳定后，由联网单位组织对设备的数据联网情况进行测试，并出具污染自动监控设施联网情况表。（　　　）

项目 四
水污染自动监测系统数据有效性审核管理

📑 项目导读

　　《关于深化环境监测改革　提高环境监测数据质量的意见》明确了污染自动监测要求。建立重点排污单位自行监测与环境质量监测原始数据全面直传上报制度。重点排污单位应当依法安装使用污染自动监测设备，定期检定或校准，保证正常运行，并公开自动监测结果。自动监测数据要逐步实现全国联网。逐步在污染治理设施、监测站房、排放口等位置安装视频监控设施，并与地方生态环境部门联网。取消生态环境部门负责的有效性审核。重点排污单位自行开展污染源自动监测的手工比对，及时处理异常情况，确保监测数据完整有效。自动监测数据可作为生态环境行政处罚等监管执法的依据。

　　可见，在线监测运行维护企业需要自行开展污染自动监测的手工比对，及时处理异常情况，确保监测数据完整有效。

🌐 项目学习目标

　　知识目标　掌握数据有效性审核内容与方法。掌握设备运行分析处理新工艺、新技术、新方法。

　　能力目标　学会按规范进行数据有效性审核。能根据相关标准处理运行异常。

　　素质目标　培养爱岗敬业、诚实守信的水污染自动监测运营职业道德；培养科学严谨、精益求精的生态环保工匠精神；培养团结协作、顾全大局的团队精神。

📚 项目实施

　　该项目共有两个任务。通过该项目的学习，达到熟悉水污染自动监测系统数据有效性审核管理的目的。

任务一　掌握数据有效性审核内容与方法

〈 任务导入

　　小李在现场机器上检查在线监测数据（图 4-1）标注状态是否正确，需要判断数据的有效性。

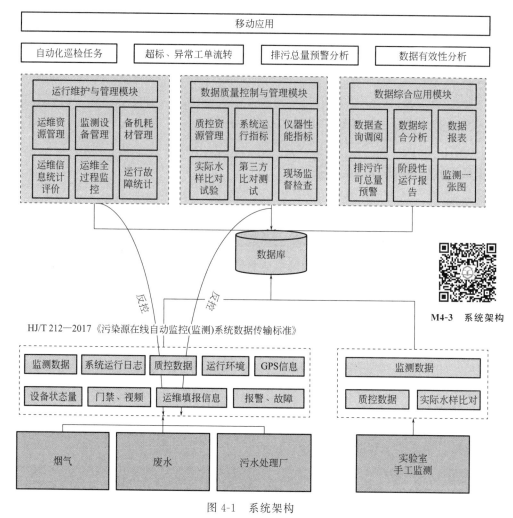

图 4-1　系统架构

知识链接

一、有效数据判别

① 正常采样监测时段获取的监测数据，满足 HJ 356 规定的数据有效性判别标准，可判别为有效数据。

② 监测值为零值、零点漂移限值范围内的负值或低于仪器检出限时，需要通过现场检查、实际水样比对试验、标准样品试验等质控手段来识别，对于因实际排放浓度过低而产生的上述数据，仍判断为有效数据。

③ 监测值如出现急剧升高、急剧下降或连续不变时，需要通过现场检查、实际水样比对试验、标准样品试验等质控手段来识别，再做判别和处理。

④ 水污染在线监测系统的运行维护记录中应当记载运行过程中报警、故障维修、日常维护、校准等内容，运行维护记录可作为数据有效性判别的证据。

⑤ 水污染在线监测系统应可调阅和查看详细的日志，日志记录可作为数据有效性判别的证据。

二、无效数据判别

① 当流量为零时，在线监测系统输出的监测值为无效数据。

② 水质自动分析仪、数据采集传输仪以及监控中心平台接收到的数据误差大于 1% 时，监控中心平台接收到的数据为无效数据。

③ 发现标准样品试验不合格、实际水样比对试验不合格时，从此次不合格时刻至上次校准校验（自动校准、自动标样核查、实际水样比对试验中的任何一项）合格时刻期间的在线监测数据均判断为无效数据，从此次不合格时刻起至再次校准校验合格时刻期间的数据，作为非正常采样监测时段数据，判断为无效数据。

④ 水质自动分析仪停运期间、因故障维修或维护期间、有计划（质量保证和质量控制）地维护保养期间、校准和校验等非正常采样监测时间段内输出的监测值为无效数据，但对该时段数据做标记，作为监测仪器检查和校准的依据予以保留。

图 4-1 为系统架构。扫描二维码可查看。

◁ 任务实施 📚

为了保证数据有效率在 75% 以上，请制订在线监测仪器的自动标样核查时间计划。

◁ 课后作业 💡

1.判断题：当污染物浓度的监测值为零值时，该数据视为无效数据。（　　　）

2.当流量为零时，在线监测系统输出的监测值为无效数据。（　　　）

任务二　掌握设备运行分析处理方法

◁ 任务导入

小李发现某运行维护人员的运行维护记录中有 A 企业的维护记录，但在机器的数据记录中并无标记维护时间，于是对该运行维护人员进行了批评教育。

◁ 知识链接 ◎

水污染在线监测系统的设备运行（图 4-2）状态分为正常采样监测时段和非正常采样监测时段。

正常采样监测时段获取的监测数据，根据 HJ 356 规定的数据有效性判别标准，进行有效性判别。

非正常采样监测时段包括仪器停运时段、故障维修或维护时段、校准校验时段，在此期间，无论在线监测系统是否获得或输出监测数据，均为无效数据。

引用规范文件如下。扫描二维码可查看水污染源在线监测系统数字有效性判别技术规范视频。

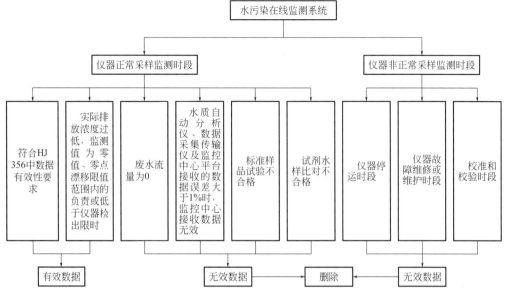

图 4-2　设备运行分析处理

HJ 353《水污染源在线监测系统（COD_{Cr}、NH_3-N 等）安装技术规范》

HJ 354《水污染源在线监测系统（COD_{Cr}、NH_3-N 等）验收技术规范》

HJ 355《水污染源在线监测系统（COD_{Cr}、NH_3-N 等）运行技术规范》

HJ 356《水污染源在线监测系统（COD_{Cr}、NH_3-N 等）数据有效性判别技术规范》

T/GDAEPI 01—2019《固定污染源自动监控系统运行服务规范》

M4-4　水污染源在线监测系统（COD_{Cr}、NH_3-N 等）数据有效性判别技术规范

数据状态标记见表 4-6。

表 4-6　数据状态标记

运行状态类别	状态说明	标记
企业生产治污状态标记	正常	企业生产设施、治污设施（污染源）正常运行，系统默认
	停产	污染源彻底停产
	检修	治污设施故障检修
	在建	治污设施正在建设
在线监测设备运行状态标记	正常	在线监测系统正常采样监测，系统默认
	自动监测设备故障	自动监测设备工控机及控制系统故障、采样排水系统故障、加药系统故障、分析系统故障
	校准、校验	设备校准产生的数据，不得关闭数采仪，确保数据完整记录并上传

续表

运行状态类别	状态说明	标记
在线监测设备运行 状态标记	停运	污染源拆除、长期停产、关停等，报生态环境 部门同意后可标记
	更换设备	设备故障无法修复需要更换，向生态环境主管 部门报告后实施，更换时间不超过 3d
	调试	按照规范进行调试期间产生的数据，不得关闭 数采仪，确保数据 完整记录
	数据采集传输 设备故障	设备主板坏、DTU 坏、屏幕坏、内存不足
	传输卡欠费	传输卡欠费
数据审核状态标记	实测	系统默认
	手工替代	故障期间用手工监测数据替代后，系统自动 生成
	修约	故障时间段按规范修约后，系统自动生成

注：数据标记优先级顺序从高到低依次为停产/停运/更换设备→自动监测设备故障/数据采集传输故障→校准/调试检测→检修/在建等其他标记。

任务实施

现在需要你为 COD 在线分析仪更换密封圈，请你在机器中标记"维护"。

课后作业

1. 企业生产治污状态标记有哪四种？
2. 数据审核状态标记有哪三种？

模块四考核评价表

评价模块	评价内容		自评	组评	师评
	学习目标	评价项目			
专业能力	1. 了解运维机构的管理运转模式	能够掌握运营公司日常管理要素和方法			
	2. 了解运维机构的考核机制	工作技能、职业素养表现			
	3. 了解运维公司的管理制度	掌握人员管理的方式、监督管理工作的方法			
	4. 掌握自动监测系统运行维护的内容	熟悉运维工作中的值守、现场检查维护、校准、标液核查、预防性检查等工作			
	5. 掌握实际水样比对以及手工监测比对的方式和方法	参照 HJ355 的运行管理要求，能够清晰了解实际水样比对、质控样比对的数据对及误差计算方式			
	6. 熟悉设备安装调试的管理要求	深入学习 HJ353 的建设要求，个人技能具备项目安装、调试的能力			
	7. 熟悉项目安装验收的技能要求	深入学习 HJ354 的验收管理要求，掌握安装验收的管理能力			
	8. 具备水污染自动监测系统的运行管理能力	明确运维单位的责任和管理机制，匹配相应的资源，可以参照 HJ 355 独立开展运营维护工作			
	9. 掌握设备故障判断的分析方法	能够清晰了解故障处理的时间阶段要求			
	10. 掌握自主验收的规范及流程	明确自主验收的步骤、实施流程			
	11. 数据有效性审核	深入掌握 HJ356 数据有效性的判别方法，识别有效数据与无效数据			
	12. 掌握设备运行数据标识处理方法	能够掌握数据状态标记的标识类别、符号			
可持续发展能力	具备自主研究能力、自我提升	具备自主分析的技能	比较困难	不具备自主分析的技能	
	发现问题、分析问题、解决问题、杜绝问题	具备处理问题的技能	比较困难	不具备相应技能	
	遇到问题，查询资料、虚心求教	主动学习请教	比较困难	不具备相应技能	
	空杯心态，持续学习	虚心求教	比较困难	不具备相应技能	
	分类、总结经验，面对问题善于自查自纠	善于总结、复盘	比较困难	不具备相应技能	
	理论知识与实际应用的创新能力	熟练应用	查阅资料	已经遗忘	

续表

评价模块	评价内容		自评	组评	师评
	学习目标	评价项目			
社会能力	爱岗敬业、诚实守信、责任感强	很好	正在培养	不能满足要求	
	主动展示、讲解技术成果，善于分享	主动性很强	比较困难	不愿意	
	具备自主分析能力	自主能力强	比较困难	不能满足要求	
	融入团队，强化合作思维	高度配合	比较困难	我行我素	
成果与收获	任务实施与完成进度	独立完成	合作完成	不能完成	
	体验与探索	收获很大	比较困难	没有收获	
	学习难点及建议				
	提升方向				

笔记

附录 1

水污染在线监测系统现场运行维护记录表

档案编码：

企业名称	
维护单位	
监测因子	□ COD　□ NH₃-N　□ TP　□ TN　□ 流量　□ pH　□ SS　□ DO　□ 电导率 □ 其他：_____
维护时间	_____年___月___日　___时___分至___时___分

周维护 □

辅助设备检查	检查站房卫生		检查空调及照明设备		检查自来水供应	
	检查站房视频		检查管路及站房标识		检查供电系统及线路	
	检查灭火器		检查相关制度、证书		检查站房门窗密封性	
采样系统检查	检查泵采样、排水通畅		清洁管路、过滤器		检查自动留样系统管路	
	检查自动留样仪保存温度		检查自动清洗装置		检查留样瓶	
在线监测仪器检查	检查仪器运行、报警状态		检查仪器参数设置		仪器废液是否需要处理	
	检查仪器内部管路		检查仪器进液、排液管路		检查电极标准液、内充液	
	检查标液、试剂的有效期		标液、试剂、清洗液是否更换		检查泵、注射器、反应室	
	清洗反应室、电极头		电极是否钝化或需要更换		检查流量计探头高度	
	检查仪器控制单元情况		检查仪器标样核查情况		检查仪器校验情况	
数据采集传输系统检查	检查数据采集情况		检查数据上报情况		检查数采仪系统报警信息	
	检查现场与平台数据一致性		检查数据采集仪供电电源		检查数据采集连接线路	

月维护 □

采样系统、在线监测仪器检查	检查数据储存/控制系统工作状态		检查仪器接地、站房防雷状况		温度计比对试验，必要时进行校准或更换	
	检查及清洗取样单元、消解单元、检测单元、计量单元		根据情况更换蠕动泵管、清洗混合采样瓶		检查电极是否钝化，必要时进行校准或更换	
	检查超声波探头与水面之间是否有干扰测量的物体		检查电磁流量计的检定证书是否在有效期内		实际水样比对试验	

季维护 □

检查及更换易损耗件，检查关键零部件的可靠性，如计量单元准确性、反应室密封性等，必要时进行更换	
按照要求处理危险废物	

本次巡检小结：□ 正常　　□ 异常情况记录　　□ 易耗配件更换　　□ 标样核查记录　　□ 实际水样比对

备注：

现场维护人员： 　　　　日期：　　年　　月　　日	厂方确认： 　　　　日期：　　年　　月　　日

备注：对应设备检查请打"√"，无对应项目请画"—"；对应检查项正常请打"√"，异常或否请打"×"并及时做出相应处理及记录信息。

（规范性附录）验收报告格式

水污染源在线监测系统验收报告

报告编号：

企业名称（加盖公章）
排放口名称：
监测点位名称：
运行单位：
委托验收单位（加盖公章）：

年　　月　　日

表 1 　基本情况

企业名称：					行业类别：	
单位地址：						
系统安装排放口及监测点位：						

流量计	□明渠流量计	生产单位：		规格型号：		
		标准堰（槽）类型：				
	□电磁流量计	生产厂家：		规格型号：		
	符合相关技术要求的证明：					

水质自动采样器	生产单位：			规格型号：		
	采样方式：□时间等比例_____		□流量等比例_____		□流量跟踪_____	
	周期采样量：					
	符合相关技术要求的证明：					

	监测参数	温度	pH 值	COD_{Cr}	$NH_3\text{-}N$	TP	TN
水质自动分析仪	生产单位						
	规格型号						
	仪器原理						
	量程上限/(mg/L)	\	\				
	量程下限/(mg/L)	\	\				
	定量下限/(mg/L)	\	\				
	反应时间/t	\	\				
	反应温度/℃	\	\				
	一次分析进样量/mL	\	\				
	一次分析废液量/mL	\	\				
	安装调试完成时间						
	设备连续稳定试运行时间						
	设备运转率/%						
	数据传输率%						
	是否出具了安装调试报告						
	符合相关技术要求的证明						
	验收比对监测单位及报告编号						
	是否与生态环境部门联网						
	是否有运行与维护方案						
	备注：						

表 2 安装验收

系统名称	验收项目或验收内容	是否符合	验收人签字
排放口、流量监测单元	污染排放口的布设符合 HJ 91.1 要求		
	污染排放口具有符合 GB/T 15562.1 要求的环境保护图形标志牌		
	污染排放口设置了具备便于水质自动采样单元和流量监测单元安装条件的采样口		
	污染排放口设置了人工采样口		
	建设三角堰、矩形堰、巴歇尔槽等计量堰（槽）的，能提供计量堰（槽）的计量检定证书；三角堰和矩形堰后端设置有清淤工作平台，可方便实现对堰槽后端堆积物的清理		
	流量计安装处设置有对超声波探头检修和比对的工作平台，可方便实现对流量计的检修和比对工作		
	工作平台的所有敞开边缘设置有防护栏杆，采水口临空、临高的部位应设置防护栏杆和钢平台，各平台边缘具有防止杂物落入采水口的装置		
	维护和采样平台的安装施工全部符合要求		
	防护栏杆的安装全部符合要求		
监测站房	监测站房专室专用		
	监测站房密闭，安装有冷暖空调和排风扇，室内温度能保持（20±5）℃，湿度应≤80%，空调具有来电自启动功能		
	新建监测站房面积不小于 $15m^2$，高度不低于 2.8m，各仪器设备安放合理，可方便进行维护维修		
	监测站房与采样点的距离不大于 50m		
	监测站房的基础荷载强度、地面标高均符合要求		
	监测站房内有安全合格的配电设备，提供的电力负荷不小于 5 kW，配置有稳压电源		
	监测站房电源引入线使用照明电源；电源进线有浪涌保护器；电源有明显标志；接地线牢固并有明显标志		
	监测站房电源设有总开关，每台仪器设有独立控制开关		
	监测站房内有合格的给、排水设施，能使用自来水清洗仪器及有关装置		
	监测站房有完善规范的接地装置和避雷措施、防盗、防止人为破坏以及消防设施		
	监测站房不位于通信盲区		
	监测站房内、采样口等区域有视频监控		
采样单元	实现采集瞬时水样和混合水样，混匀及暂存水样，自动润洗及排空混匀桶的功能		
	实现了混合水样和瞬时水样的留样功能		
	实现了 pH 水质自动分析仪、温度计原位测量或测量瞬时水样		
	实现 COD_{Cr}、TOC、NH_3-N、TP、TN 水质自动分析仪测量混合水样		
	具备必要的防冻或防腐设施		
	设置有混合水样的人工比对采样口		

笔记

259

系统名称	验收项目或验收内容	是否符合	验收人签字
采样单元	水质自动采样单元的管路为明管，并标注有水流方向		
	管材采用优质的聚氯乙烯（PVC）PVC、三丙聚丙烯（PPR）等不影响分析结果的硬管		
	采样口设在流量监测系统标准化计量堰（槽）取水口头部的流路中央，采水口朝向与水流的方向一致；测量合流排水时，在合流后充分混合的场所采水		
	采样泵选择合理，安装位置便于泵的维护		
数据控制单元	数据控制单元可协调统一运行水污染源在线监测系统，采集、储存、显示监测数据及运行日志，向监控中心平台上传污染源监测数据		
	可接收监控中心平台命令，实现了对水污染在线监测系统的控制。如触发水质自动采样单元采样，水污染在线监测仪器进行测量、标液核查、校准等操作		
	可读取并显示各水污染在线监测仪器的实时测量数据		
	可查询并显示：pH 值的小时变化范围、日变化范围，流量的小时累积流量、日累积流量，温度的小时均值、日均值，COD$_{Cr}$、NH$_3$-N、TP、TN 的小时值、日均值，并通过数据采集传输仪上传至监控中心平台		
	上传的污染监测数据带有时间和数据状态标识，符合 HJ 355—2019 中 6.2 条款		
	可生成、显示各水污染在线监测仪器监测数据的日统计表、月统计表、年统计表		
安装	全部安装均符合要求		
调试检测报告	各项指标全部合格，并出具检测期间日报和月报		

备注：

安装调试报告主要结论：

安装验收结论：

附录 2　(规范性附录)验收报告格式

表 3　仪器设备基本功能验收

项目	验收项目及验收内容	是否符合	验收人签字
基本功能	应能够设置三级系统登录密码及相应的操作权限		
	应具有接收远程控制网的外部触发命令、启动分析等操作的功能		
	具有时间设定、校对、显示功能		
	具有自动零点校准功能和量程校准功能及自动记录功能。校准记录中应包括校准时间、校准浓度、校准前的校准关系式（曲线）、校准后的校准关系式（曲线）		
	应具有测试测量数据类别标识、显示、存储和输出功能		
	应具有限值报警和报警信号输出功能		
	应具有故障报警、显示和诊断功能，并具有自动保护功能，并且能够将故障报警信号输出到远程控制网		
	具有分钟数据、小时数据和日数据统计分析上传功能		
	意外断电且再度上电时，应能自动排出系统内残存的试样、试剂等，并自动清洗，自动复位到重新开始测定的状态		
应用要求	自动分析仪器相关软件需有清晰的、带软件版本号或者其他特征性的标识。标识可以含有多个部分，但须有一部分专用于法制目的；标识和软件本身是紧密关联的，在启动或在操作时应在显示设备上显示出来；如果一个组件没有显示设备，标识将通过通信端口传送到另外组件上显示出来		
	仪器的计量算法和功能应正确（如模/数转换结果、数据修约、测量不确定度评定等），并满足技术要求和用户需要；计量结果和附属信息应正确地显示或打印；算法和功能应该是可测的		
	通过软件保护，使得仪器误操作的可能性降至最小		
	计量准确的软件能防止未经许可的修改、装载或通过更换存储体来改变		
	从用户接口输入的命令，软件文档中应有完整描述		
	设备专有参数只有在仪器的特殊操作模式下可以被调整或选择；它被分成两类；一类是固化的即不会改变的，另一类是由被授权的，如仪器用户，软件开发者来调节的可输入参数		
	通过保护措施，如机械封装或电子加密措施等，防止未授权的访问或者访问时留有证据		
	传输的计量数据应含有必要的相关信息，且不应受到传输延时的影响		

注：

安装调试报告主要结论：

安装验收结论：

笔记

附录 2 （规范性附录）验收报告格式

表 4　监测方法及测量过程参数设置验收

监测项目			验收人签字	备注
仪器规格型号				
测量原理				
测量方法				
测量过程参数	固定参数	参数名称	验收时设定值	
		排放标准限值		
		检出限		
		测定下限		
		测定上限		
		测量周期/min		
	试样用量参数	浓度/(mg/L)		
		前次试样排空时间/s		
		蠕动泵试样测试前排空时间/s		
		蠕动泵试样测试后排空时间/s		
		蠕动泵管管径/mm		
		蠕动泵进样时间/s		
		注射泵单次体积/mL		
		注射泵次数/次		
	试剂	泵管管径/mm		
		试剂测试前排空时间/s		
		试剂测试后排空时间/s		
		进样时间/s		
		浓度/(mg/L)		
		单次体积/mL		
		次数/次		
		试剂浓度/(mol/L)		
		配制方法		
	试样稀释方法	稀释方式		
		稀释倍数		
	消解条件	消解温度/℃		
		消解时间/min		
		消解压力/kPa		
	冷却条件	冷却温度/℃		
		冷却时间/min		
	显色条件	显色温度/℃		
		显色时间/min		

262

续表

监测项目				验收人签字	备注
仪器规格型号					
测量原理					
测量方法					
		参数名称	验收时设定值		
测量过程参数	测定单元	光度计波长/nm			
		光度计零点信号值			
		光度计量程信号值			
		滴定溶液浓度			
		空白滴定溶液体积			
		测试滴定溶液体积			
		滴定终点判定方式			
		电极响应时间/s			
		电极测量时间/s			
		电极信号			
	校准液	零点校准液浓度/(mg/L)			
		零点校准液配制方法			
		量程校准液浓度/(mg/L)			
		量程校准液配制方法			
	报警限值	报警上限			
		报警下限			
	校准曲线 $y=bx+a$	零点校准液（x_0）对应测量信号数值（y_0）			
		量程校准液（x_i）对应测量信号数值（y_i）			
		校准公式曲线斜率数值 b			
		校准公式曲线截距数值 a			
	明渠流量计	堰槽型号			
		测量量程			
		流量公式			
	电磁流量计	测定范围			
		测量量程			
		模拟输出量程			

备注：

监测方法及测量过程参数设置验收结论：

笔记

表 5 比对监测验收

验收比对监测报告主要结论：

表 6 联网验收

联网证明主要内容：

表 7 运行与维护方案验收

项目名称	项目内容	是否符合	验收人签字
水污染在线监测系统情况说明	排污单位基本情况		
	水污染在线监测系统构成图		
	水质自动采样单元流路图		
	数据控制单元构成图		
	水污染在线监测仪器方法原理、选定量程、主要参数、所用试剂		
	水污染在线监测系统各组成部分的维护要点及维护程序		
运行与维护作业指导书	流量计操作方法及运行维护手册		
	水质采样器操作方法及运行维护手册		
	COD_{Cr} 水质自动分析仪/TOC 水质自动分析仪操作方法及运行维护手册		
	氨氮水质自动分析仪操作方法及运行维护手册		
	总磷水质自动分析仪操作方法及运行维护手册		
	总氮水质自动分析仪操作方法及运行维护手册		
	pH 水质自动分析仪操作方法及运行维护手册		
	温度计操作方法及运行维护手册		
	流量监测单元维护方法		
	水样自动采集单元维护方法		
	数据控制单元维护方法		

续表

项目名称	项目内容	是否符合	验收人签字
运行与维护制度	日常巡检制度及巡检内容		
	定期维护制度及定期维护内容		
	定期校验和校准制度及内容		
	易损、易耗品的定期检查和更换制度		
运行与维护记录	每日巡检情况及处理结果的记录		
	每周巡检情况及处理结果的记录		
	每月巡检情况及处理结果的记录		
	标准物质或标准样品的购置使用记录		
	系统检修记录		
	故障及排除故障记录		
	断电、停运、更换设备记录		
	易损、易耗品更换记录		
	异常情况记录		
	零点和量程的校准记录		
	标准物质或标准样品的校准和验证记录		
备注			

表 8　验收结论

验收组结论：

表 9　验收组成员

序号	验收组职务	姓名	工作单位	职务/职称	签字

笔记

附录 3

（规范性附录）比对监测报告格式

水污染源在线监测系统验收比对监测报告

□□□□□〔 〕第□□号

验收单位：

监测单位名称：

运行单位：

委托单位：

报告日期：

□□□（监测单位名称）

（加盖监测业务专用章）

监测报告说明

1. 报告无本监测单位业务专用章、骑缝章及 **MA** 章无效。
2. 报告内容需填写齐全、清楚、涂改无效；无三级审核、签发者签字无效。
3. 未经监测单位书面批准，不得部分复制本报告。
4. 本报告及数据不得用于商品广告。

单位名称（盖章）：　　　　　　　　　　法人代表：

联系人：

地址：□□省□□市□□区□□□路□□号　　邮政编码：□□□□□□

电话：□□□-□□□□□□□□　　　　　传真：□□□-□□□□□□□□

一、前言

企业基本情况；

产品生产基本情况；

污染治理设施基本情况；

自动监测设备生产厂家、设备名称、设备型号。

（检测单位）于 □□ 年 □□ 月 □□ 日至 □□ 月 □□ 日对该公司安装于□□□□□的水污染源在线连续自动监测系统（设备）进行了比对监测。

二、监测依据

(1) HJ 91.1《污水监测技术规范》

(2) HJ/T 92《水污染物排放总量监测技术规范》

(3) HJ/T 273《固定污染源质量保证与质量控制技术规范》

(4) CJ/T 3008.1～5《城市排水流量堰槽测量标准》

(5) JJG 711《明渠堰槽超声波明渠流量计（试行)》

(6) HJ 828《水质　化学需氧量的测定　重铬酸盐法》

(7) HJ/T 70《高氯废水　化学需氧量的测定　氯气校正法》

(8) HJ 535《水质　氨氮的测定　纳氏试剂分光光度法》

(9) HJ 536《水质　氨氮的测定　水杨酸分光光度法》

(10) GB/T 11893《水质　总磷的测定　钼酸铵分光光度法》

(11) HJ 636《水质　总氮的测定　碱性过硫酸钾消解紫外分光光度法》

(12) GB/T 6920《水质　pH 值的测定　玻璃电极法》

三、评价标准

参照 HJ 354 中要求进行验收比对监测，所有项目的结果应满足表 1 的要求。

附录 3　（规范性附录）比对监测报告格式

表 1　验收标准

仪器类型	验收项目		指标限值
超声波明渠流量计	液位比对误差		12mm
	流量比对误差		±10%
水质自动采样器	采样量误差		10%
	温度控制误差		±2℃
COD$_{Cr}$ 水质自动分析仪/TOC 水质自动分析仪	漂移（80%量程上限值）		±10%F.S.
	准确度	有证标准溶液浓度<30mg/L	±5mg/L
		有证标准溶液浓度≥30mg/L	±10%
	实际水样比对	实际水样 COD$_{Cr}$<30mg/L（用浓度为 20～25mg/L 的标准样品替代实际水样进行测试）	±5mg/L
		30mg/L≤实际水样 COD$_{Cr}$<60mg/L	±30%
		60mg/L≤实际水样 COD$_{Cr}$<100mg/L	±20%
		实际水样 COD$_{Cr}$≥100mg/L	±15%
NH$_3$-N 水质自动分析仪	漂移（80%量程上限值）		±10%F.S.
	准确度	有证标准溶液浓度<2mg/L	±0.3mg/L
		有证标准溶液浓度≥2mg/L	±10%
	实际水样比对	实际水样氨氮<2mg/L（用浓度为 1.5mg/L 的有证标准样品替代实际水样进行测试）	±0.3mg/L
		实际水样氨氮≥2mg/L	±15%
TP 水质自动分析仪	漂移（80%量程上限值）		±10%F.S.
	准确度	有证标准溶液浓度<0.4mg/L	±0.06mg/L
		有证标准溶液浓度≥0.4mg/L	±10%
	实际水样比对	实际水样总磷<0.4mg/L（用浓度为 0.2mg/L 的有证标准样品替代实际水样进行测试）	±0.06mg/L
		实际水样总磷≥0.4mg/L	±15%
TN 水质自动分析仪	漂移（80%量程上限值）		±10%F.S.
	准确度	有证标准溶液浓度<2mg/L	±0.3mg/L
		有证标准溶液浓度≥2mg/L	±10%
	实际水样比对	实际水样总氮<2mg/L（用浓度为 1.5mg/L 的有证标准样品替代实际水样进行测试）	±0.3mg/L
		实际水样总氮≥2mg/L	±15%
pH 水质自动分析仪	漂移		±0.5
	准确度		±0.5
	实际水样比对		±0.5

注：依据比对监测项目增减列项。

四、工况

表 2　排污企业生产工况核查表

工况核查	核查内容与结论
产品生产工况核查	
污染治理设施工况核查	

五、监测仪器测量过程参数设置核查（示例）

表 3　监测仪器测量过程参数设置核查表

测量原理						是否符合	核查人签字
测量方法							
		参数名称	显示值	实际值	规定值		
测量过程参数	固定参数	排放标准限值					
		检出限					
		测定下限					
		测定上限					
		测量周期/min					
	试样用量参数	浓度/(mg/L)					
		前次试样排空时间/s					
		蠕动泵试样测试前排空时间/s					
		蠕动泵试样测试后排空时间/s					
		蠕动泵管管径/mm					
		蠕动泵进样时间/s					
		注射泵单次体积/mL					
		注射泵次数/次					
	试剂	泵管管径/mm					
		试剂测试前排空时间/s					
		试剂测试后排空时间/s					
		进样时间/s					
		浓度/(mg/L)					
		单次体积/mL					
		次数/次					
		试剂浓度/(mol/L)					
		配制方法					
	试样稀释方法	稀释方式					
		稀释倍数					
	消解条件	消解温度/℃					
		消解时间/min					
		消解压力/kPa					
	冷却条件	冷却温度/℃					
		冷却时间/min					
	显色条件	显色温度/℃					
		显色时间/min					

续表

		参数名称	显示值	实际值	规定值	是否符合	核查人签字
测量过程参数	测定单元	光度计波长/nm					
		光度计零点信号值					
		光度计量程信号值					
		滴定溶液浓度					
		空白滴定溶液体积					
		测试滴定溶液体积					
		滴定终点判定方式					
		电极响应时间/s					
		电极测量时间/s					
		电极信号					
	校准液	零点校准液浓度/(mg/L)					
		零点校准液配制方法					
		量程校准液浓度/(mg/L)					
		量程校准液配制方法					
	报警限值	报警上限					
		报警下限					
	校准曲线 $y=bx+a$	零点校准液（x_0）对应测量信号数值（y_0）					
		量程校准液（x_i）对应测量信号数值（y_i）					
		校准公式曲线斜率数值 b					
		校准公式曲线截距数值 a					
	明渠流量计	堰槽型号					
		测量量程					
		流量公式					
	电磁流量计	测定范围					
		测量量程					
		模拟输出量程					
月报							

备注：依据比对监测项目增减列项。

监测方法及测量过程参数核查结论：

六、监测结果（每个项目一个测试报告）

表 4　水污染源在线监测系统比对监测结果表

排污企业名称		现场监测日期	
测点名称		分析日期	
工况		样品类型	
测试项目		自动仪器测量范围	

实际水样测试							
样品编号	采样时间	水质分析仪测定值	实验室测定值	绝对误差	相对误差	标准限值	结果评定

质控样品测定					
质控样编号	测试时间	测试结果	标准样品编号及批号	标准样品浓度范围	结果评定

技术说明					
	方法	仪器名称	仪器型号	仪器出厂编号	检出限
试验仪器					
自动仪器					
比对结果	（比对结论、其他意见或建议）				

监测：

编写：

审核：

批准：

日期：

附录 **4**

课后作业参考答案

扫描二维码可查看课后作业参考答案。

附录 4 课后作业参考答案